富油气区目标
三维宽频地震勘探新技术

邓志文　白旭明　主编

石 油 工 业 出 版 社

内 容 提 要

本书从富油气凹陷目标优选入手，介绍了地震资料品质分析评价标准和计算机智能品质评价方法，论述了宽频地震勘探的基本概念，激发、接收及观测系统参数设计方法，详细阐述了2.5T地震勘探技术；针对目标三维地震勘探处理技术，重点对Q值的求取与Q体建立技术、宽频处理技术、OVT处理技术、速度建模和高精度成像技术进行了探讨。分析了OVT域偏移数据类型及特征，对宽方位地震勘探资料的构造解释、孔隙型储层地震预测、裂缝型储层地震预测等技术进行了详细分析研究，介绍了华北油田富油气区目标三维宽频地震勘探典型的实例。

本书可为石油物探、石油地质专业技术人员和高等院校相关专业师生参考。

图书在版编目（CIP）数据

富油气区目标三维宽频地震勘探新技术／邓志文，白旭明主编．—北京：石油工业出版社，2018.8

ISBN 978-7-5183-2590-0

Ⅰ.①富… Ⅱ.①邓… ②白… Ⅲ.①含油气区-油气勘探-地震勘探-研究 Ⅳ.①P618.130.8

中国版本图书馆CIP数据核字（2018）第096673号

出版发行：石油工业出版社

（北京安定门外安华里2区1号　100011）

网　址：www.petropub.com

编辑部：（010）64523736

图书营销中心：（010）64523633

经　　销：全国新华书店

印　　刷：北京中石油彩色印刷有限责任公司

2018年8月第1版　2018年8月第1次印刷

787×1092毫米　开本：1/16　印张：13.75

字数：340千字

定价：150.00元

（如发现印装质量问题，我社图书营销中心负责调换）

《富油气区目标三维宽频地震勘探新技术》
编 委 会

序

中国东部地区陆相叠合盆地油气聚集规律复杂、圈闭类型多样。经过近 50 年的勘探，富油气凹陷及中浅层构造格局已基本搞清，油田开发建设规模基本成型。华北油田 1976 年正式诞生，到 1979 年原油总产量达到了 1733 万吨高峰，自 1977 年起油田连续 10 年保持年产 1000 万吨，原油产量居全国第三位达十年，谱写了中国石油工业发展辉煌的篇章。之后，由于碳酸盐岩油田的特殊性，产量逐年大幅下降。到 2010 年，年原油生产能力 450 多万吨。随着勘探开发不断深入，华北油田面临新区没有大突破，老区稳产乏力，产量持续下滑的严峻形势。如何找到油气资源有效接替区，为原油稳产增产夯实基础？老区带占华北油田产量的 70%以上，虽然动用程度较高，但是由于地质构造复杂，地质认识不充分，待发现剩余资源潜力很大。因此，只要不断深化地质认识，持续精细勘探，就能激活油田潜能。那么，如何在已开发多年的老油田挖掘出新宝藏？华北油田公司紧紧依靠科技创新，在近年油气田勘探实践和石油地质新理论的基础上，在勘探程度较高的富油气区，联合中国石油集团东方地球物理有限责任公司开展了目标区地震勘探新技术研究，为挖掘富油气区储量潜力提供理论与技术指导，这一思路尤为重要。

近年来，随着电子和计算机技术的迅猛发展，石油物探装备、技术也得到了飞速发展，三维地震勘探生产能力和效率大幅提高，到 2010 年前后东部老油田二次三维地震勘探已基本完成，同时，以“两宽一高”为代表的三维地震勘探配套技术走向成熟并见到了很好的效果。但是，东部富油气凹陷地质结构十分复杂，二次三维地震勘探仍未能解决隐蔽型深潜山、地层岩性等圈闭的发现与评价问题，地震资料的成像精度、分辨率与有效储层识别等配套技术有待新的发展和完善。本书作者在多年富油气目标三维勘探研究基础上，系统总结了富油气目标区宽频地震勘探新技术。创新制定了“三维地震偏移叠加资料品质分类评价”标准，首次提出了地震成果资料品质智能评价方法，开发了“地震勘探智能信息系统”软件，实现了海量数据的智能分析，解决了华北探区多年度、多方法、多区块地震资料品质评价分析难度大的问题。创新提出了“2.5T 地震勘探技术”，实现了以往资料的深度利用，解决了潜山及其内幕地震资料成像效果差、高陡断面准确归位不准的难题。深潜山及内幕资料信噪比提高 2 倍以上，勘探深度由 4000m 增加到 6000m，找到了中国东部最深的潜山油气藏。针对地层岩性目标以往地震资料的分辨率低（主频 25~30Hz），不能分辨 30m 以下储层的技术难题，创新了 Q 值的求取、表层和 VSP 联合 Q 场建立技术等宽频处理技术，使地层岩性领域资料的频宽拓展了 10~15Hz，对薄砂体的分辨能力由 30m 提高到 10m。创新了宽方位 OVT 处理技术，不仅提高了成像精度、保存了方位角信息，而且提供的数据能更好的满足去噪、插值、规则化、成像、各向异性、AVO/AZAVO 和岩石属性反演等研究。创新了"基于微分等效介质模型的横波速度及各向异性参数求取方法"，求取了六参数，首次实现了基于六参数叠前反演的微裂缝预测，解决了泥灰岩"甜点"雕刻难度大的问题。这一系列新技术是目前国际地震物理勘探技术的最新发展，不仅技术水平国际领先，而且在华北油田勘探开发中取得了显著的应用效果。在低油价下形势下，华北油田虽然探井井数、进尺总数同比减少，但获得工业油流的井数不减反增，综合成功率保持在 50%以上，有效保障了华北油田勘探储量持续增长。

本书是作者对近几年富油气区目标区三维宽频地震勘探经验的系统总结，其中凝结了多位具有较高学术造诣和丰富经验的地球物理工作者的心血，书中所形成的系列配套技术不仅对华北油田的油气勘探具有重要的指导意义，同时对其他老油田类似地区也具有重要的借鉴和指导意义，可为石油物探、石油地质专业技术人员和高等院校相关专业师生参考。

赵贤正

2018.7.12

前　言

随着华北油田油气勘探开发的不断深入，勘探对象已经由以潜山油气藏为主逐步向复杂断块、复杂岩性和潜山及潜山内幕多领域转变。在富油气凹陷勘探实践中，隐蔽型潜山、地层岩性、复杂断块、致密油气“四大领域”存在三个关键技术难题。一是隐蔽型潜山地震资料高精度成像与储层预测的问题。华北油田潜山埋深大、面积小，准确预测难度大；深潜山及潜山内幕圈闭隐蔽性及储层非均质性强，对地震资料品质和储层预测提出了更高要求，现有资料和技术已不能满足需要。二是地层岩性领域地震资料高分辨率与有效储层识别及预测的问题。地层岩性油气藏砂体厚度薄、埋深大，砂体有河流、三角洲、浊积扇等多种类型；常规预测技术预测复杂储层、薄砂体与有效储层难度大。三是致密油气领域地震资料品质与“甜点”综合预测的问题。华北油田低渗储层发育，致密油气资源丰富，类型多样(既有源储共生，更有源储一体)，勘探潜力较大，但现有地震资料的主频低、频带窄，构造特征、地层分布及泥灰岩厚度的精细描述难度大。

针对以上难题，中国石油华北油田公司、中国石油集团东方地球物理勘探有限责任公司联合有关院校开展了技术攻关，经过广大技术人员多年地攻坚克难，消化吸收国内外先进技术，创新发展了富油气区宽频地震勘探配套新技术，在华北油田勘探开发应用中取得了良好的效果，成为油田增储上产的重要支撑技术。为了更好地完善与应用推广所取得的物探技术攻关成果，进一步推动物探技术进步，指导下一步物探技术发展，系统总结近年来所形成的特色技术系列、配套技术和应用效果，特编辑出版此书。

全书共分五章，第一章介绍了基于数据驱动的区块分析与优选技术，针对华北油田多年大量的三维地震资料，制定了地震资料品质分析评价标准，研发了智能品质评价方法，对华北油田冀中探区重点凹陷三维地震资料进行了客观评价，对下一步勘探方向及有利目标进行了优选。第二章重点论述了宽频地震勘探基本概念，阐述了如何选择激发、接收及观测系统参数来实现宽频地震勘探，讨论了如何采用针对性的地震处理手段，获得高分辨率、信噪比的三维数据体，实现解决复杂地质构造，提高储层反演及油气检测精度等问题。针对华北油田冀中探区三维地震勘探现状和经济效益一体化，提出了2.5T地震勘探技术并进行了充分阐述。第三章论述了目标三维地震勘探处理技术。宽方位宽频地震勘探处理技术是一个复杂的系统工程，重点对品质因子（Q）的求取与 Q 体建立技术（井控 Q 补偿技术、剩余 Q 分析技术）、宽频处理技术（低频补偿技术、高频拓展技术）、炮检距向量片（OVT）处理技术、速度建模和高精度成像技术进行了探讨。第四章重点论述了宽方位地震资料解释技术。经“两宽一高”地震数据采集、OVT域偏移处理的地震数据，为地震资料解释提供了品质更高、形式更多的地震采集数据和新方法研发与应用的资料平台。针对宽方位地震资料如何充分利用并进行合理地质解释问题进行详细讨论，分析了 OVT 域偏移数据类型及特征，对宽方位地震资料的构造解释、孔隙型储层地震预测、裂缝型储层地震预测等技术进行了仔细研究。第五章论述了目前华北油田地震勘探取得的系列成果及其地质效果等，为油田下一步勘探的发展提供了典型的范例。

富油气区目标三维宽频地震勘探新技术的发展，有力保障了华北油田勘探上不断有新发现。经过近几年的顽强拼搏，勘探成效十分明显。可以相信，经过近年来富油气区目标三维宽频地震勘探新技术艰难探索与攻关，凝结众多地球物理工作者智慧的富油气区目标三维宽频地震勘探新技术不仅对华北油田未来的油气勘探开发具有极其重要的促进作用，而且也可为我国其他地区类似的油气藏勘探提供可借鉴的理论和技术支持。

赵贤正对华北油田物探工作非常重视，长期指导物探技术攻关，对本书的编写提出了建设性意见。张玮、张以明、郝会民长期推动物探新技术攻关与应用，对本书的编写提出许多宝贵建议。王彦仓、张锐锋、邱毅、史原鹏、刘旺、王克斌、王小善等对本书的编写给予了大力支持和指导。范国增老专家在本书编写过程中给予的精心指导和审核。在此一并表示衷心感谢！

由于笔者水平所限，错误和不当之处在所难免，恳请读者批评指正。

目　　录

第一章　基于数据驱动的区块分析与优选技术

基于数据驱动的决策支持就是运用数据库、联机分析等技术，对海量历史数据进行整理、分析、预测，总结其规律性，为决策提供依据。在华北油田多年三维地震勘探积累的基础上，系统全面地掌握三维地震资料品质情况，结合油田资源潜力分析，充分利用和挖掘三维地震资料在优选下一步勘探有利区块中的作用，是推动油田地震勘探部署、促进储量持续增长的重要工作。基于数据驱动的区块分析与优选技术就是基于数据驱动的决策支持理论在油田勘探工作中的应用，该工作分三个阶段：

第一，制定资源潜力和地震勘探资料（以下简称地震资料）品质评价标准。深潜山、岩性圈闭和复杂断块是华北油田冀中探区的主要勘探领域，也是油田增储上产的关键领域。根据这三个勘探领域的地质需求，分别制定了好、中、差三级地震资料品质的评价标准。

第二，建立勘探数据平台，研发并集成智能评价方法。将历年来三维地震资料依照规范要求进行整理，建立地震勘探综合数据库，将地震勘探从采集、处理到解释的相关资料录入数据库中，开发客户端/服务器模式的数据库管理系统，形成地震资料品质分析数据平台。根据地震资料品质评价要求和标准，研发了基于视觉特征的地震成果资料品质智能评价方法，主要包括方向扫描频谱法、同相轴自动识别法、灰度图像识别法和相邻波形比较法 4 种，实现了地震资料智能品质分析功能。

第三，分领域、分区块开展地震资料品质分析评价。首先，利用地震资料品质分析数据平台，对历年来的三维地震成果资料进行智能品质分析，获得分领域三级初步评价结果，在此基础上，结合资源潜力、勘探远景和勘探目标及尚未解决的地质问题等对初步评价结果进行人工调整，获得地震成果资料三级分类评价结果。其次，对于评价结果为中、差和不能满足地质需求的地震成果资料，需对以往的采集参数、采集方法、原始资料品质、信噪比和分辨率进行分析，确定有无进行重新采集的必要；如无需进行重新采集，则对历次资料处理的主要流程、参数、软硬件应用情况、处理后地质任务完成情况进行分析，对资料的处理潜力进行评价，提出下一步重新处理的建议与措施。通过以上论证分析，最终确定三维地震资料分领域三级评价结果，并提出重新采集和处理部署建议。

第一节　目标区块优选标准与评价方法

具备重新处理和采集价值的目标区块首先要有一定的资源基础。在具备资源潜力的区域内搜索潜在的有利目标，对有利目标所在的层系进行资料品质分析，根据资料品质分析结果选择具备资源潜力、且地震资料不能满足目标研究需求的区块，提出重新处理或采集的部署建议。

资源潜力评价的思路是在生油条件分析的基础上，结合最新资源量评价结果，明确总资源量、已探明石油地质储量和剩余资源量。根据剩余资源量，优选出资源潜力较大的勘探区块。

一、资源潜力和地震资料品质评价标准

资源潜力评价的内容广泛，专业性强。以勘探潜力较大的目标区块为研究对象时，本着易于操作、客观合理的原则，将资源评价的内容进行简化并量化，制定资源潜力评价标准，见表 1-1-1。

表 1-1-1　资源潜力评价标准表

分类	主要生油层段有机碳含量（%）	有效烃源岩厚度（m）	剩余资源量（10^8t）	备　　注
Ⅰ	≥0.5	≥20	≥0.2	油气显示活跃，是主要油气藏分布区
Ⅱ	<0.5	<20	<0.2	位于有效生油岩分布区周边，虽烃源岩不发育，但钻井见油气显示
Ⅲ	—	0	0	无井钻探或已钻井无任何油气显示

随着富油气区勘探工作的不断深入，地震勘探研究的要求也越来越高，三维地震勘探成果资料品质评价标准也急需细化与完善。与以往地震资料品质评价方法相比，其变化首先表现在修改了评价原则，现评价原则如下：

（1）宜根据主要勘探目的层分层系进行评价；

（2）同一层系内根据勘探目标类型，可分别针对复杂断块、地层岩性和潜山三个勘探领域进行评价；

（3）品质评价要素包括波组特征、断层可识别程度、信噪比、分辨能力、保幅性和与钻井揭示的吻合程度等，同时应根据勘探需求有所侧重。

现评价标准增加了信噪比、分辨能力等地震资料品质评价参数，使评价内容更全面；同时量化了评价内容，使标准的可执行性增强。

在以复杂断块勘探领域为主的区带或层系，地震资料需满足构造解释的要求，其评价标准见表 1-1-2。

表 1-1-2　复杂断块圈闭发育区地震资料品质评价标准

分类	波组特征	信噪比	断面、断裂体系
Ⅰ	容易识别，断层上、下盘对应关系清楚	≥0.8	断面清楚、断点干脆，断裂体系空间组合可靠
Ⅱ	主要标志层波组特征容易识别	0.6~0.8	部分断层断面不清楚，断裂体系空间组合唯一性差
Ⅲ	除Ⅰ类、Ⅱ类区之外	<0.6	除Ⅰ类、Ⅱ类区之外

以地层岩性勘探领域为主的区带和层系，地震资料除需满足构造解释需求外，还应满足储层预测和地质异常体识别的需求，其评价标准见表 1-1-3。

表 1-1-3　地层岩性圈闭发育区地震资料品质评价标准

分类	波组特征	归一化处理后的信噪比	保幅性	λ/8 可识别目的层厚度	主线方位角
Ⅰ	容易识别，断层上、下盘对应关系清楚	≥0.9	沿主要目的层的属性分析结果与钻井揭示厚度吻合率不低于 70%；合成地震记录与地震剖面吻合率≥70%，有 VSP 资料时，走廊叠加剖面应与井旁地震道反射层波组特征一致	≤15m	与主要物源方向垂直或大角度相交

续表

分类	波组特征	归一化处理后的信噪比	保幅性	λ/8 可识别目的层厚度	主线方位角
Ⅱ	主要标志层波组特征容易识别	0.7~0.9	部分断层断面不清楚，断裂体系空间组合唯一性差	15~20m	与物源方向小角度斜交
Ⅲ	除Ⅰ类、Ⅱ类区之外	<0.7	除Ⅰ类、Ⅱ类区之外	≥20m	与物源方向斜交或平行

潜山及内幕勘探目标一般埋藏较深，特别是受潜山顶界面强反射屏蔽作用的影响，潜山内幕地层地震反射同相轴一般能量偏弱，相应的评价标准有所降低。其评价标准见表1-1-4。

表1-1-4 潜山圈闭发育区地震资料品质评价标准

分类	顶界面与内幕反射特征	控山断层断面反射特征	与合成记录吻合度	信噪比
Ⅰ	清楚、可识别性强	清楚、断点归位准确	≥80%	≥0.8
Ⅱ	清楚、可识别性强	清楚、断点归位准确	60%~80%	0.6~0.8
Ⅲ	不清楚、可识别性差	不清楚、断点归位不准确	≤60%	≤0.6

二、地震资料品质评价方法

根据地震资料品质评价标准，地震成果资料品质评价的内容包括波组特征、断层可识别程度、信噪比分析、分辨能力、保幅性和与钻井揭示的吻合程度等。

（一）波组特征

波组指比较靠近的若干个反射界面产生的反射波的组合，是地下地质结构、沉积特征的直接体现，因此波组特征清楚、易于识别与对比是地震资料的基本要求。可采用正演方式，利用声波、密度测井或垂直地震剖面（VSP）资料制作合成记录，对井旁地震道的波组特征进行地层标定，以判断波组特征是否合理。其中利用资料的VSP法最为有效，因为VSP采集方法与地震采集的激发、接收条件一致，波组特征一致性强。无钻井区资料可根据地震波组特征与区域地层资料特征是否一致进行推断。

（二）断层可识别程度

断层是地质构造中的重要组成部分，也是地质研究的主要内容。在地震剖面上，断层表现为反射波同相轴错断；反射波同相轴数目突然增减或消失，波组间隔突然变化；反射波同相轴产状突变，反射零乱或出现空白带；标准反射波同相轴局部发生分叉、合并、扭曲、强相位转换，出现断面波等。

首先在地震剖面上，根据断层的表现形式来判断断层的可识别程度。断面清楚、断点干脆、断裂体系空间组合可靠是断层可识别程度高的基本要求。此外，还可以利用时间切片和能够表征断层的地震属性判断断层的平面走向是否清楚、断层间的切割关系是否明确等。

（三）信噪比分析

信噪比是衡量地震资料好坏的一个重要指标。在采集施工阶段，信噪比分析用于评价野外采集现场资料，监督采集施工质量；在地震资料处理环节，信噪比分析用于评价资料处理效果，指导处理流程和参数确定；在地震资料解释工作中，有一定的信噪比是地震资料能够进行解释工作的基本要求。地震资料的信噪比越高，则地震资料质量越好，处理结果就越可信。地震记录的信噪比高低与地震地质条件好差成正相关性。在勘探实践中，受实际地震地质条件限制，一般地震资料信噪比不能达到理想状态。因此，建立信、噪分离方法，定量评价地震记录的信噪比，具有重要意义。

信噪比分析反映了时窗内目标层反射信息的稳定性、同相轴的连续性以及噪声所占的比值。一般来说，信噪比分析基于如下假设：设地震记录 $f(t)$ 由信号 $q(t)$ 和噪声 $n(t)$ 叠加而成，噪声 $n(t)$ 为随机的，与信号 $q(t)$ 不相关，是一个满足正态概率分布的稳定的随机过程：

$$f(t) = q(t) + n(t) \tag{1-1-1}$$

在这种假设条件下，用多道记录可以分别获得信号和干扰的自相关函数的可靠估计。考虑到信号与干扰不相关，其互相关函数为零，从而有：

$$\begin{aligned}\sum_{t=-\frac{T}{2}}^{\frac{T}{2}}\sum_{k=1}^{K}f_k(t)f_k(t+\tau) &= \sum_{k=1}^{K}\left[\sum_{t=-\frac{T}{2}}^{\frac{T}{2}}q_k(t)q_k(t+\tau)+\sum_{t=-\frac{T}{2}}^{\frac{T}{2}}n_k(t)n_k(t+\tau)\right]\\ &= T\sum_{k=1}^{K}r_q^{(k)}+T\sum_{k=1}^{K}r_n^{(k)}\end{aligned} \tag{1-1-2}$$

式中 K——参与处理的总道数；

T——各道分析时窗长度；

k——多道处理时使用的各地震道道序号，$k=1，2，\cdots，K$；

q_k，n_k——分别为信号与噪声的离散采样点；

r_q，r_n——分别为信号与噪声的自相关；

τ——自相关信号长度。

为满足地震资料精细评价的要求，宜对各主力目的层系分别进行信噪比定量分析。目前主流的解释软件如 GeoEast 等都具备提取层间信噪比的功能。分层段提取后的各层系信噪比为量化值，可以在平面上显示，如图 1-1-1 所示。

（四）分辨能力

分辨能力是判断地震资料品质的另外一个重要标准，特别是在岩性勘探领域，分辨能力决定了岩性预测的准确程度。频率是单位时间内完成周期性变化的次数，是描述周期运动频繁程度的量。根据光学中的 Rayleigh 准则，当两个物体的视觉波程差大于 1/2 波长时，那么这两个物体就是可分辨的。因此地震资料的垂向分辨能力极限定义为 $\lambda/4$。根据$\lambda=v/f$，在岩石速度固定不变的情况下，地震资料的分辨能力与频率呈反比，因此频率是表征地震资料分辨能力的重要参数。

地震资料频率有视主频、平均中心频率、振幅谱主频、有效频段均方根频率、全谱平均频率和全谱均方根频率等。对饶阳凹陷东营组、沙一段、沙二段和潜山内幕四套主要目的层的主频进行分析，认为在相同的层系内，埋藏较浅的蠡县斜坡和南马庄斜坡带频率明显高于中部洼槽区。同时，由于大地吸收作用的影响，地震波的高低频成分有不同的波长，但不同的波长有相同的能量衰减，因此纵向上深层视频率明显变低（图 1-1-2）。

（五）保幅性

保幅性是很难量化分析的一项指标。主要分析方法包括：属性分析结果与已钻井厚度的吻合率、合成地震记录与地震剖面的吻合率、VSP 走廊叠加剖面与井旁地震道波组特征的相似程度。

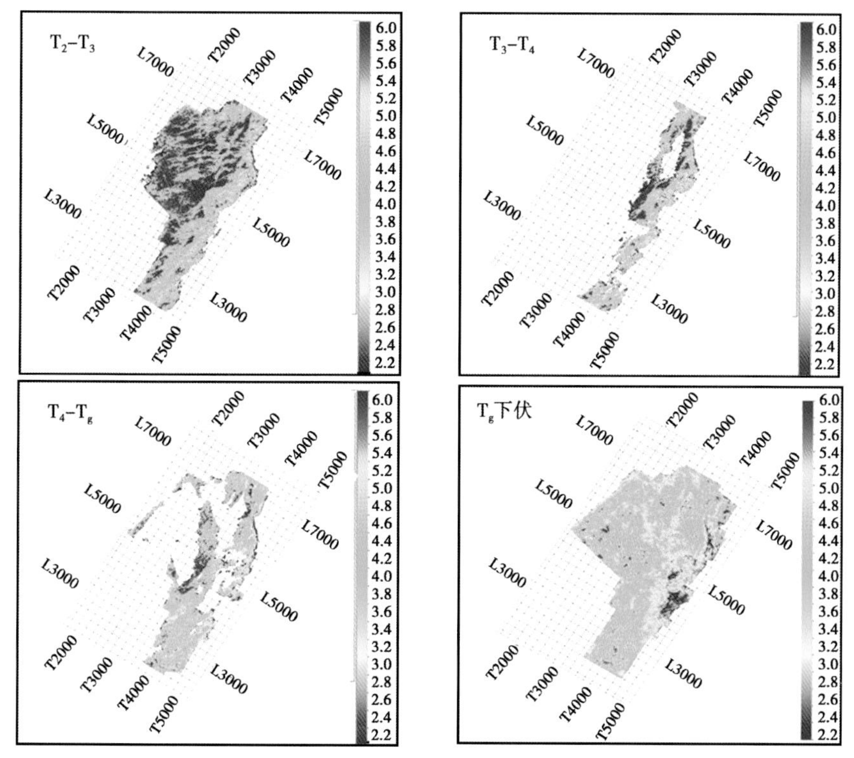

图 1-1-1　饶阳凹陷不同目的层段信噪比平面图

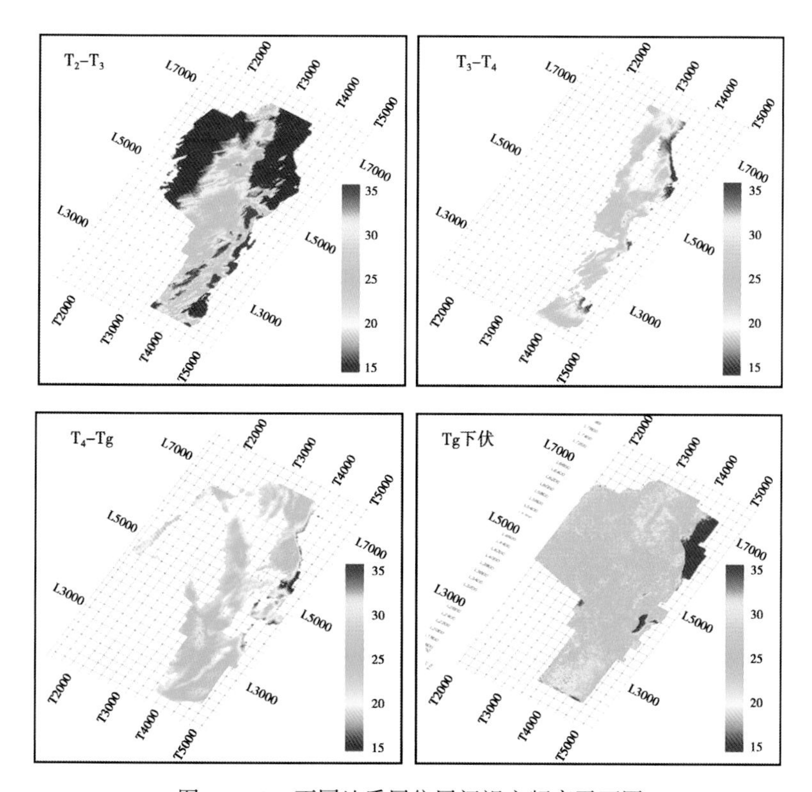

图 1-1-2　不同地质层位层间视主频率平面图

选择与已知井匹配关系较好的地震属性，用钻井信息为约束，量化为表征厚度的属性，以验证地震资料与已钻井之间的吻合程度。同时还可以通过已钻井之间的厚度变化关系与地震属性间变化关系的吻合程度进行保幅性分析。

谱分解技术在地震资料解释中的应用始于1997年，是通过离散傅里叶变换（DFT）或最大熵谱（MEM）等方法，将地震资料从时间域转换到频率域。利用振幅谱在频率域的变化特征，对薄储层进行分析研究。具体方法是对各主要目的层段所对应的地震资料进行频谱特征分析，结合其储层或油层厚度，统计出频谱特征与储层厚度的相关性，建立砂岩厚度和频率的对应关系。根据这种关系，将表征频谱的平面图转换为砂岩厚度图，将钻井得到的砂岩厚度与估算出的砂岩厚度进行对比，以两者间的吻合程度判断地震资料的保幅性。

第二节　地震资料品质智能分析关键技术

目前地震资料品质评价有人工主观评价和用计算机计算其特性值的客观评价两种方式。人工主观评价方法虽然符合人的主观感受，但需要耗费大量人力物力，且受个体的认知差异等主观因素影响。为快速、准确开展三维地震资料品质分析工作，降低人为因素带来的误差，有必要开发以计算机为基础的品质智能分析算法。

常规地震资料品质客观评价方法是对剖面的振幅、频率、信噪比等因素进行评价，评价时需对每个评价参数提取相应的地震属性分别进行，操作比较繁琐。由于采用了受噪声影响的较大的相关、时频转换、褶积、模型道等近似算法，使结果存在不可消除的误差。为避免上述问题，使评价结果更接近人的感知，建立了一套能够模拟人类视觉感知的客观评价剖面品质方法。

一、视觉系统的多通道理论

人类视觉系统具有多通道结构这一特性已被研究人员发现50多年，但这一特性目前仍未研究透彻，从大量的心理学和生理学实验可以得出，视觉皮层的神经细胞对激励的响应在频域中呈带通特性，可以在人脑内将各种信息处理机制融合起来，作用相当于一组带通滤波器，它能将激励信息分解为各个不同空间域频率和时间域频率的有限带宽的不同方向的信号，即通道。

视觉系统多通道理论中，各通道是相互作用的，人类视觉感受是各通道相互融合的综合反映。不同的通道对应着不同的空间频率与方向，对不同通道进行处理，求取其敏感度信息。另外，人类视觉系统对不同方向的敏感度是不同的，比如对对角线通道方向的信息最不敏感，对垂直或水平通道方向的信息最敏感，并且这种现象基本对称，这一特性可以用塔式分解和傅里叶变换来描述。

人类视觉系统结构复杂，现在对其研究还未形成系统的理论，但对一些心理视觉特性如对比度、敏感度、视觉多通道结构、亮度、非线性和掩盖效应等基本特征的研究已经取得了一定的进展。目前在图像质量评价领域已出现了许多基于人眼基本视觉特性的感知平面图像质量评价模型。对于静止灰度图像来说，可以由它的空间频率和方向性来表征，即视觉系统的多通道理论。如果将地震剖面看作一种静止图像，那么视觉多通道理论的空间频率和方向性正好反映地震剖面的连续性和分辨率特性，可以用于地震剖面品质智能分析中。

二、智能品质分析方法

根据视觉多通道理论，创建了四种地震资料智能品质分析方法。

（一）方向扫描频谱法

利用多通道结构中的方向特性和空间频率两个参数对地震剖面图像的品质进行描述，分析评价基本流程如图 1-2-1 所示。

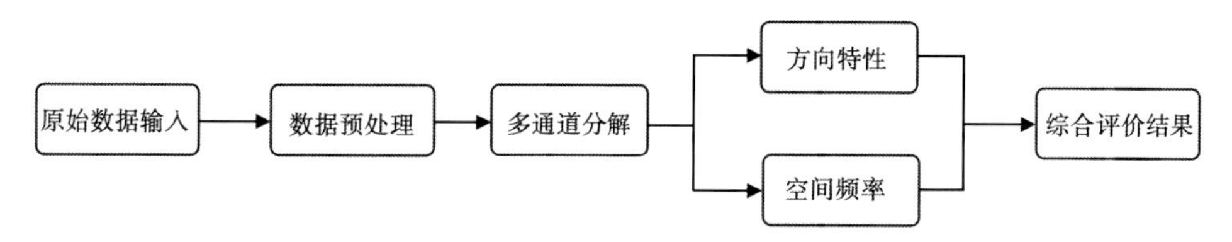

图 1-2-1　方向扫描频谱法地震资料品质分析基本流程图

图 1-2-1 中的多通道分解主要包含方向扫描和空间频率分析，其核心是方向扫描。首先选定一点并对其按照各个方向进行采样，采样后进行傅里叶变换，获得空间频率。平行于同相轴方向的表征连续性、垂直于同相轴方向的表征分辨率，如图 1-2-2 所示。

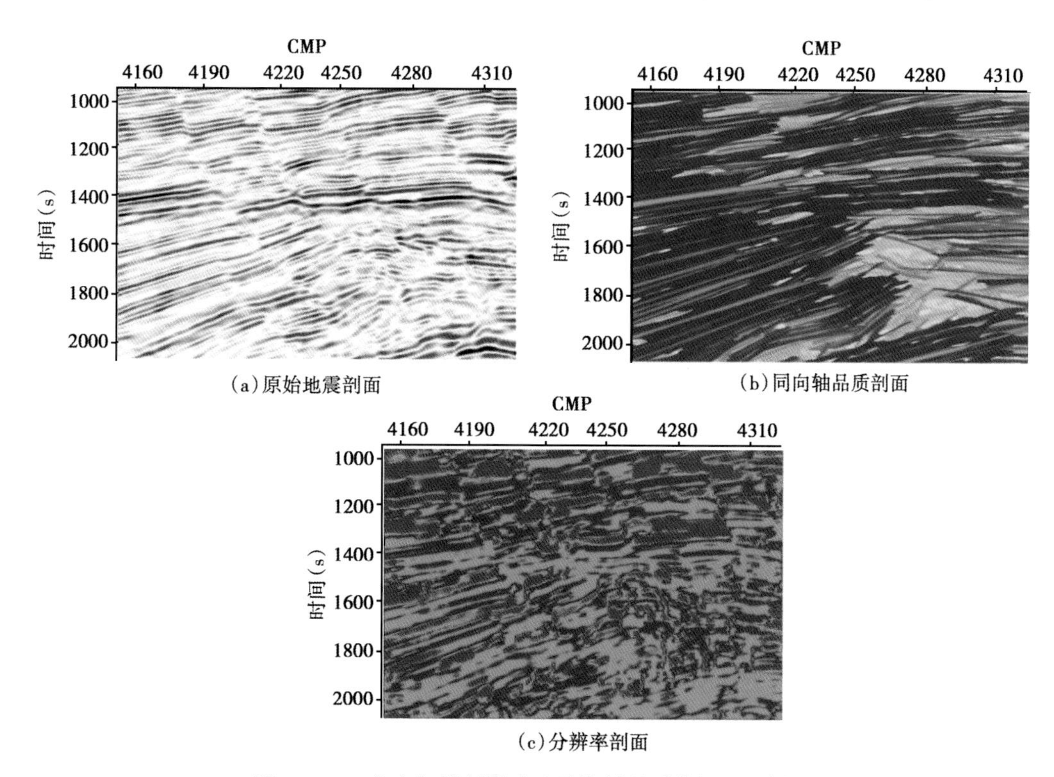

图 1-2-2　方向扫描频谱法地震资料品质分析过程剖面

为明确空间频率与角度的关系，进行了模型正演。用同样的子波合成了不同方向的同相轴，形成了如图 1-2-3（a）所示的地震记录。对其按照平行、斜交和垂直同相轴方向分别进行频谱分析，其分析结果如图 1-2-3（b）至图 1-2-3（d）所示。根据正演模拟实验结果分析可知，地震剖面上沿同相轴方向采样得到的频率最小，垂直同相轴方向采样得到的频率最大，与同相轴方向斜交时采样得到的频率处于两者之间。

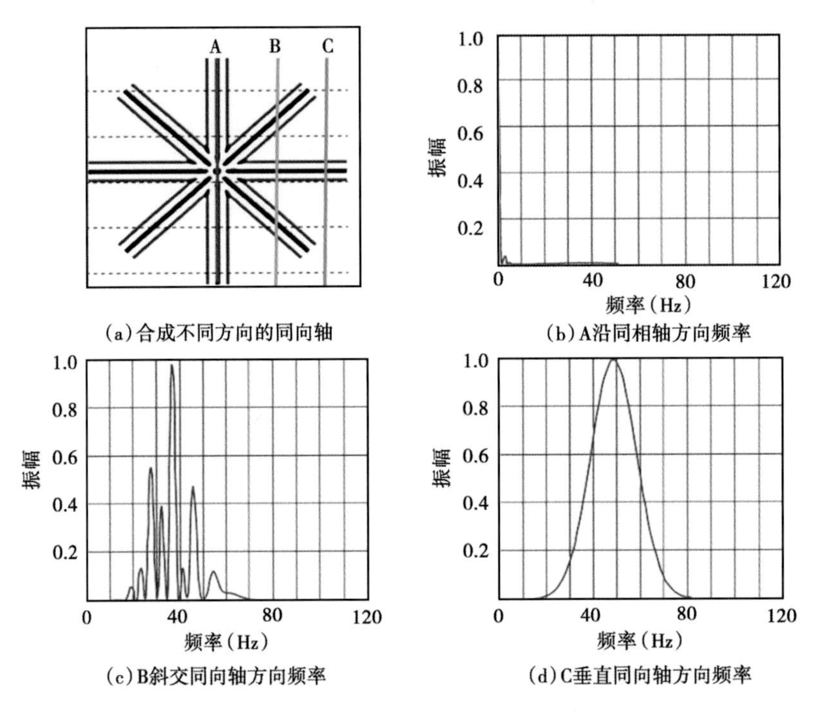

图 1-2-3　频率与方向关系的正演模拟图

由图 1-2-3 可知，基于人类视觉特征的多通道理论算法对水平和垂直通道方向的信息最为敏感。可利用人类视觉这一特性，通过一定算法来评价地震反射同相轴的连续性和分辨率，该算法被称为方向扫描频谱法，其计算机实现流程如图 1-2-4 所示。

计算过程主要包括 6 步：

（1）地震数据预处理。包含地震道异常值处理和坏道剔除等。异常值处理算法采用的是最小曲率拟合法和最小二乘法相结合的方法。

（2）方向场计算。基于视觉特征的多通道理论，对地震剖面上 $M \times N$（M 是时间采样点，N 是道数）区域，按设定的方向参数进行采样，以 8 个方向为例，如图 1-2-5（a）所示，则各方向之间的夹角为 $\pi/8$，以 d（d 是方向编号，本例中取值1~8）表示，如图1-2-5（b）所示。

（3）计算频率域特征曲线。对特定方向的采样点进行傅里叶变换，得到频率域特征曲线。信号 P（x，t）的二维傅里叶变换为：

$$P(k_x,\ \omega) = \iint P(x,\ t)\exp(\mathrm{i}k_x x - \mathrm{i}\omega t)\,\mathrm{d}x\mathrm{d}t \qquad (1\text{-}2\text{-}1)$$

式中　k_x——圆波数；

ω——角频率；

t——时间，ms；

x——水平方向坐标或道号。

（4）分别求时窗内沿各个方向振幅值的平方和：

$$S_d = \sum_{k=0}^{n} f_k(i_k,\ j_k)^2 \qquad (1\text{-}2\text{-}2)$$

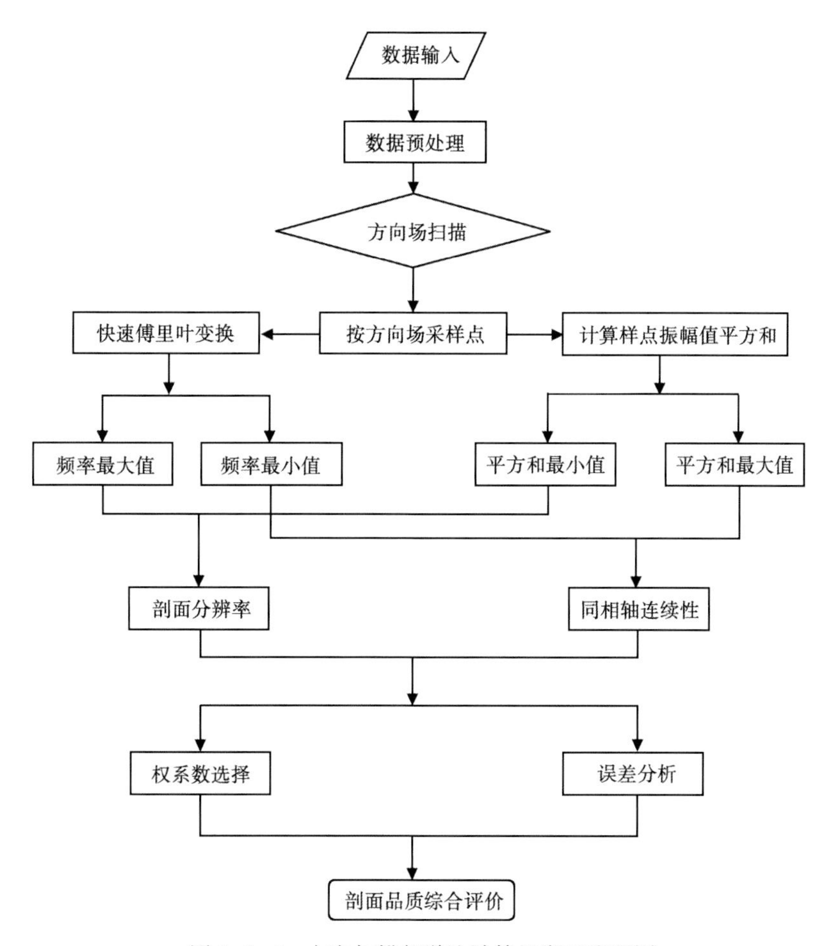

图 1-2-4　方向扫描频谱法计算机实现流程图

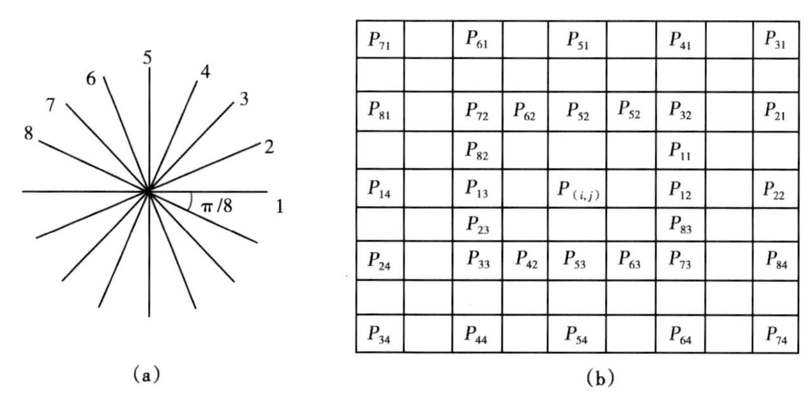

(a)　　　　(b)

图 1-2-5　方向场算法示意图

式中　f_k——振幅值；

　　k——采样编号，$k=0$，1，…，n；

　　i_k，j_k——采样点的二维编号。

$$S_{d'} = \sum_{k=0}^{n} f_{d'k}(i_k,\ j_k)^2 \tag{1-2-3}$$

式中　d'——垂直于 d 的方向，$d'=1\sim8$；

f——振幅值；

n——地震道数。

求出最大振幅、最小频率方向作为同相轴延续的方向，最小振幅、最大频率方向作为分辨率判别方向。

（5）对上述计算出的方向判断是否垂直，若垂直则计算的方向为该地震剖面品质分析的描述方向。若不是该方向则进行误差修正，直到符合要求。此外按照分析的需求可设定可信度范围（即权系数），作为剖面品质的统计结果。

（6）结合修正后的垂向分辨率和横向同相轴连续性，综合定量评价地震剖面的品质，将其按照地震品质评价标准分为Ⅰ、Ⅱ、Ⅲ三个等级。

在计算过程中需要对每个时窗内的中心点都按照上述算法操作，这一过程计算量巨大。为了使该方法实际应用成为可能，采用 GPU 和 CPU 混合编程并行计算的方法。CPU 包含几个专为串行处理而优化的核心，而 GPU 则由数以千计更小、更节能的核心组成，这些核心专为提供强劲的并行性能而设计。程序的串行部分在 CPU 上运行，而并行部分则在 GPU 上运行，极大地提高了运算效率。

（二）同相轴自动识别法

在人工拾取同相轴的过程中，主要遵循三条准则，一是同相性准则（连续性准则），即同一界面的反射波在相邻记录上出现的时间是相近的，同相轴应是平滑的，且有一定长度的延伸；二是能量性准则，即由于经过处理后的反射波有较强的能量，它通常大于干扰背景的能量，反射振幅越大，就越能判断反射波的存在；三是波形相似性准则，即同一界面的反射波在相邻记录上的波形特征是相似的。

模拟人工拾取同相轴的三条准则，创建了同相轴自动识别算法。基于人工同相轴追踪的原则，人眼看到的同相轴其实就是一系列波峰或波谷的叠加；而每道记录则是该道在采样时间内记录到的波形，因此追踪同相轴其实就是追踪不同道波形中的同相点。由于地震记录是由连续信号离散化而来，而且地震波是一种机械振动，因此同相点其实就是振幅值相同的点；根据同相轴的波形相似性准则，振幅值相同点的等值线就是波峰或波谷的包络线，如图 1-2-6 所示。

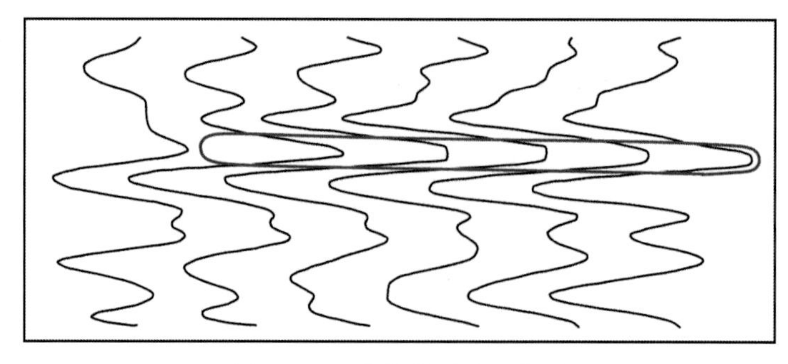

图 1-2-6　包络线形成示意图

编制程序，通过计算机实现等值线自动拾取，其实现方法如下：

（1）先从 Seg-y 数据体中抽取同一测线上的数据，将其按道号、时间和振幅的方式（x，y，value）排列形成一个三维的坐标，再进行振幅归一化处理，使它们有合理的同一性和差异性。

（2）基于 C++语言的结构体概念，建立点的结构体和边的结构体，再形成横边和纵边的链表。同时在各边上找到想要的振幅等值点。特别要注意的是如果边顶点的振幅值与目标值相等时，应将其加上或减去一个很小的量，使追踪流畅。

（3）在数据中找到等值线的起始点。等值线分为开等值线和闭等值线两种，开等值线起始于边界也结束于边界；闭等值线首尾相连。所以将边界的点与内部的点分开搜索比较简便。

（4）追踪有一定的顺序性（这里按从左至右、自上而下的顺序来进行），所以找到起始点时就按默认的读取顺序进行下一步地搜索。

（5）判断等值线的走向。

（6）确定等值线的进入边，找到下一个等值点。

（7）重复（5）（6），完成一条等值线的追踪。

（8）重复（3）~（7）以找到剖面内的全部等值线。

（9）每条等值线为一组，输出等值点的 x，y 坐标数据。

曲线的长度越长表示资料品质越好，将曲线的长度变为空间样点值，形成（X，Y，T，U）四维空间数据，U 为长度，最后进行数据平滑及网格化处理，如图 1-2-7 所示。

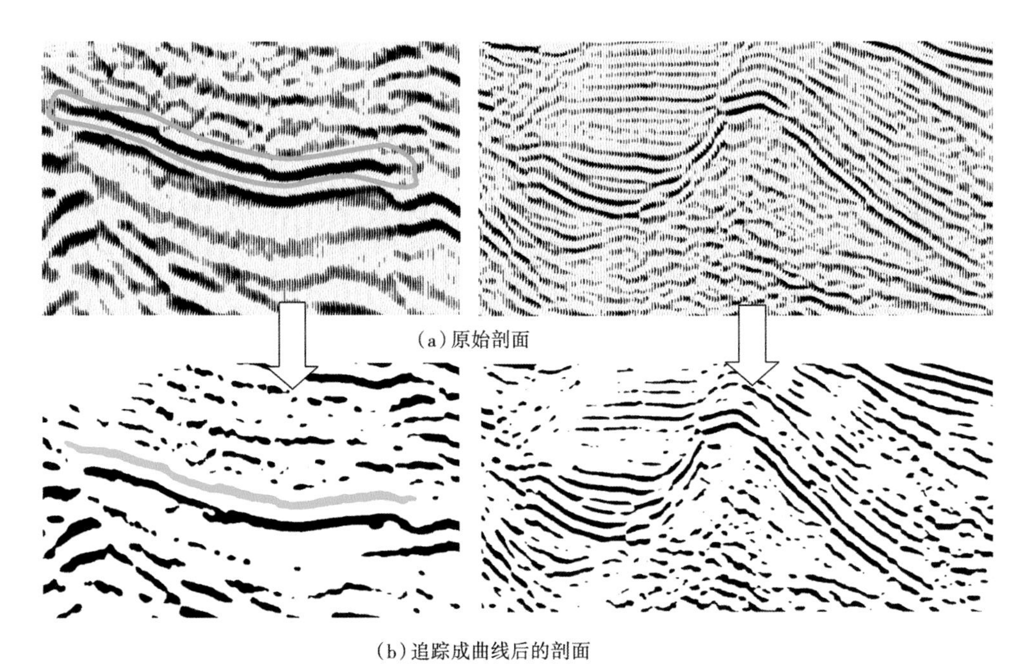

（a）原始剖面

（b）追踪成曲线后的剖面

图 1-2-7　同相轴自动识别分析方法示意图

通过调整振幅阀值，显示资料品质的量化值及其空间展布特征（图 1-2-8）。经实际数据测试，该方法对剖面同相轴识别能力较强，追踪结果可靠。

（三）灰度图像识别法

数字图像数据可以用矩阵 $\boldsymbol{F}$ 来表示，因此可以用矩阵理论和矩阵算法对数字图像进行分析和处理，最典型的例子就是灰度图像（图 1-2-9）。灰度图像的像素数据就是一个矩阵，矩阵的行对应图像的高（单位为像素），矩阵的列对应图像的宽（单位为像素），矩阵

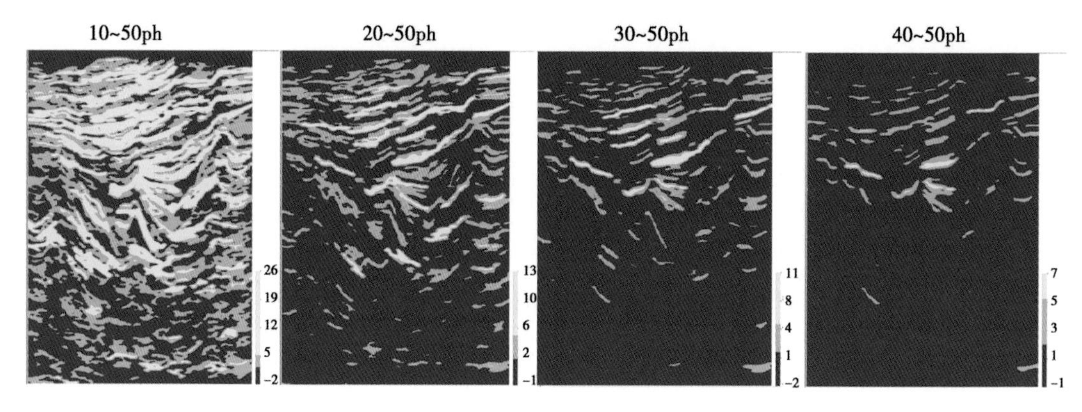

图 1-2-8　不同振幅阀值调整前后对比图

的元素的值就是像素的灰度值，见式（1-2-4）。

$$
\boldsymbol{F}=\begin{bmatrix} f_{0,\ 0} & f_{0,\ 1} & \cdots & f_{0,\ N-1} \\ f_{1,\ 0} & f_{1,\ 1} & \cdots & f_{1,\ N-1} \\ \vdots & & & \vdots \\ f_{M-1,\ 0} & f_{M-1,\ 1} & \cdots & f_{M-1,\ N-1} \end{bmatrix} \tag{1-2-4}
$$

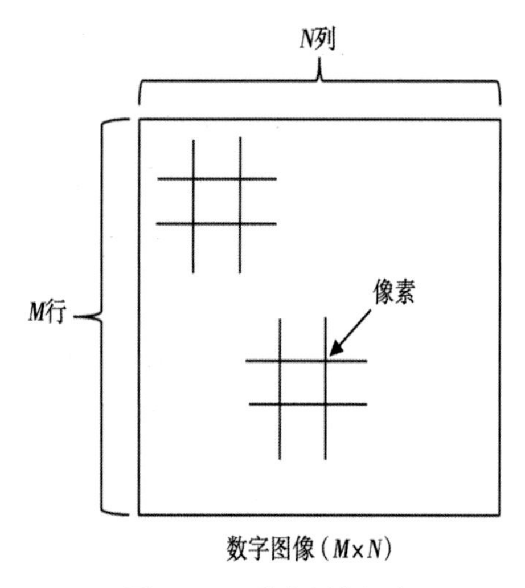

图 1-2-9　数字图像矩阵

根据灰度图像识别法进行地震资料品质智能分析包括如下步骤。

（1）灰度图像获取。灰度图是指含亮度信息，不含色彩信息的图像。因此，需要把亮度值进行量化，以满足灰度图表示的需要。亮度值通常划分为 0 到 255 共 256 个级别，0 最暗（全黑），255 最亮（全白）。由于位图格式文件并没有灰度图这个概念，而是用调色板中的 RGB 三基色来表示，因此亮度信息的获取需通过表示颜色的另一种方法 YUV 方法表示。这种方法中，Y 分量的物理含义是亮度，U 和 V 分量均代表色差。因为 Y 表示亮度，所以，Y 分量包含了灰度的所有信息，即只用 Y 分量就能完全表示出一幅灰度图。

YUV 和 RGB 之间有着如下的对应关系：

$$
\begin{cases} Y=0.5R+0.39G+0.11B \\ U=B-Y \\ V=R-Y \end{cases} \tag{1-2-5}
$$

当 RGB 三个分量大小相等时（假设都等于 a），代入式（1-2-5），得 $Y=a$，$U=0$，$V=0$，即只包含亮度信息。也就是说，用位图表示灰度图，只要使用 256 色的调色板，每一项的 RGB 都相同。即 RGB 的值从（0，0，0）（全黑），一直到（255，255，255）（全白），中间值是灰色。这样，灰度图就可以用 256 色来表示。对于一幅给定的彩色图像，把每一点的

RGB 值代入式（1-2-5），求出每一点对应的 Y 值，然后令每一个点的 RGB 值等于对应的 Y 值，代替原来的 RGB 值，就形成了新的灰度图像。

（2）图像增强。在图像的生成、传输或变换过程中，受多种因素影响，会造成图形质量下降。图像增强的目的是采用相应技术改善图像的效果，或将图像转换成一种更适于人或机器进行分析处理的形式。图像增强有空间域和频率域两类方法。前者是在原图像上直接进行数据运算，后者是在图像的变换域中进行修改，增强感兴趣的部分。

以地震资料品质分析为目的，采用在变换域中进行增强的灰度扩展法。主要思路是把感兴趣的灰度范围拉开，使得该范围内的像素亮的更亮，暗的更暗，从而达到增强对比的目的。该方法根据造成图像质量下降的不同原因及图像特征差异采用不同的修正方法。其过程是把原图像 $F(x, y)$ 经过变换函数 $T(*)$ 变换成一个新的图像函数 $G(x, y)=T[F(x, y)]$（图 1-2-10）。在变换过程中，对每个像素点都经过同样的处理。

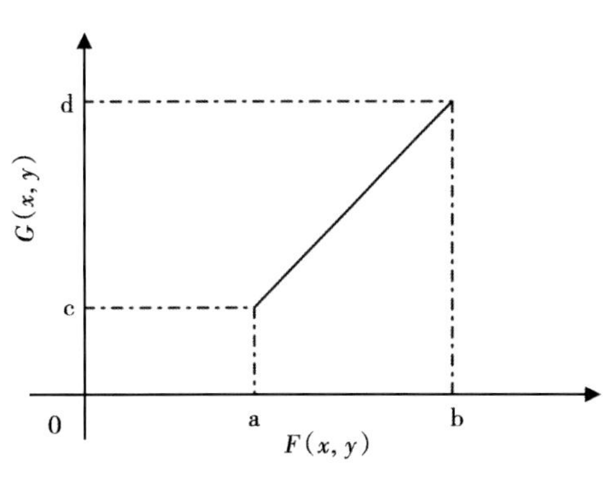

图 1-2-10　灰度扩展示意图

如果图像由于成像时光照不足，使得整幅图偏暗，例如灰度范围从 0 到 5，或者成像时光照太强，使得整幅图像偏亮，例如灰度范围从 200 到 255，这种情况称为低对比度，即灰度值域动态范围小，挤在一起，没有拉开。为提高图像品质，有必要对灰度值域范围进行扩张，其扩张过程如下：

原始图像：$F(i, j)$，灰度范围：$[a, b]$。变换后的图像：$G(i, j)$，灰度范围：$[c, d]$。则变换后的图像表示为：

$$G(i, j)=c+\frac{d-c}{b-a}[F(i, j)-a] \tag{1-2-6}$$

如果图像中大部分像素灰度级范围在 $[a, b]$ 内，少部分像素分布在小于 a 和大于 b 的值域区间内。此时可用下式做变换：

$$G(i, j)=\begin{cases} c;\ F(i, j)<a \\ c+\frac{d-c}{b-a}[F(i, j)-a];\ a \leqslant F(i, j)<b \\ d;\ F(i, j) \geqslant b \end{cases} \tag{1-2-7}$$

（3）数据平滑及修饰性处理。当上述系列操作完成后，用计算机图片像素识别灰度图颜色值，形成（X，Y，T，U）四维空间数据，U 为灰度值（0~255）。为使计算结果视觉效果更好，需进行数据平滑及网格化处理。

对地震数据以灰度图像识别法进行品质分析。图 1-2-11 的地震剖面上部地震反射特征清楚，资料品质较好；下部地震反射同相轴不连续，信噪比低，资料品质较差。经灰度图像识别法进行智能品质分析结果与人工分析效果一致（图 1-2-12）。该方法与同相轴自动识别法的基本原理比较接近，效果基本相当，但其计算量大。因此本方法工作效率不低于同相轴自动识别法的地震资料品质分析方法。

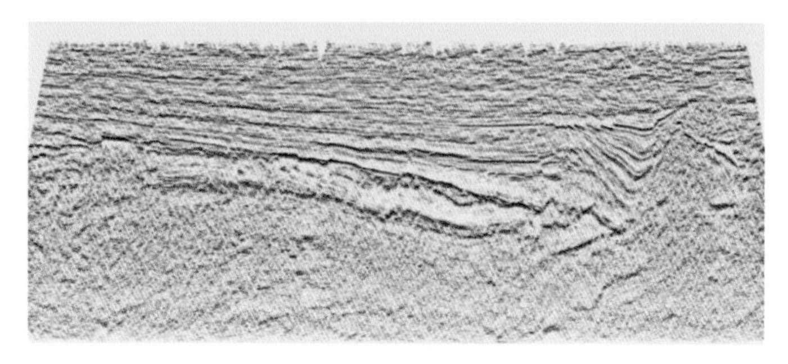

图 1-2-11　原始地震剖面

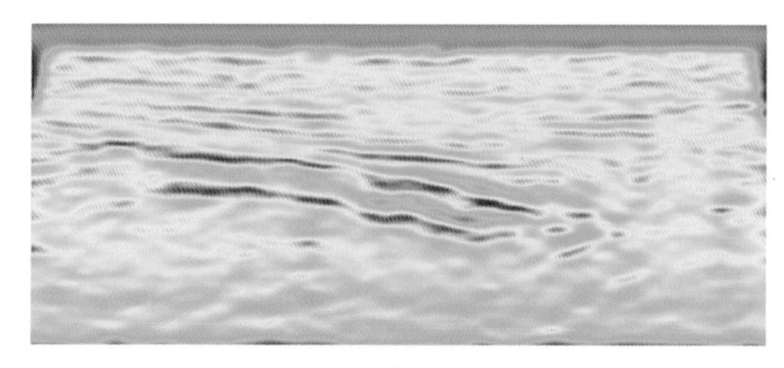

图 1-2-12　灰度图像识别法效果图

（四）相邻波形比较法

在实际工作中，一般采用相关计算方法判断地震道间波形的相似程度。假设相邻两道中地震波分别用 $f_1(t)$ 和 $f_2(t)$ 表示，计算两道的互相关可表示为：

$$\phi(\tau)=\int_{-\infty}^{+\infty}f_1(t)f_2(t+\tau)\mathrm{d}t \tag{1-2-8}$$

式中　$\phi(\tau)$——τ 时刻两个地震道的互相关值；

τ——延迟时；

t——时间。

两道的相关性取决于相关系数：

$$\phi=\frac{2\sum_{t=1}^{n}f_1(t)f_2(t)}{\sum_{t=1}^{n}f_1^2(t)+\sum_{t=1}^{n}f_2^2(t)} \tag{1-2-9}$$

根据 ϕ 值可以进行信号相邻波形相似性判断。给定一个门槛值，假设 ϕ 的值大于门槛值，认为地震道相干，作为有效信号进行统计；假设 ϕ 值小于门槛值，则认为地震道不相干，作为非有效信号进行统计。

在分析时窗内，将数据体记为：

$$D=d_{ij}M\times N \tag{1-2-10}$$

式中　d_{ij}——代表 $i\times j$ 的矩阵；

M——采样时间间隔；

N——时窗内地震道数；

i，j——序列号，$i=1$，2，3，…，M，$j=1$，2，3，…，N。

假设在整个时窗内的地震波形、振幅和相位都保持不变，则有：

$$d_{ij} = s_{ij} + n_{ij} \tag{1-2-11}$$

式中 s_{ij}——有效信号振幅；

n_{ij}——噪声振幅。

计算时窗内，有效信号总能量为：

$$E_x = N\sum_{i=1}^{M} s_{ij}^2 = \frac{1}{N}\sum_{i=1}^{M}\left(\sum_{i=1}^{N} d_{ij}\right)^2 \tag{1-2-12}$$

在深入研究相关法理论的基础上，采用相邻波形比较法进行地震资料品质智能分析。其主要原理是地震反射同相轴的连续性与地震资料品质好坏密切相关，可以采用分析相邻道波形的相似性特征来实现品质分析。其具体实现过程包括三步：（1）确定进行波形比较的滑动时窗；（2）对时窗内相邻两道间的地震数据进行比较；（3）对相同窗内两相邻地震道振幅的平方和进行比较，两者之差表征地震资料品质好坏。

一般情况下，当两个波形完全一致时，相减结果为“0”。因此，用相邻波形比较法进行地震资料品质分析时，数值越小代表该区域剖面品质好。由于时窗长度存在不确定性，不同时窗内振幅平方和算法存在多解性，会降低资料品质分析结果的可靠性，如图 1-2-13 所示，地震剖面中间部分的地震资料品质较好，但品质分析结果显示该区品质较差，与人工判断结果存在差异。

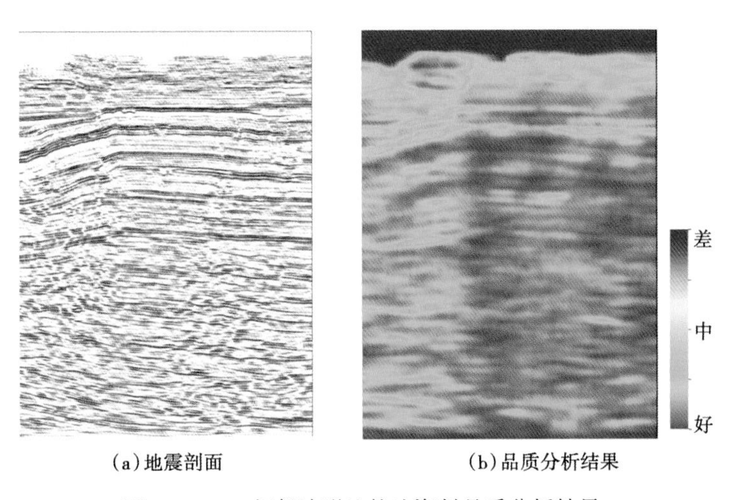

（a）地震剖面　　（b）品质分析结果

图 1-2-13　相邻波形比较法资料品质分析结果

三、智能品质分析方法对比

应用相邻波形比较法、同相轴自动识别法、灰度图像识别法和方向扫描频谱法进行地震资料品质分析时，每种方法都有各自的特点和适用条件。同相轴横向连续性是衡量地震勘探资料品质的一个重要因素，这 4 种方法均涉及同相轴连续性分析，其中方向扫描频谱法可计算分辨率。图 1-2-14 是应用上述 4 种方法对同一工区进行的品质分析结果平面图，从平面图上可见 4 种方法的计算结果不尽相同，相邻波形对比法与其他三种方法差异较大，同相轴自动识别法和方向扫描频谱法相似程度较高。

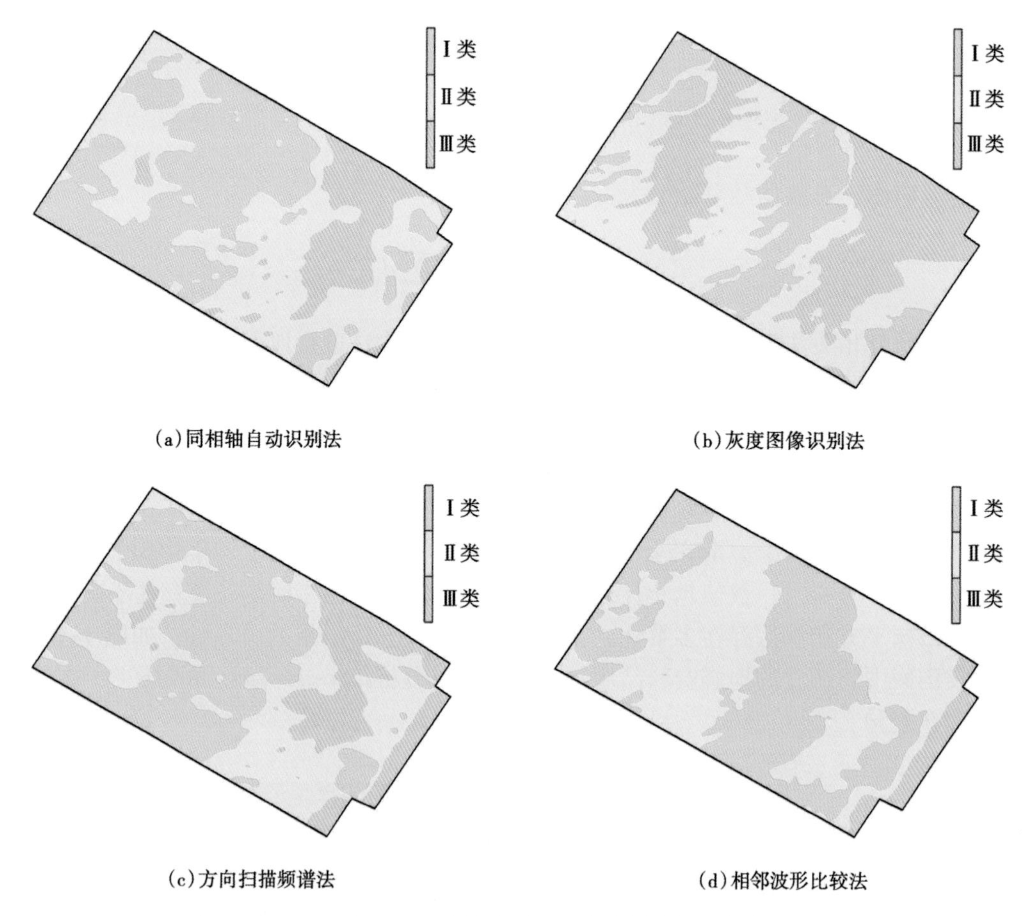

(a)同相轴自动识别法

(b)灰度图像识别法

(c)方向扫描频谱法

(d)相邻波形比较法

图 1-2-14　马西地区东营组不同智能品质分析方法效果对比图

依照地震资料品质分析标准，应用 4 种地震资料智能品质分析方法对同一区块的地震资料分层系、分潜山领域、岩性领域和复杂断块领域进行智能品质分析，数据量为 10G。对每种算法的运行时间、参数个数和分析结果的符合率进行对比分析，结果见表 1-3-1。可以看到，相邻波形对比法符合率较低，分析效果较差；同相轴自动识别法和方向扫描频谱法对每一勘探领域的符合率均大于 65%，可靠性较好；灰度图像识别法符合率与方向扫描频谱法相当，但运行时间是其 9 倍，工作效率偏低。综上所述，方向扫描频谱法运行速度快，可靠性好，是最具有推广价值的资料品质智能分析方法。

为进一步检验地震资料智能品质分析的准确性，由 2 名专业技术人员对约 600km^2 的三维资料进行了人工资料品质分析，每 200m 抽取一条线，人工分析用时约 5 个工作日。即用同相轴自动识别法进行智能品质分析，用时大约 30min。两种方法得到的资料品质分析结果大体一致。但由于人工判别时选取的线距较大，造成其结果不能展现出相邻测线间资料品质的细节变化，证明计算机智能判别在提高工作效率的同时，分析结果更精确见图 1-2-15。

表 1-2-1 地震资料智能品质分析方法对比表

序号	方法名称	运行时间（min）	参数个数（个）	潜山符合率（%）	岩性符合率（%）	复杂断块符合率（%）	主要技术
1	相邻波形对比法	40	7	55	50	62	数据平滑
2	同相轴自动识别法	50	5	82	65	81	同相轴追踪四维网格
3	灰度图像识别法	45	5	72	62	70	网格化数据平滑
4	方向扫描频谱法	5	2	81	67	82	GPU 编程角度场

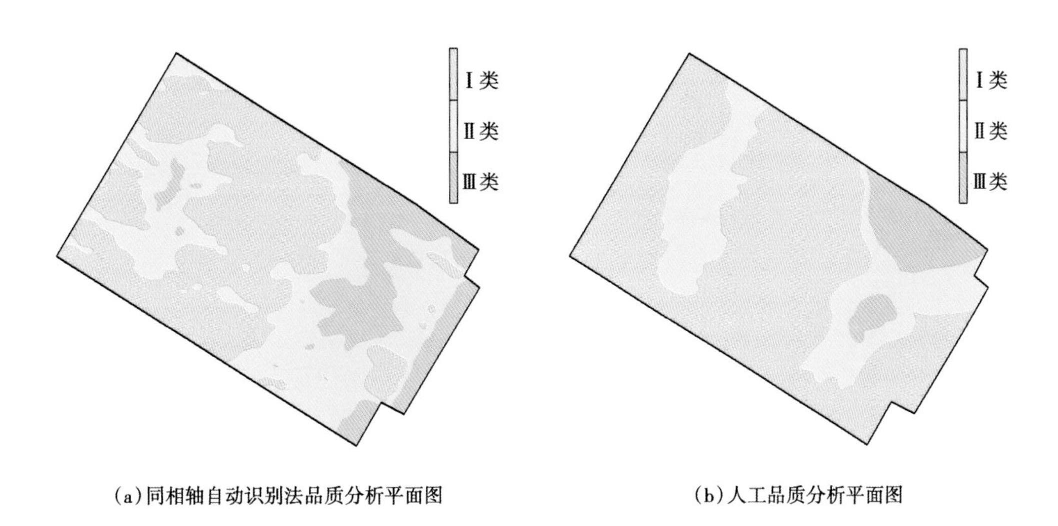

（a）同相轴自动识别法品质分析平面图　（b）人工品质分析平面图

图 1-2-15 马西地区东营组人工分析与智能品质分析效果对比图

第三节 地震资料智能品质分析平台

为了使地震资料智能品质分析方法操作更为简便、实用，以地震资料品质评价算法为核心，建立了三维地震资料品质分析平台。其指导思想是“简单实用、安全可靠、易于扩展”。“简单实用”就是操作界面方便、友好，无需或只需简单培训就会使用，易于系统全面推广。“安全可靠”包含两方面内容，一是对信息的输入与访问进行权限和质量控制，确保信息输入的可靠和访问的安全；二是对存储的数据采取必要的保护措施，确保数据存储的安全与可靠。“易于扩展”是指采用模块化和动态菜单设计，便于平台功能扩展。

一、平台总体架构

地震勘探涉及的数据包括空间数据和对象属性数据两部分。空间数据记录的是对象的空间信息，而属性数据则记录的是对象的文本、数值等源数据。根据这些数据的规则化特点，将地震勘探数据分为结构化数据和非结构化数据两类。对于结构化数据，采用 SQL Server 数据库进行存储和管理。对于非结构化数据，包括地震勘探各种数据体、Word 和 PowerPoint 等电子文档，采用独立文件方式进行存储和管理。

数据平台采用 SQL Server2005 作为数据存储服务器，用 C++、C#及 CPU+GPU 编程混合语言开发，基于 Windows 平台运行的客户机/服务器模式（Client/Server 模式，简称 C/S 模式），总体架构如图 1-3-1 所示。

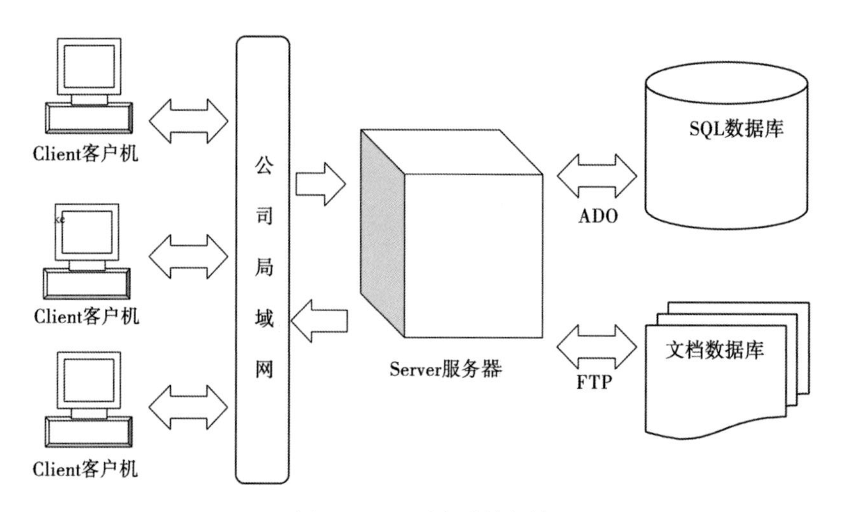

图 1-3-1 平台总体架构

C/S 模式主要由客户端应用程序和服务器管理程序两部分组成。在结构中，所有客户机和数据库服务器相连，服务器负责数据处理，客户端负责与用户交互，向后台服务器发出请求，对于用户请求，如果客户机能够满足需求就直接给出结果，否则就交给服务器来处理。因此，该结构可以合理均衡事务处理，充分保证数据的完整性和一致性。

客户端用 ADO. NET 与数据库连接，数据库访问使用 C#语言开发，能更有效地和客户端应用程序结合，充分利用 ADO. NET 的特性并确保数据类型的兼容性，省去大量的数据转换工作，对非结构化数据用 FTP 访问。平台开发以 C++为主要开发语言，易于实现以图形看数据等功能。针对地震资料品质分析运算量大的特点，采用 CPU+GPU 编程提高运算速度。

二、数据组织与存取控制

（一）数据组织

地震勘探主要以地质单元或工作区域为基本单元展开，涉及二维地震测线坐标、三维工区拐点坐标、工区地震资料采集方法与参数、表层调查基础数据、工区处理成果与处理速度、地质层位解释数据和相关文档。除测井、录井数据与井关联外，所有数据均与工区关联。以工区名称、施工年度和勘探方法（二维、三维）三项数据识别一个工区，实现所有数据的规范化和唯一性访问。以地质单元划分，每个工区又属于不同的凹陷和探区（图 1-3-2），按照这一层次关系规范化平台的所有数据。

为便于数据查询，提高数据查询的速度，系统采用多个数据库结构，每个探区单独的数据库，包括二维工区测线端点、二维试验线基本信息、表层调查施工参数、表层调查解释成果、表层岩性录井、三维工区边界拐点、三维工区基础数据、表层低降速带模型、试验点班报、工区文档资料、地震原始记录与处理成果、油气井基础数据等数据表。

（二）数据存取控制

数据的存储安全和保密性是软件开发的重要问题，本平台在数据安全方面采取了身份认

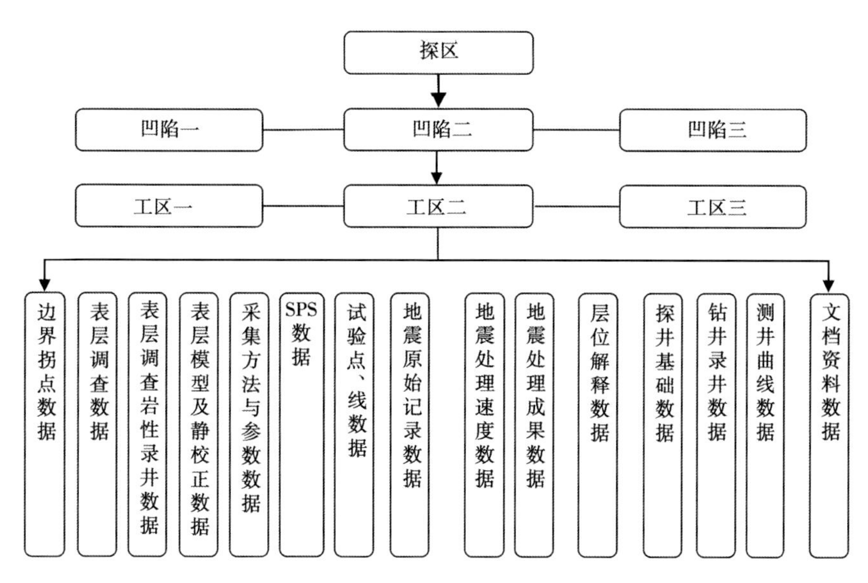

图 1-3-2　地震勘探数据层次关联图

证、访问控制、数据存储安全、审计和追踪等安全措施。

身份认证：采用用户名加口令的用户身份验证，赋予不同用户级别、不同数据访问权限。

访问控制：服务器设计特定的接口访问，由 Server 系统自身及第三方防火墙进行访问控制。

数据存储安全：主要考虑数据在静态情况下的安全性。对于非结构化数据（如地震勘探数据、Word 和 PowerPoint 等电子文档），在服务器单独建立数据目录，通过映射供合法用户访问，确保文档的安全。对于结构化数据，采用 SQL Server 数据库存储，数据的安全由 SQL Server 提供保障。服务器采用冗余设置，对所有数据在服务器上设置定期进行更新自动检测和备份，保障数据安全。

审计和追踪：对用户的数据操作轨迹进行记录并形成日志，以便后续的追踪。

三、主要功能

开发完成后的地震资料智能品质分析平台主要包括系统管理、实时数据管理、交互查询和地震资料智能品质分析 4 大功能（图 1-3-3）。

系统管理：提供新用户注册、密码修改、用户登录等功能，通过设置网络地址、修改登录权限，为不同的用户提供不同的服务。

实时数据管理：数据树的管理按照探区—凹陷—工区三级模式进行，实现对地震工区进行创建、修改、删除和数据上传操作。同时对工区中的数据库文件按照一定条件进行检索、添加和修改，以及文件的录入、导出与显示成图（图 1-3-4）。

交互查询：采用底图驱动模式，通过交互的方式，显示工区任意范围内的观测系统参数、野外测量信息等，同时可以提取工区已加载地震数据的成果剖面、时间切片等，还可以对地震数据体进行智能化的品质分析工作。另外，还可以跨工区提取显示任意线方向的地震剖面，以及其各种属性信息等（图 1-3-5、图 1-3-6）。

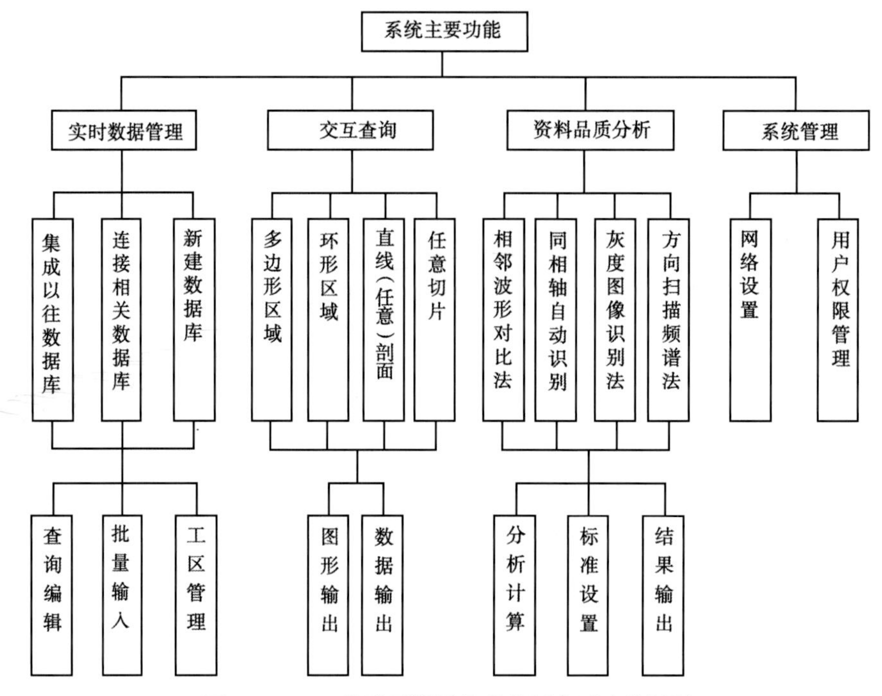

图 1-3-3　三维地震资料品质分析主要功能框图

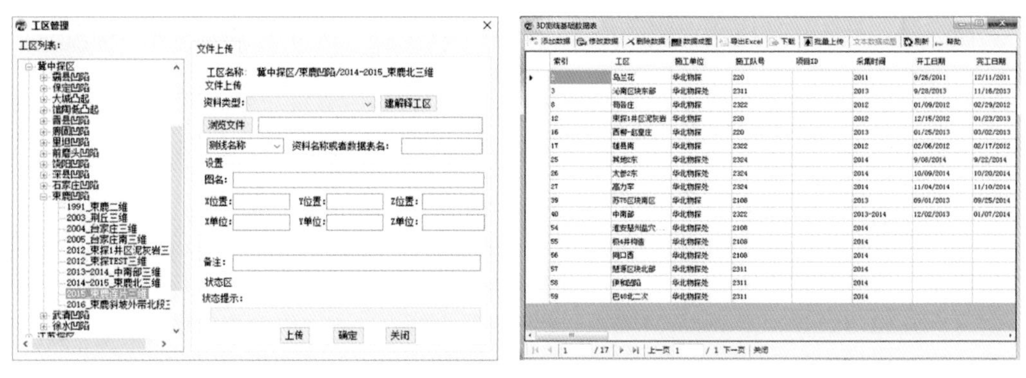

图 1-3-4　智能信息系统实时数据管理功能示意图

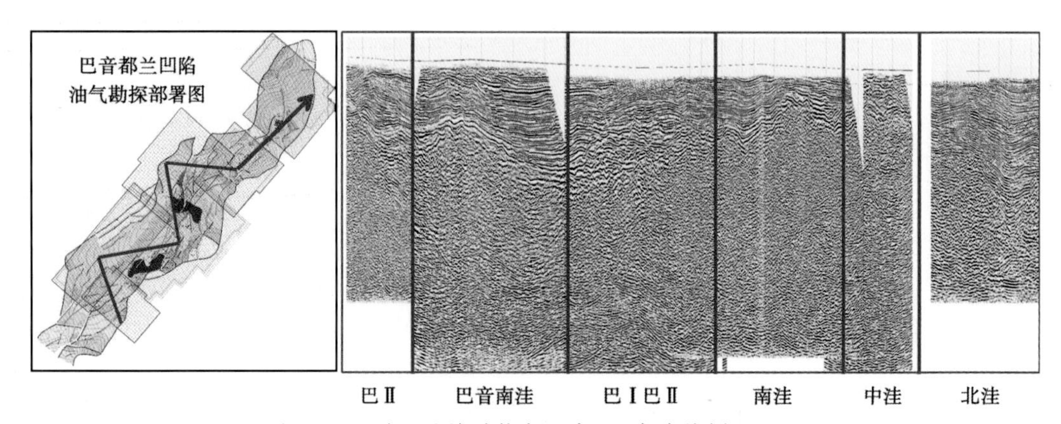

图 1-3-5　交互查询功能实现跨工区任意线剖面显示

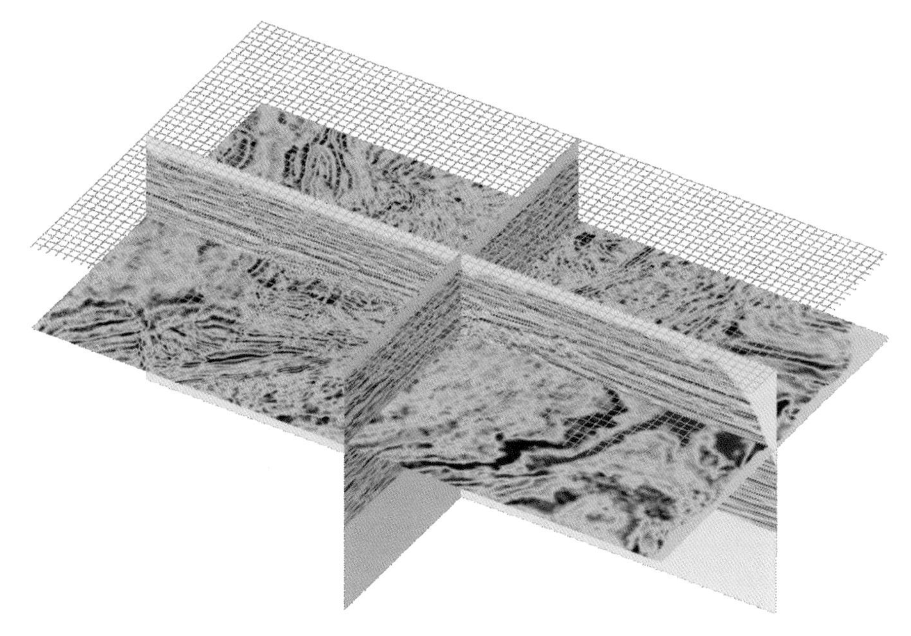

图 1-3-6　交互查询功能实现的成果地震数据立体显示图

四、自动分析流程

地震资料智能品质分析是地震资料品质分析平台的核心。该模块具有地震资料智能品质分析和分析结果输出等功能。分析方法包括同相轴自动识别法、灰度图像识别法和方向扫描频谱法。

打开地震资料智能品质分析界面，选择霸县凹陷连片数据体。在三种分析方法中酌情选择其一，按数据体情况和地震资料品质分析的需求更改参数设置，主要包括振幅阀值、数据体线间距、资料品质好、中、差的范围、平面网格面元等参数，如图 1-3-7 所示。

参数设置

参数选择：　潜山领域参数　参数参考

参数名称	参数	参数范围	单位	说明
振幅阀值	20	0-100		正极性振幅归一化0-100
数据体线间距	50	1-200	CDP	视数据体大小来定
品质差	50	36-55	CDP	振幅连续性差
品质中	50-100	45-120	CDP	振幅连续性一般
品质好	100	80-200	CDP	振幅连续性好
平面网格面元	200	20-500	米	决定结果的平滑程度

确定　取消

图 1-3-7　品质分析参数设置界面

分析结果设置界面如图 1-3-8 所示，可根据需求选择需要输出的分析结果，执行相应的步骤后可以生成品质分析平面图和立体显示图。

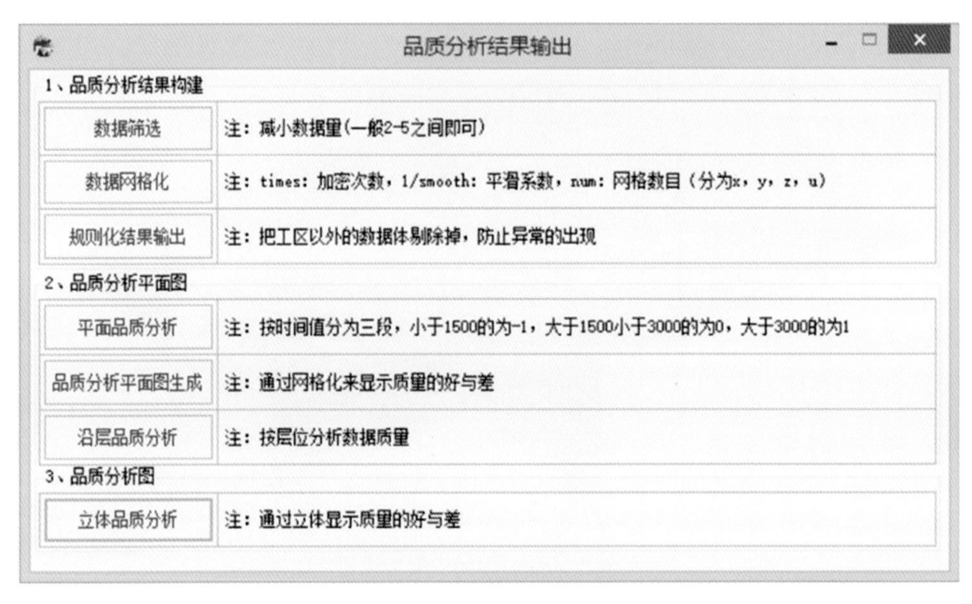

图 1-3-8　分析结果输出界面

当对地震资料进行纵向跨度较大的整体品质分析时，往往输出地震资料品质分析立体显示图（图 1-3-9）。这种显示方法可以在剖面上直观地看到品质分析结果，同时可以看到分析结果在平面上的延展范围，从而把握分析结果整体的可靠程度。

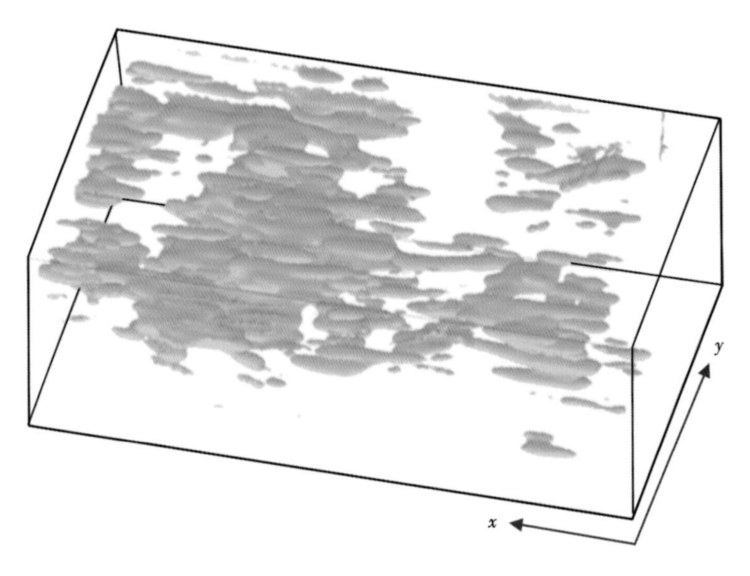

图 1-3-9　地震资料品质分析结果立体显示图

当分层系对地震资料进行品质分析时，一般输出平面图。如图 1-3-10 所示，图中蓝色代表地震资料品质好，黄色代表地震资料品质中等，综色代表地震资料品质较差。

图 1-3-10　霸县凹陷潜山及内幕资料品质平面图

第四节　冀中探区目标区块优选

冀中坳陷位于渤海湾盆地西部，地理位置主要分布于华北平原北部，行政区划地跨河北、北京、天津一省二市。北依燕山褶皱带、南抵邢衡隆起、西邻太行山隆起、东至沧县隆起，总体呈 NNW 向展布（图 1-4-1）。

坳陷内分布有 12 个凹陷和 6 个凸起，总面积 $3.2\times10^4km^2$，是华北油田油气勘探的主战场，由北向南包括大厂、廊固、霸县、饶阳、深县、束鹿等富油凹陷。依照资源潜力评价标准和地震资料品质分析标准，利用智能品质分析平台对冀中探区 $9789.3km^2$ 地震数据分层系进行了资源潜力和地震资料品质分析，优选出有利勘探目标区块 16 个，其中采集 8 个，面积 $1500km^2$；处理 8 个，面积 $1500km^2$。

一、廊固凹陷目标区块优选

廊固凹陷位于冀中坳陷北部，东南部以牛驼镇凸起与霸县凹陷相接，东北部以河西务断层为界与武清凹陷相邻，西邻大兴凸起，西南方向为徐水凹陷（图 1-4-1），勘探面积约为 $2600km^2$，北东走向，是西断东超的古近纪箕状断陷。根据油源对比的结果，廊固凹陷自下而上主要发育石炭系—二叠系、孔店组、沙四段和沙三段共 4 套烃源岩。

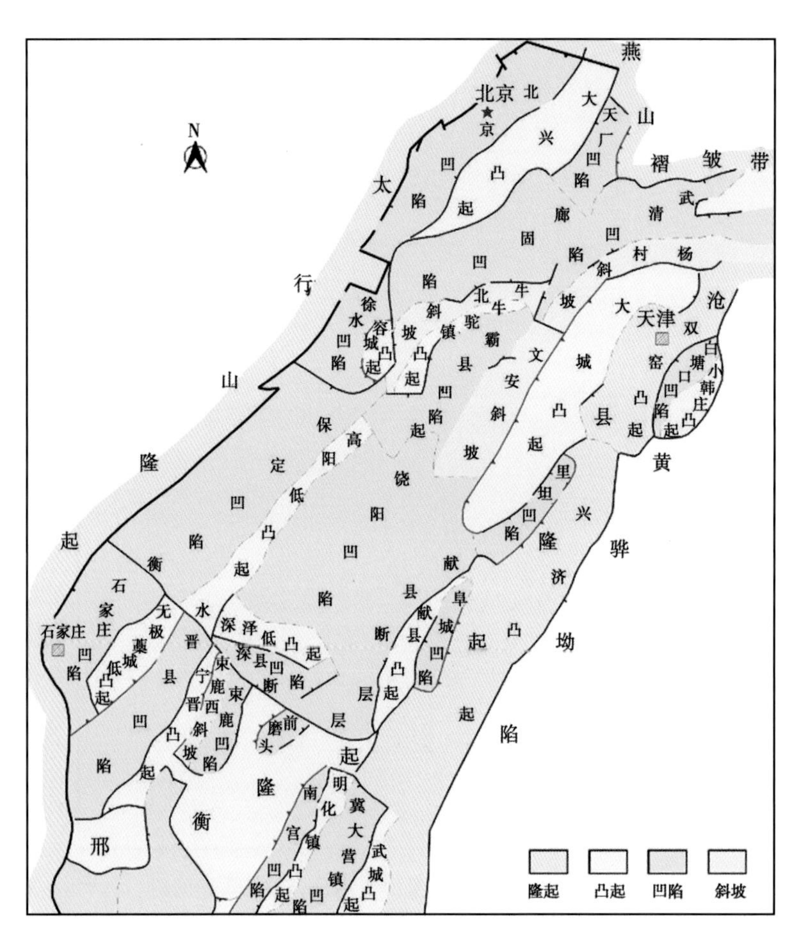

图 1-4-1　冀中坳陷构造划分图

（一）资源潜力评价

沙三段和沙四段为廊固凹陷的主力烃源岩。由于该两段地层厚度较大，顶部和底部烃源岩的热演化存在显著差异，将沙四段细分为沙四中下和沙四上，沙三段分为沙三下、沙三中和沙三上。其中，沙三上由于埋藏浅、烃源岩基本未成熟，重点对沙四中下、沙四上、沙三下和沙三中的烃源岩品质进行分析和综合评价。

最新资源评价表明：廊固凹陷油气资源量约 2.33×10^8t，目前仅探明 0.98×10^8t，剩余资源量 1.35×10^8t，资源潜力较大。沙四段有效烃源岩分布面积 1149km^2，最大厚度 600m；沙三段有效烃源岩分布面积 1687km^2，最大厚度 400m。

不同有机碳丰度的烃源岩通常具有不同的有机质结构，其油气生烃特征与生烃潜力存在较大差异。廊固凹陷有机碳实测样品不足，通过应用测井曲线评价烃源岩技术，利用声波时差曲线和视电阻率曲线，结合岩心样品，依据 TOC 评价标准：评价标准以 TOC≥2%为高丰度烃源岩，1%≤TOC<2%为中等丰度烃源岩，TOC<1%为低丰度烃源岩，对以上 4 个主力烃源岩段的厚度分层段进行了统计。

沙四中下 TOC≥2%烃源岩厚度范围 0～41m，主要分布于柳泉—王居—琥珀营以南，北部烃源岩厚度最薄；烃源岩最厚 40m 位于中岔口西南，中等丰度烃源岩最大厚度 400m，低丰度烃源岩最大厚度1000m；有机碳含量平均值为0.47%，有机质类型以Ⅲ型为主，其次为$Ⅱ_2$型；实测R_o为0.38%~1.79%，处于中等—成熟阶段。综合评价沙四中下为一套较好烃源岩［图1-4-2（a)］。

沙四上TOC≥2%烃源岩厚度范围0~59m：琥珀营—柳泉一带、永清附近；采育—凤河营、廊坊以东较为发育，最大厚度55m；中等丰度烃源岩主要分布于曹家务—柳泉一带，向北东、南逐渐变薄，最大厚度750m；低丰度烃源岩主要分布于韩村—柳泉一带，向北逐渐减薄，最大厚度500m；有机碳含量平均值为0.91%，有机质类型以$Ⅱ_2$—Ⅲ型为主，其次为$Ⅱ_1$型；处于成熟—高成熟阶段。综合评价沙四上为一套好烃源岩［图1-4-2（b)］。

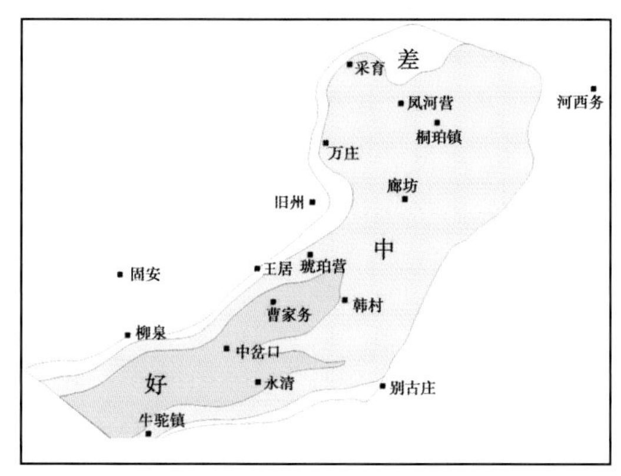

(a) 廊固凹陷沙四中下资源潜力综合评价图

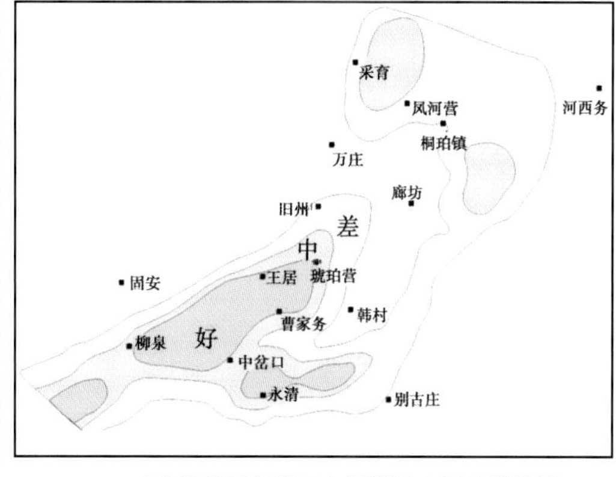

(b) 廊固凹陷沙四上资源潜力综合评价图

图1-4-2　廊固凹陷沙四段资源潜力综合评价图

沙三下TOC≥2%烃源岩厚度范围0~56m：西部主要分布于旧州附近，其次在中岔口东部；东部以桐柏镇南、别古庄西最为发育，最大厚度40m；中等丰度烃源岩西部主要分布于王居、柳泉南和中岔口附近较为发育，东部以廊坊—韩村东部较发育，最大厚度达400m；低丰度烃源岩主要分布于凤河营—琥珀营—韩村以西和南部，其次为廊坊东部，最大厚度高达800m；有机碳含量平均值为1.13%，有机质类型以Ⅱ型为主；处于未成熟—中等阶段。综合评价沙三下为一套好烃源岩［图1-4-3（a)］。

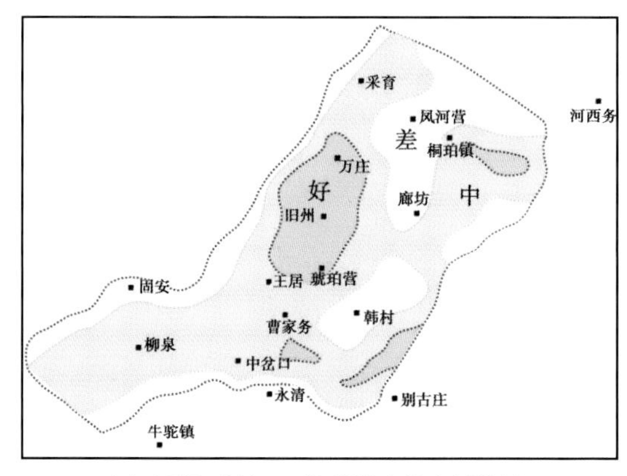

(a) 廊固凹陷沙三下资源潜力综合评价图

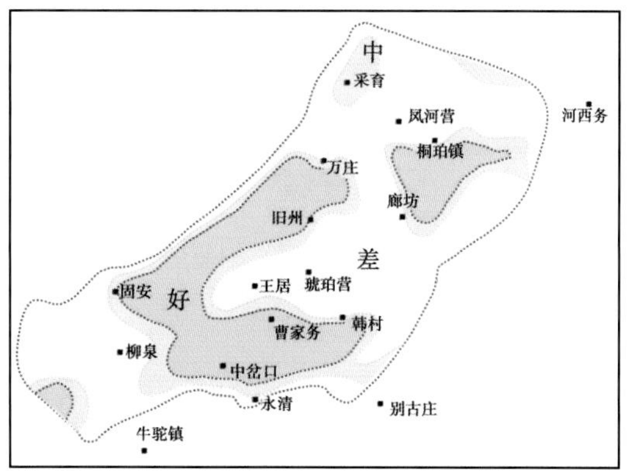

(b) 廊固凹陷沙三中资源潜力综合评价图

图1-4-3　廊固凹陷沙三段资源潜力综合评价图

沙三中 TOC≥2%烃源岩厚度范围 0~41m：主要分布于采育—万庄—固安、韩村—柳泉，最大厚度 35m，其次为桐柏镇—廊坊附近、侯尚村北部；中等丰度烃源岩主要分布于琥珀营—王居—柳泉以西，向东减薄，最大厚度达 300m；低丰度烃源岩主要分布基本与中等烃源岩分布相近，最大厚度位于韩村—曹家务一带，达 750m；有机碳含量平均值为 1.24%，有机质类型以Ⅱ型为主，处于未成熟—低成熟阶段。综合评价沙三中为一套较差烃源岩［图 1-4-3（b）］。

综上所述，廊固凹陷沙四段资源潜力最好区域分布在柳泉—琥珀营、中岔口、曹家务一带，烃源岩成熟度高、厚度大、范围广（图 1-4-2）；沙三段资源潜力最好区域分布在旧州—万庄、中岔口—曹家务、桐柏镇南，烃源岩成熟度较低、厚度大，但范围较小（图 1-4-3）。廊固凹陷沙三下、沙四上为好烃源岩，沙四中下为较好烃源岩，沙三中为较差烃源岩。

（二）资料品质评价

廊固凹陷的地震资料品质分析工作基于 2011—2013 年处理的 16 块三维连片地震数据，资料面积 $2584km^2$，满覆盖面积 $1895km^2$，其中廊坊城区缺少资料约 $100km^2$。廊固凹陷主要包括古近系岩性、构造—岩性领域和潜山及其内幕领域两大勘探领域。

古近系资料品质分析：古近系资料品质总体较好，凹陷结构清晰，波组特征、断裂空间展布清晰，岩性、地层变化清晰，各连片拼接部位构造真实完整。对其中的沙三段和沙四段两个主要目标层系的资料品质进行分析。

沙三段资料品质分析：沙三段总体资料品质较好，牛北斜坡、桐南洼槽、韩村洼槽、河西务构造带以及凤河营—侯尚村构造带等地区信噪比高、保幅性好［图 1-4-4（a）］。其中大柳泉背斜构造带形态完整，高陡角地层的成像精度较高。桐南洼槽东部与河西务构造带东部凹陷边界地区信噪比中等，廊固凹陷西部大兴断裂带下降盘发育大套巨厚砾岩体，信噪比中等。凤河营东部、杨税务断层—中岔口断层带信噪比低。可见，沙三底界面 T6 为一套较明显的强反射波组，易于追踪对比。

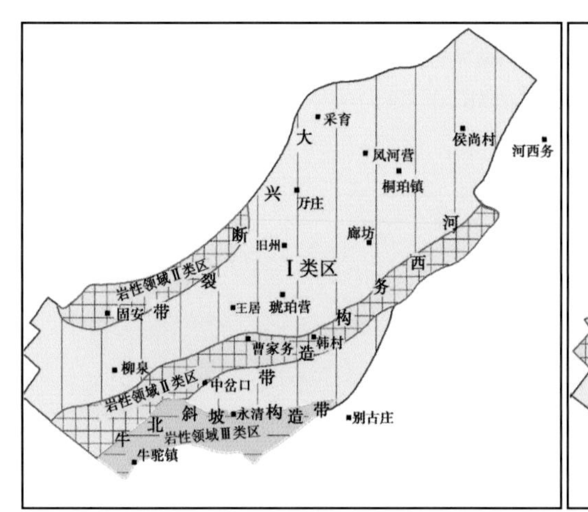

(a)廊固凹陷沙四—孔店组资料品质分析平面图

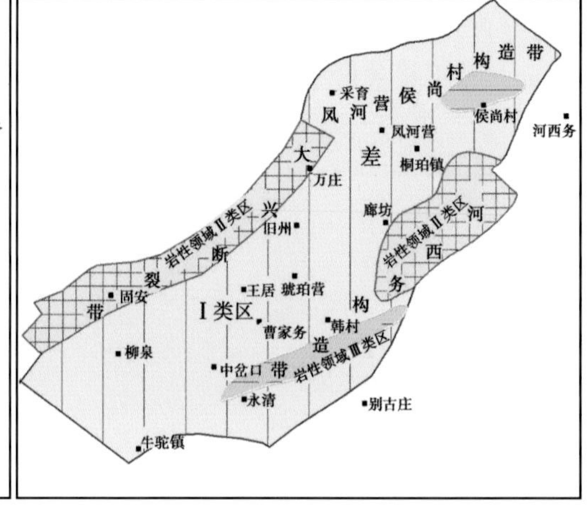

(b)廊固凹陷沙三段资料品质分析平面图

图 1-4-4 廊固凹陷不同地质层系品质分析平面图

沙四—孔店组资料品质分析：该套层系资料品质总体较好，信噪比南低北高、分带明显。南部牛北斜坡带信噪比低；河西务构造带西翼杨税务—韩村—中岔口一带断层发育区、大兴断裂带西部与柳泉北断层交汇的固安地区，信噪比中等；其余廊固凹陷大部分区域的信噪比高，波组特征明显，易于全区范围内追踪对比［图 1-4-4（b）］。

综上所述，古近系岩性勘探领域资料品质Ⅱ类区主要分布于大兴断裂带下降盘、河西务构造带；Ⅲ类区主要分布于牛北斜坡构造带、凤河营—侯尚村构造带的东部。

潜山及内幕资料品质分析：总体上潜山顶界面强波组特征明显，潜山形态落实，构造起伏较大，但局部存在 T_g 反射界面不清楚（图 1-4-5）；潜山内幕资料品质总体较差、信噪比较低，地震波组多表现为弱振幅不连续—杂乱反射特征，潜山内幕结构层次混乱。廊固凹陷包括大兴潜山带、凤河营—候尚村潜山带、河西务潜山带三个潜山带。河西务潜山带包括两排 8 个潜山，各潜山大小不一，潜山顶界面为一套强波组，特征明显，易于识别；潜山内部反射能量较弱，深部断点不清晰。现有资料难以对潜山及其内幕进行储层裂缝、孔洞预测，是Ⅲ类地震资料区。大兴潜山带大兴断层深部断面不清晰、断点归位不准；地震剖面上有明显的“串珠状”地震相特征图 1-4-5 红色箭头所指处；潜山内幕致密块状碳酸盐岩内部通常为低频弱反射，在高保真叠前深度偏移剖面上，呈现中高频强反射地震相特征，可能存在较大规模洞缝的地震响应。凤河营—候尚村潜山带埋深较浅，形态完整，潜山顶界面强波组特征明显易于识别，潜山内幕信噪比高，资料品质相对较好。

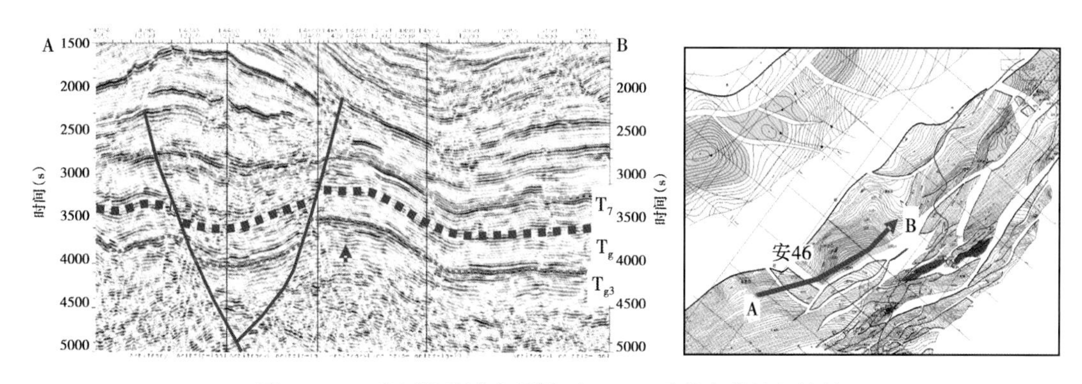

图 1-4-5　廊固凹陷潜山顶界面（T_g）及其内幕波组特征

（三）目标区块优选

潜山及内幕：廊固凹陷潜山及内幕的Ⅲ类资料品质区中，河西务潜山带西侧紧临廊固桐南洼槽、东临武清凹陷大孟庄洼槽，隐蔽性潜山具备成藏条件，是具有勘探潜力的区带。根据资源潜力评价和资料品质分析结果，2017 年在河西务北段的杨税务潜山带部署了三维地震资料采集工作。

二、霸县凹陷目标区块优选

霸县凹陷位于冀中坳陷北部，东与大城凸起相邻，西以牛驼镇凸起与廊固凹陷牛北斜坡相隔；南以鄚州转换带与饶阳凹陷相邻，北与武清凹陷相邻（图 1-4-1），是西断东超的古近系—新近系箕状凹陷，勘探面积约为 3000km^2。主要包括霸县二台阶、岔河集—高家堡构造带、鄚州—雁翎构造带和文安斜坡 4 个正向构造带以及霸县和淀北两个洼槽区。

（一）资源潜力评价

霸县凹陷长期继承叠合沉降，孔店组—沙一段发育多套烃源岩。根据 TOC 和烃源岩厚度，并结合钻、测井资料对霸县凹陷的烃源岩进行了分级评价，分为三个级别。对沙一段和沙二段、沙三段、沙四段—孔店组烃源岩分别进行评价：沙四—孔店组烃源岩厚度大，范围窄，主要集中在洼槽区呈北东向条带状分布［图 1-4-6（a）］；沙二段、沙三段资源潜力较好区分布在霸县—高家堡—鄚州一线洼槽带，烃源岩厚度较大［图 1-4-6（b）］；沙一段烃源岩分布范围广，但厚度较小［图 1-4-6（c）］。

综合评价认为：霸县凹陷的好烃源岩分布在霸县—高家堡—鄚州生油洼槽，较差的烃源岩分布在文安斜坡和北部二台阶。

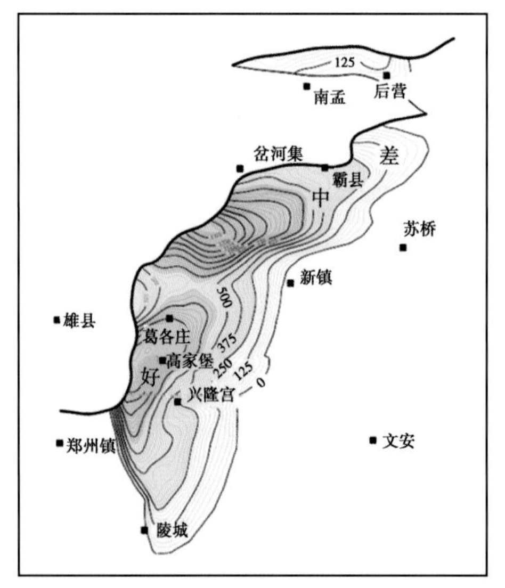

(a) 霸县凹陷三维连片古近系沙四—孔店组资源潜力评价图

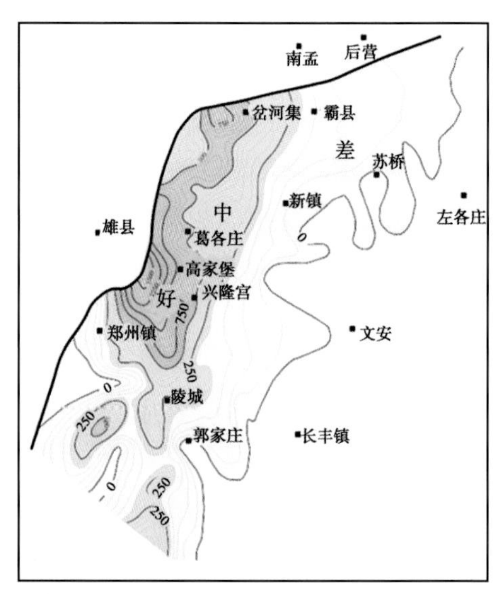

(b) 霸县凹陷三维连片古近系沙二十三段资源潜力评价图

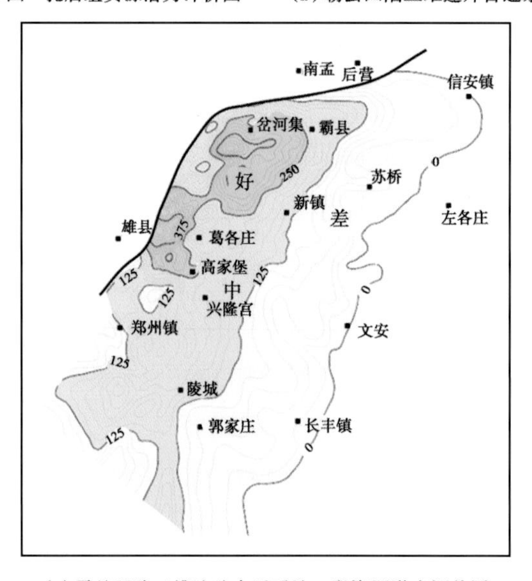

(c) 霸县凹陷三维连片古近系沙一段资源潜力评价图

图 1-4-6　霸县凹陷资源潜力综合评价图

（二）资料品质评价

霸县凹陷的地震资料品质分析工作基于霸县一期大连片叠前深度偏移数据和二期议论堡、长丰镇的时间域数据。针对潜山领域、岩性领域，根据资料品质分析评价标准，分 4 个层系进行了评价，分为Ⅰ、Ⅱ、Ⅲ三类。

潜山及内幕资料品质分析：霸县凹陷潜山及内幕资料品质较好，仅牛驼镇部分潜山资料品质差。

高信噪比资料位于文安斜坡区，此区潜山结构简单，埋藏浅。潜山顶面反射特征清楚、信噪比高，可清晰识别潜山顶面；控山断层断面清楚、断点归位准确，能较准确落实控山断层；潜山内幕地层波组特征清楚，符合区域地质认识，可准确识别潜山内幕地层。

霸县洼槽区潜山及内幕反射品质中等，本区埋藏深，断裂复杂，局部潜山顶面反射波特征不清楚、可识别性较差，部分断层断面不清楚、断点归位不准，潜山内幕地层波组特征不清楚，内幕地层识别难度大［图1-4-7（a）］。

沙二段+沙三段资料品质分析：沙二段、沙三段总体资料品质较好，易于追踪对比及评价。文安斜坡南部及高家堡地区资料品质好，主要目的层反射波组特征清楚，沉积特征容易识别，信噪比高，地震数据保真、保幅性好。

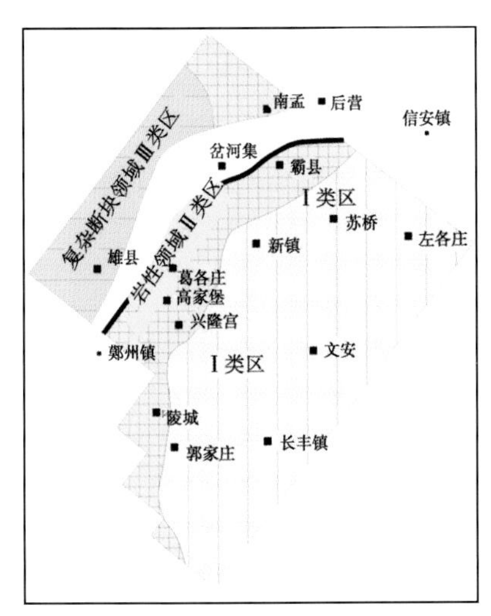

(a)霸县凹陷潜山及内幕资料品质分析平面图

(b)霸县凹陷沙二+沙三段资料品质分析平面图

(c)霸县凹陷沙一段品质分析平面图

(d)霸县凹陷东营组资料品质分析平面图

图1-4-7　霸县凹陷不同地质层系品质分析平面图

沙二段+沙三段资料品质中等区域位于岔河集及以北地区，以及文安斜坡南部的局部地区。岔河集地区牛东断层下降盘附近，断层活动强烈，岩性体特征复杂，识别难度较大。文安斜坡北部地层相对较薄，顶底反射能量较强，内部反射较弱，岩性体较难识别［图1-4-7（b）］。

沙一段资料品质分析：沙一段资料品质三分性强，资料品质较差区位于牛东断层下降盘，岔河集高家堡一带及叶家庄地区，为构造变形复杂区域，断点识别难度大［图1-4-7（c）］。

东营组资料品质分析：东营组资料品质为中—好，以较好为主，文安斜坡大部分地区资料中等，局部较差，地震资料表现为弱振幅不连续—杂乱反射，这给东营组岩性体的追踪带来一定难度［图1-4-7（d）］。

（三）目标区块优选

根据前述的地震资料评价标准，在对地震资料进行人工和智能分析的基础上，结合资源潜力分层系对霸县凹陷进行资料品质与资源潜力综合评价，指出了进一步勘探的潜力区。

潜山及内幕：霸县凹陷潜山及内幕勘探领域整体资料品质较好，特别是文安斜坡潜山构造带，地震波组特征与钻井揭示吻合程度高，潜山各层系地震反射特征明显，具有霸县凹陷甚至冀中坳陷潜山地层的典型特征。断裂复杂区块地震资料品质较差。局部潜山地层受大断层影响，断层根部地震资料信噪比低，是Ⅱ类资料区，如牛东断层二台阶地区、岔94潜山等。牛驼镇凸起的南部也存在地震资料品质的Ⅱ类区［图1-4-8（a）］。

沙二段+沙三段：沙二段、沙三段总体资料品质较好，地震反射特征清楚，信噪比高，能够满足构造解释的需求。但洼槽区地层埋藏较深，断裂复杂，多期次断层交错，地震反射波能量吸收衰减严重，造成地震剖面分辨率较低，断层组合困难，难以满足岩性地层圈闭研究的需求。Ⅱ类资料品质区主要发育在霸县洼槽的岔河集构造带。该类区域发育有沙二、沙三段多期水下扇、扇三角洲、滩坝砂等储层，而其下伏沙三段是主力生油层，也具有近油源的优势，易形成岩性地层圈闭。但资料分辨率低，制约了此类圈闭的进一步研究。文安斜坡的苏桥地区和议论堡地区储层发育，易于形成岩性圈闭，但目前资料信噪比难于满足岩性解释的需求［图1-4-8（b）］。

沙一段：霸县凹陷沙一下湖侵域发育油页岩、碳酸盐岩等特殊岩性，与上段辫状河三角洲沉积体系砂体较发育的地层形成强阻抗界面，在地震剖面上表现为强振幅、高连续反射，是凹陷的主要标志层，在地震剖面上能够明显识别，整体能够满足构造解释的需求。而沙一上段主要发育构造—岩性油藏和岩性油藏，目前的地震资料的分辨率较低，频宽只有10～40Hz，难以满足河道砂体岩性圈闭识别的需要，是资料的Ⅱ类区［图1-4-8（c）］。

东营组：东营组由于埋藏较浅，整体资料品质较好。大部分地区反射波组特征较清楚，断点较清晰，基本能够满足构造解释的需要。但在多期构造运动影响区和断裂活动强烈的复杂断裂带，受断层影响，为Ⅱ类地震资料区，如文安斜坡大部及牛东断层下降盘附近［图1-4-8（d）］。

三、饶阳凹陷目标区块优选

饶阳凹陷位于冀中坳陷中部，东邻献县凸起，西接高阳低凸起，南至深泽低凸起，北接霸县凹陷（图1-4-1），勘探面积约为5280km^2，是冀中坳陷勘探面积最大、剩余资源最为丰富的富油凹陷。

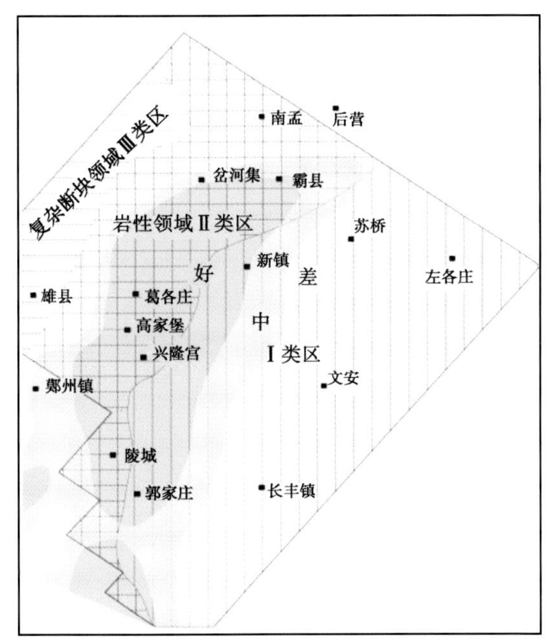

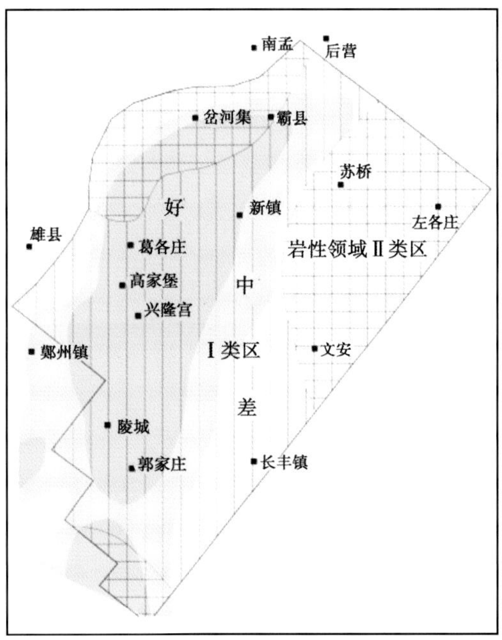

(a)霸县凹陷潜山及内幕资料品质与资源潜力分析叠合图 (b)霸县凹陷沙二段+沙三段资料品质与资源潜力分析叠合图

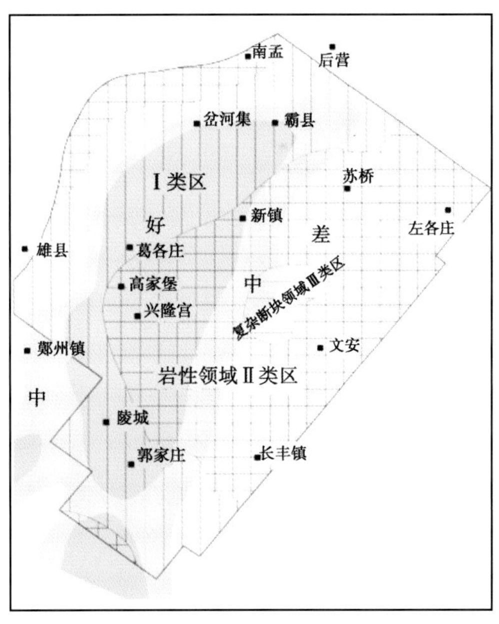

(c)霸县凹陷沙一段资料品质与资源潜力分析叠合图 (d)霸县凹陷东营组资料品质与资源潜力分析叠合图

图 1-4-8 霸县凹陷资源潜力与资料品质分析叠合图

(一) 资源潜力评价

饶阳凹陷的主力烃源岩为沙一下段和沙三段。根据 TOC 和烃源岩厚度，结合测井资料对饶阳凹陷的烃源岩进行了分级评价，分为好、中、差三个级别。沙三段资源潜力较好区分布在东部洼槽带，烃源岩厚度大［图 1-4-9 (a)］；沙一下段烃源岩分布范围广，但厚度较小［图 1-4-9 (b)］。综合评价认为：饶阳凹陷的好烃源岩分布在任西—马西—留楚生油洼槽，较差的烃源岩分布在东部陡坡带和蠡县斜坡南段［图 1-4-9（c）］。

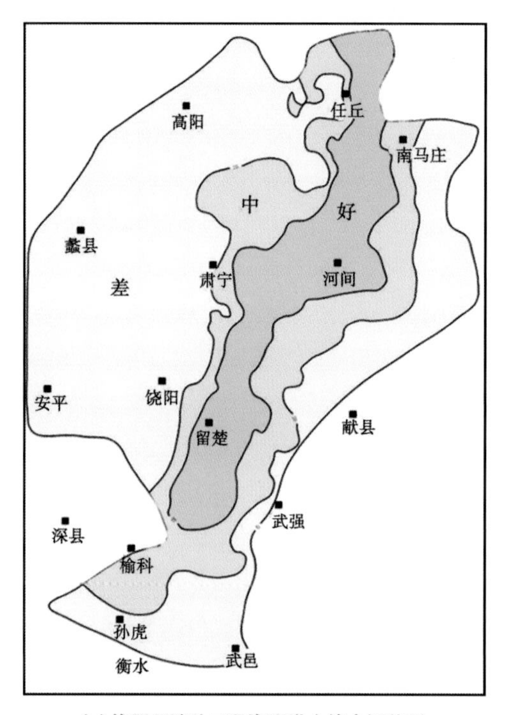

(a)饶阳凹陷沙三段资源潜力综合评价图

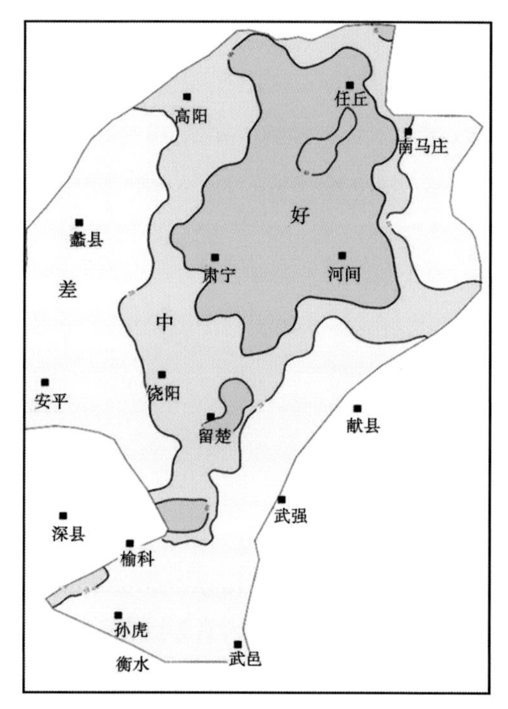

(b)饶阳凹陷沙一段资源潜力综合评价图

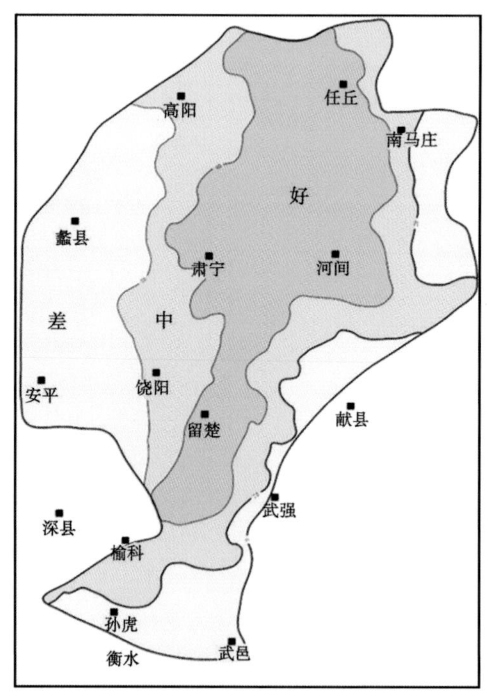

(c)饶阳凹陷资源潜力综合评价图

图 1-4-9　饶阳凹陷资源潜力综合评价图

（二）资料品质评价

饶阳凹陷的地震资料品质分析工作基于 2009 年饶阳叠前时间偏移处理连片和 2012 年孙虎—杨武寨叠前时间偏移处理连片资料，现有三维地震资料面积共 3772km²。在 2009 年大连片地震勘探完成后，针对一些有利地区进行了地震资料重新采集和处理，在综合分析过程中对这些地区进行了说明。

潜山及内幕资料品质分析：饶阳凹陷潜山顶面一般特征较为明显，上覆的古近系—新近系砂泥岩地层与下伏的碳酸盐岩地层间波阻抗差异大，在地震剖面上形成强振幅、高连续反射，易于对比和追踪，是地震资料Ⅰ类区。特别是任丘潜山构造带，地震波组特征与钻井揭示吻合程度高，潜山各层系地震反射特征明显，代表了饶阳凹陷甚至冀中坳陷潜山地层的典型特征。位于凹陷南部的孙虎潜山构造带北翼潜山顶面资料品质较差，潜山内幕由于地层埋藏深，资料品质普遍较差，评为Ⅱ类区。

潜山内幕地层的资料品质除受埋深的影响外，还与地层所受到的构造运动密切相关。任丘潜山位于凹陷的中央隆起带，构造相对稳定。在地震资料上，潜山内幕地层特征清楚，可解释性强。南马庄潜山带包含了从石炭纪至太古宙巨厚的潜山地层，受古近纪和新近纪两期构造运动的影响，潜山内幕地层特征不清楚，特别是在马西断层的根部，受断面屏蔽作用的影响，地震资料信噪比偏低、同相轴特征不清楚。河间潜山的中新元古界埋藏浅，资料品质较好，位于其下的太古宇资料品质较差，资料品质评价为Ⅱ类区。在饶阳凹陷与霸县凹陷的转折部位，受多组断裂体系的控制，也存在地震资料品质的Ⅱ类区［图 1-4-10（a）］。

沙二段+沙三段资料品质分析：沙二段、沙三段总体波组特征较清楚，同相轴连续性好、地震反射特征清楚、信噪比高，特别是在地层埋藏较浅的斜坡带，可基本满足构造解释的需要，品质评价为Ⅰ类区。

在饶阳凹陷中部的马西和河间洼槽，由于地层埋藏较深，特别是在沙三中下段，地震资料频率较低、同相轴连续性差、能量弱，层间目的层追踪难度大，品质评价为Ⅱ类区［图 1-4-10（b）］。

沙一段资料品质分析：沙一段埋藏适中，资料品质普遍较好。湖侵域广泛发育油页岩、碳酸盐岩等特殊岩性，与低位域三角洲沉积体系砂体较发育的地层形成强阻抗界面，在地震剖面上呈强振幅、高连续反射，是饶阳凹陷的主要标志层，能够明显识别，整体能够满足构造解释的需求。除马西断层下降盘、榆林庄构造带、留西等复杂断裂带外，基本是地震资料Ⅰ类区［图 1-4-10（c）］。

东营组资料品质分析：东营组埋藏较浅，资料品质普遍较好。东营组沉积时期饶阳凹陷整体为河流沉积相带，主要形成构造圈闭。Ⅱ类区只在马西断层下降盘、榆林庄构造带、留西和皇甫村构造带南部的局部分布［图 1-4-10（d）］。

（三）目标区块优选

潜山及内幕：饶阳凹陷潜山及内幕的Ⅱ类资料品质区中，同口潜山带具备隐蔽性潜山发育的地质条件，且位于资源潜力较大的区带，是具有勘探潜力的区带。南马庄潜山内幕地层序列完整，埋藏较浅，紧邻马西生油洼槽，是潜山内幕地层勘探的有利区。河间潜山太古宇隆升较高，且紧邻河间生油洼槽，是内幕勘探的有利区带。在孙虎—杨武寨连片资料上，孙虎地区北翼发育北西向南掉断层，可能存在断块山，形成残丘型潜山油藏。由于华北油田在 2013 年实施了冀中坳陷中南部潜山连片处理、解释工程，同时针对孙虎潜山虎 8 北潜山目标进行了叠前深度偏移处理，因此不再对该区的潜山勘探提供建议［图 1-4-11（a）］。

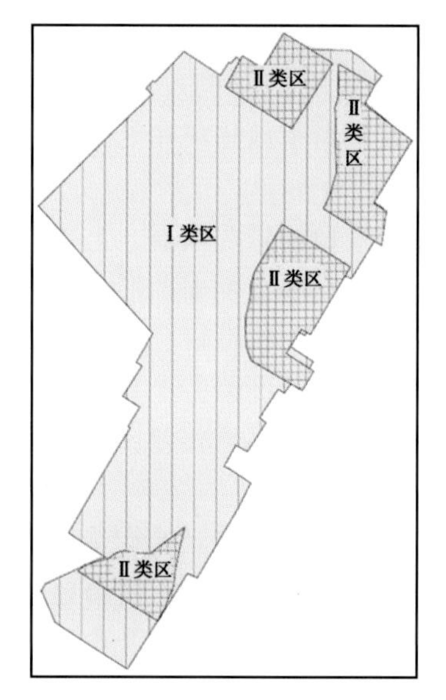

(a)饶阳凹陷潜山及内幕资料品质分析平面图

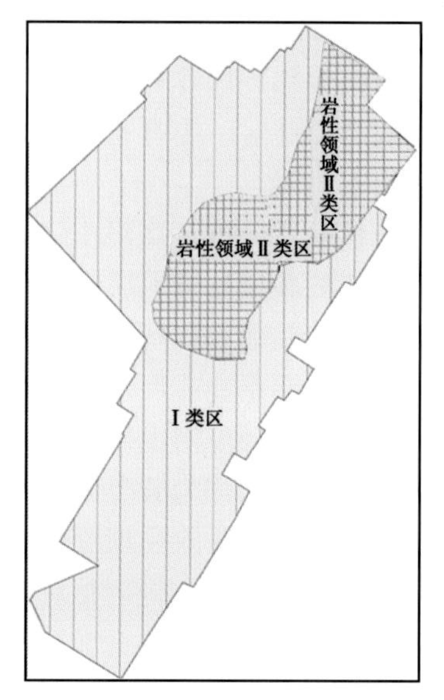

(b)饶阳凹陷沙二段+沙三段资料品质分析平面图

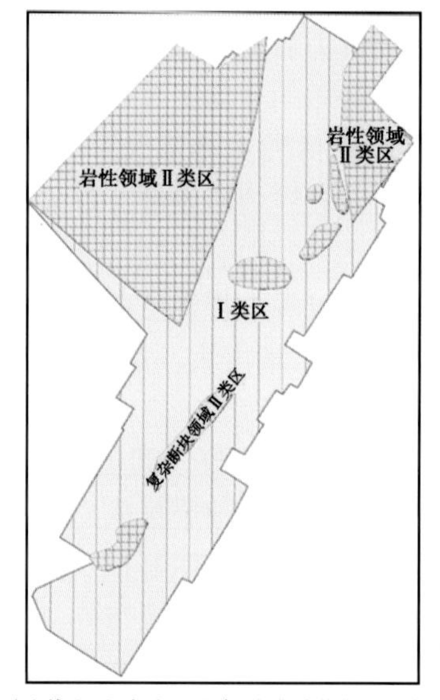

(c)饶阳凹陷沙一段资料品质分析平面图

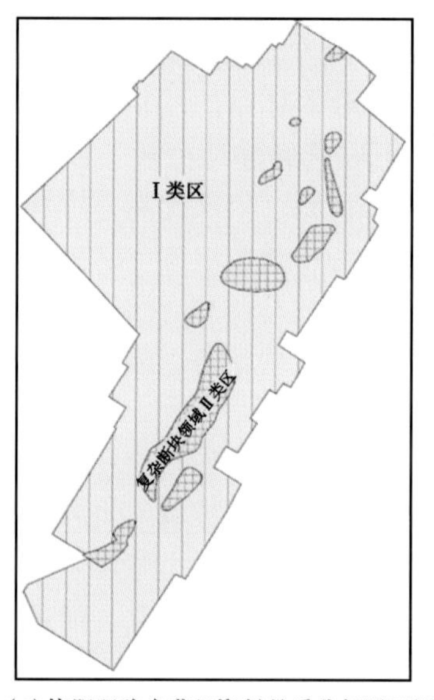

(d)饶阳凹陷东营组资料品质分析平面图

图 1-4-10　饶阳凹陷不同地质层系资料品质分析平面图

沙二段+沙三段：Ⅱ类资料品质区主要分布在马西和河间洼槽。由于洼槽区地层埋藏较深，地震反射波能量吸收衰减严重，造成地震剖面分辨率较低，难以满足岩性地层圈闭研究的需求，制约了此类圈闭的进一步研究。但该区域储层处于生油岩层中，易形成岩性地层圈闭，资源潜力大。是具有进行重新地震资料采集、处理和地质综合研究需求的区带［图 1-4-11（b）］。

沙一段：蠡县斜坡和南马庄构造带在本层段以岩性勘探为主，但资料频率较低，视主频在 19~22Hz，有效带宽在 10~40Hz。以层速度 3950m/s 计算，纵向分辨能力约为 45m，而钻井证实该区带的砂岩厚度为 3~5m，显然难以满足岩性圈闭研究之需求，因此将这两个区带评为Ⅱ类区。陡坡带和缓坡带总面积占饶阳凹陷勘探面积的一半以上，且与中央生油洼槽相邻，构造长期稳定发育，位于油气运移的指向区，是勘探突破的重要区带［图 1-4-11（c）］。

东营组：Ⅱ类地震资料区只在构造带零星分布，其中范围较大的路家庄地区经多次攻关处理，成像效果依然差。2012 年，对该区进行了“两宽一高”三维采集和叠前深度偏移处理，针对复杂断裂带的构造圈闭发育带，与沙河街组资料品质和目标发育情况综合分析后，提出需要重新采集和处理的建议［图 1-4-11（d）］。

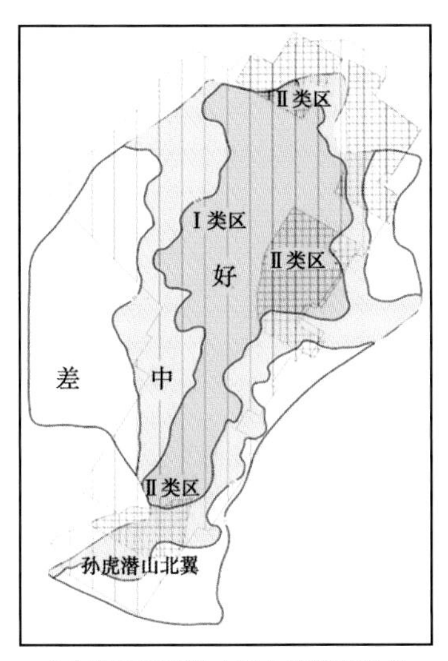

(a) 饶阳凹陷潜山及内幕资料品质与资源潜力分析叠合图

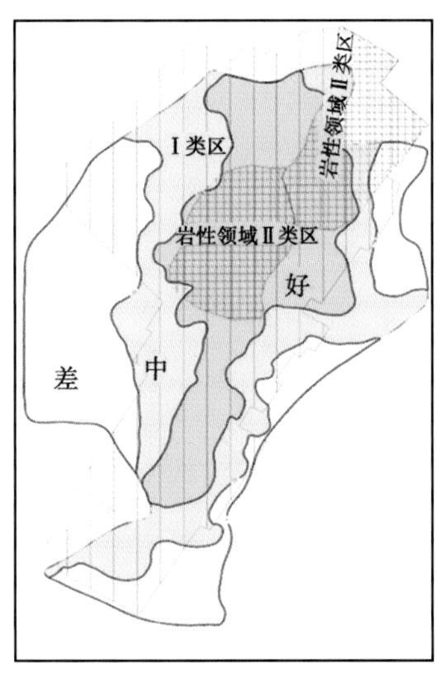

(b) 饶阳凹陷沙二段+沙三段资料品质与资源潜力分析叠合图

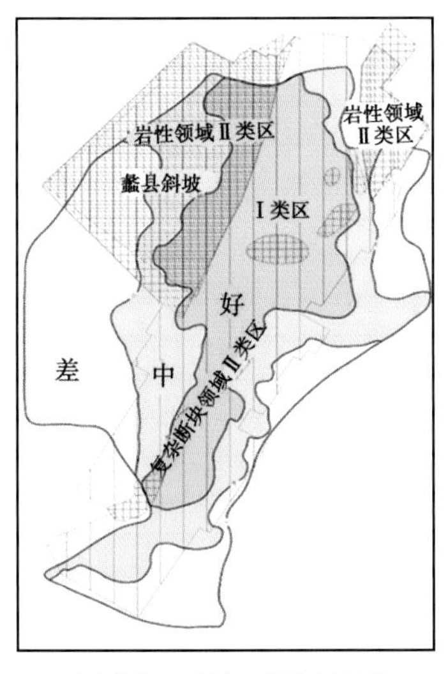

(c) 饶阳凹陷沙一段资料品质与资源潜力分析叠合图

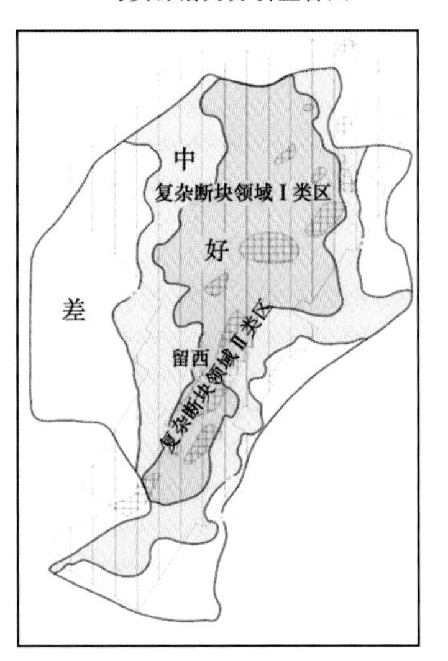

(d) 饶阳凹陷东营组资料品质与资源潜力分析叠合图

图 1-4-11　饶阳凹陷资源潜力与资料品质综合评价图

四、深县凹陷目标区块优选

深县凹陷位于冀中坳陷南部（图 1-4-1），是一个北西西向展布的不对称双断凹陷。东侧、北侧与饶阳凹陷孙虎构造带相接，西接高阳低凸起，南以衡水断层为界，与晋县凹陷、宁晋凸起、束鹿凹陷相隔。

（一）资源潜力评价

结合测井资料和烃源岩厚度对深县凹陷的沙一段和沙三段主力烃源岩进行了分级评价，结果分为好、中、差三个级别。沙三段资源潜力较好区分布在衡水和虎北断层下降盘的两洼槽带及其之间区带，烃源岩厚度大［图 1-4-12（a）］；沙一段烃源岩分布范围小，厚度也较小［图 1-4-12（b）］。综合评价认为：深县凹陷的好烃源岩分布在衡水和虎北断层下降盘的两洼槽带及其之间区带。

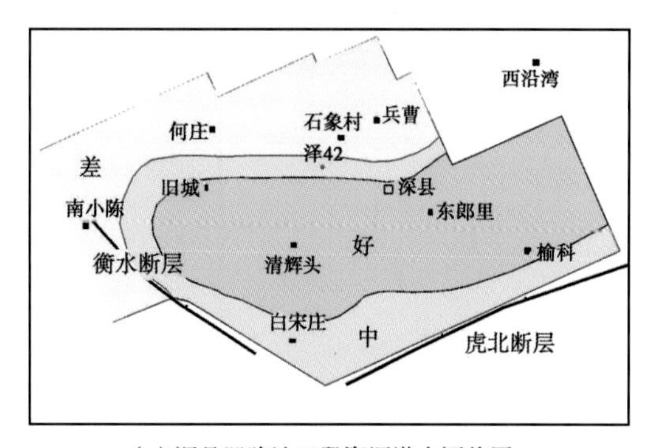

（a）深县凹陷沙三段资源潜力评价图

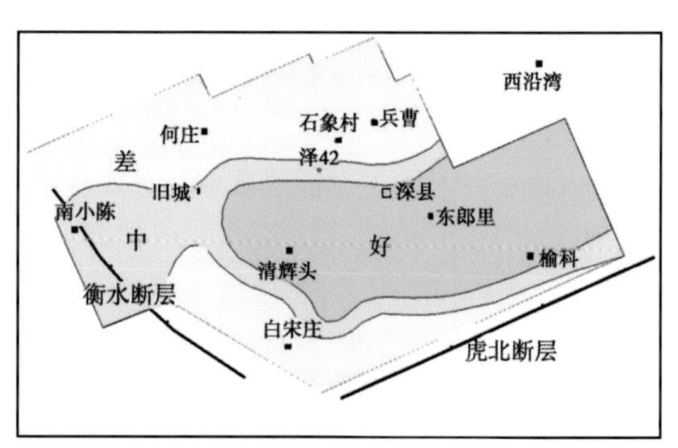

（b）深县凹陷沙一段资源潜力评价图

图 1-4-12 深县凹陷资源潜力评价图

（二）资料品质评价

深县凹陷的地震资料品质分析工作基于 2007 年连片三维处理的地震数据，以 2007 年连片资料为平台，增加泽 42 井区新资料，总计三维地震资料品质评价面积大于 900km²。

潜山及内幕：深县凹陷潜山及内幕勘探领域整体资料品质较好，特别是泽 42 井区新资料范围的深西断阶带和深泽—刘村低凸起。但在深县凹陷的东部和南部（深南背斜带）地震资料品质较差，其中深县凹陷的东部潜山地层受大断层影响，断层根部地震资料信噪比低，是Ⅱ类资料区［图 1-4-13（a）］。

沙二段+沙三段：沙二段、沙三段总体资料品质较差，地震反射特征不清楚，信噪比较低，不能够满足构造解释的需求。Ⅱ类资料品质区主要发育在深南背斜带、东郎里背斜带、榆科背斜西南部，该类区域储层在生油岩地层中较发育，易形成岩性地层圈闭。但资料分辨率低，制约了此类圈闭的进一步研究［图 1-4-13（b）］。

沙一段：深县凹陷沙一段湖侵域广泛发育油页岩，与低位域三角洲沉积体系砂体较发育的地层形成强阻抗界面，在地震剖面上表现为强振幅、高连续反射，是深县凹陷的主要标志层，在地震资料上能够明显识别，且整体能够满足构造解释的需求。但工区的西部、南部和北部是资料品质Ⅱ类区，难以满足复杂断块领域圈闭识别的需要［图 1-4-13（c）］。

东营组：东营组由于埋藏较浅，整体资料品质较好。大部分地区反射波组特征清楚，断点清晰，能够满足构造解释的需要。受多期构造叠合区和断裂活动强烈的复杂断裂带影响，

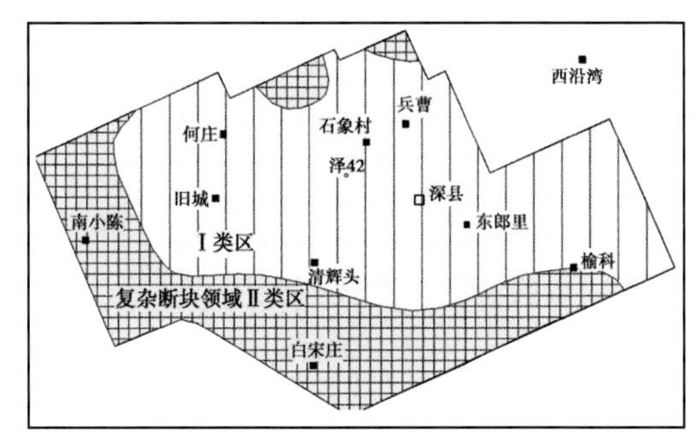

(a) 深县凹陷潜山及内幕资料品质分析平面图

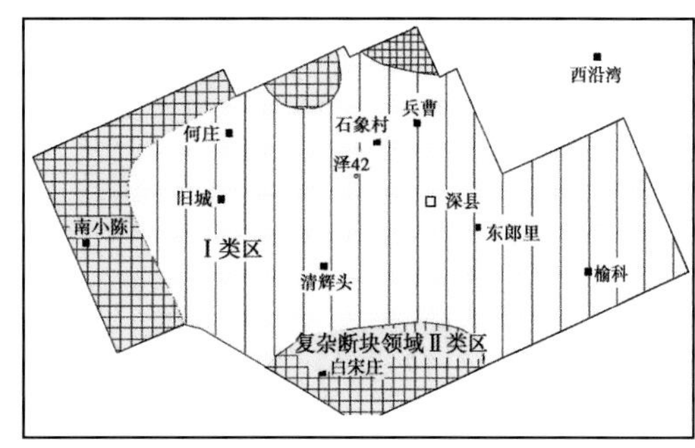

(b) 深县凹陷沙二段+沙三段资料品质分析平面图

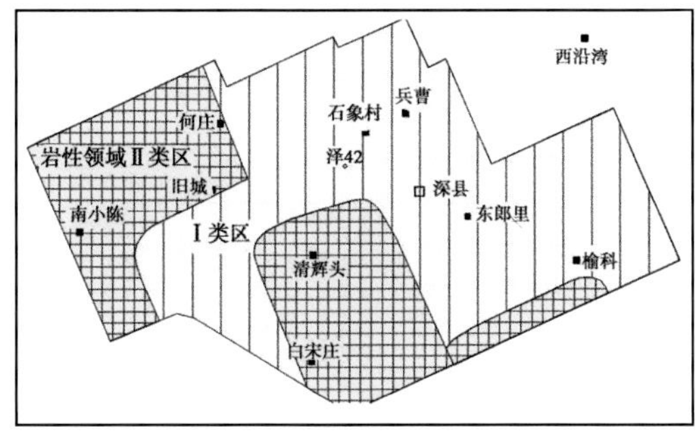

(c) 深县凹陷沙一段品质分析平面图

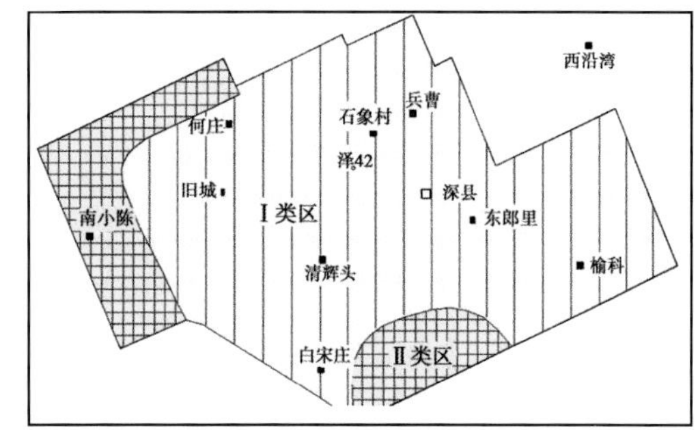

(d) 深县凹陷东营组资料品质分析平面图

图 1-4-13　深县凹陷不同地质层位品质分析平面图

在工区的东部、北部、南部的深南背斜带和榆科背斜带的西部存在Ⅱ类地震资料区［图 1-4-13（d）］。

（三）目标区块优选

根据前述的地震资料品质评价结果，结合烃源岩资源潜力分析结论，按层系对深县凹陷进行资料品质与资源潜力综合评价。

潜山及内幕：在深县凹陷潜山及内幕的Ⅱ类资料品质区中，深南潜山构造带（也就是深南背斜构造带）处于资源潜力较大的沙三段烃源岩的南侧，深西洼槽和虎北洼槽两大洼槽生烃区都可向深南潜山构造带供油，是勘探潜力巨大的区带［图 1-4-14（a）］。

沙二段+沙三段：Ⅱ类资料品质区范围最大的层段，分布在工区的东部和南部，即深西断阶带东部、衡水断层下降盘的深南背斜带、东郎里背斜带、榆科背斜西部。由于洼槽区地层埋藏较深，地震反射波能量吸收衰减严重，造成地震剖面分辨率较低，难以满足岩性地层圈闭研究的需求。正在论证的深西洼槽的超覆体目标正处于东部和南部资料品质Ⅱ类范围区之间，如果深南背斜带能重新进行地震资料处理，将对于论证深西洼槽的超覆体目标有所帮助。

深南背斜带、东郎里背斜带、榆科背斜西部区域储层埋藏于生油岩地层中，易形成岩性地层圈闭，资源潜力大。但资料分辨率低，制约了岩性圈闭的进一步研究，是具有重新进行地震资料采集、处理和地质综合研究需求的区带［图 1-4-14（b）］。

沙一段：工区的大部分资料品质较好，为主要标志层，在地震资料上能够明显识别，但东部、北部和南部资料品质较差，是品质Ⅱ类区。工区南部深南背斜带临近沙三段、沙一段生油中心，资源潜力大，但地震资料品质较差。深南背斜带泽 70 井西部有三个复杂断块圈

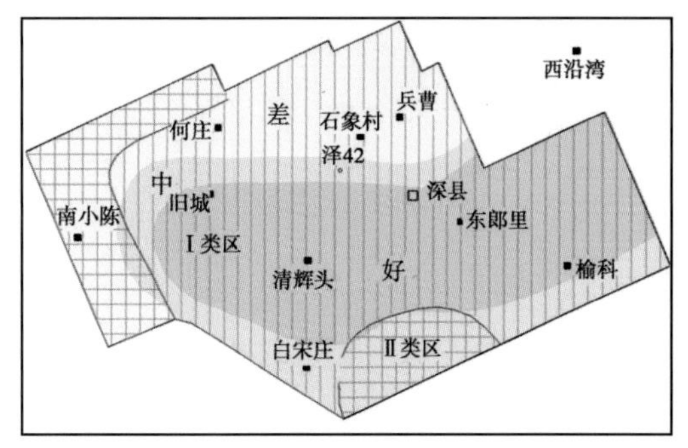

(a)深县凹陷潜山及内幕资料品质与资源潜力分析叠合图

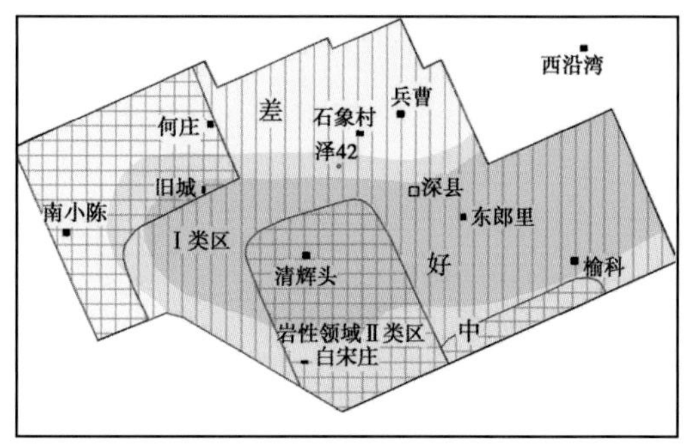

(b)深县凹陷沙二段+沙三段资料品质与资源潜力分析叠合图

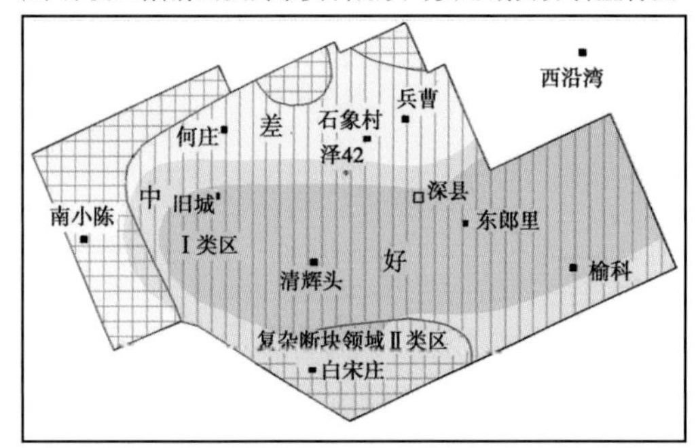

(c)深县凹陷沙一段资料品质与资源潜力分析叠合图

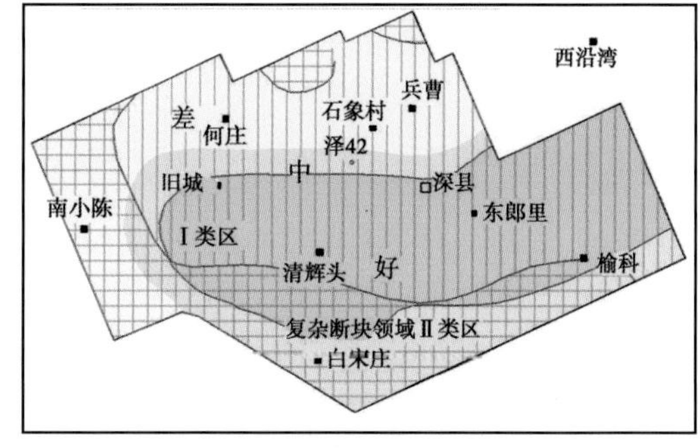

(d)深县凹陷东营组资料品质与资源潜力分析叠合图

图 1-4-14　深县凹陷资源潜力与资料品质综合评价图

闭一直未得到重视，与地震资料品质较差有关。建议对深南背斜带重新处理，以满足复杂断块领域圈闭识别的需要［图 1-4-14（c）］。

东营组：东营组处于多期构造叠合区和断裂活动强烈的复杂断裂带，受断层影响，在工区的东部、北部、南部的深南背斜带和榆科背斜带的西部，存在地震资料品质Ⅱ类区。工区南部深南背斜带和榆科背斜带西部均临近沙三段、沙一段生油中心，资源潜力大，建议重新处理，以满足复杂断块领域圈闭识别的需要［图 1-4-14（d）］。

五、束鹿凹陷目标区块优选

束鹿凹陷位于冀中坳陷南部，是在古近系基底上发育的东断西超的单断箕状凹陷。东部与新河凸起相邻，西部以斜坡过渡到宁晋凸起，南部是小刘村凸起，北以衡水断裂与深县凹陷相接。平面上束鹿凹陷共分南、中、北三个次洼。共发现奥陶系，二叠系，古近系沙一段、沙二段、沙三段 5 套含油气层系，发育有砂岩、砾岩、泥灰岩、碳酸盐岩、变质岩等多种类型的储集体。

（一）资源潜力评价

束鹿凹陷中洼槽发育两套烃源岩，即沙一下“特殊岩性段”和沙三下泥灰岩，其中沙一下暗色泥岩和膏岩在洼槽中心厚度达 100~200m，有机质丰度较高，热演化程度处于低成油阶段，以生稠质油为主。沙三下烃源岩有机质丰度高、母质类型好、埋藏深、成熟度高，Ⅰ类、Ⅱ类烃源岩厚度能达到 500m，属中—好的生油岩（图 1-4-15）；整个沙三下泥灰岩致密油资源量能达到 1.8×10^8t。总体评价认为：束鹿凹陷沙三下好生油岩在中洼槽环洼分布，洼槽东部受外来物源影响，生油能力变差。

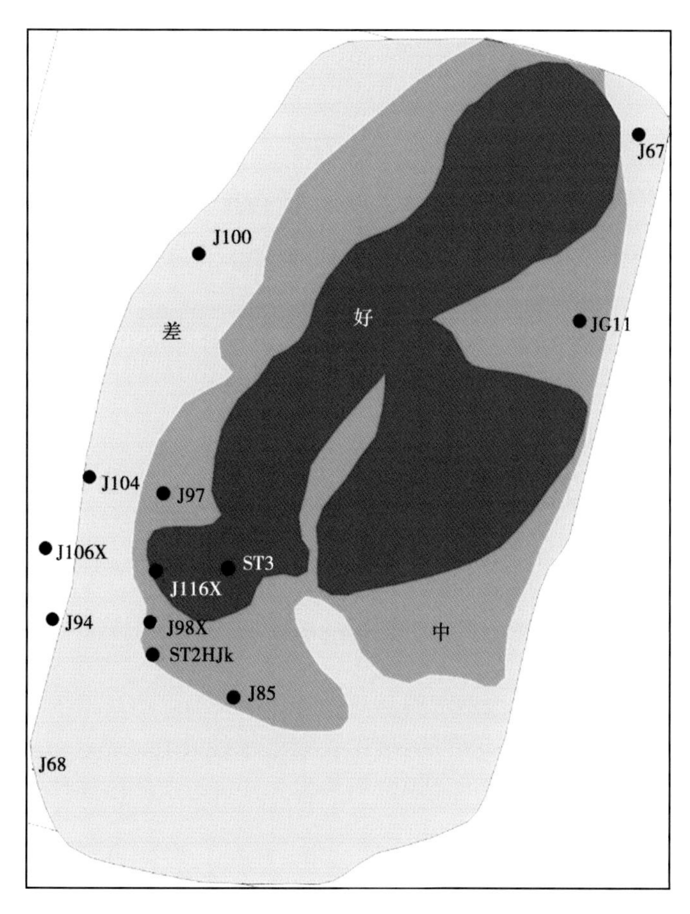

图 1-4-15　束鹿凹陷沙三下资源潜力综合评价图

（二）资料品质评价

2012 年，为进一步推进勘探进程，采用全方位、高密度采集技术，在中洼束探 1 井区部署三维采集 $50km^2$，并进行攻关处理，获得满覆盖面积 $50km^2$，80 次覆盖面积 $143.19km^2$。

在束鹿凹陷中洼槽主要包括两大勘探领域：沙三下泥灰岩致密油领域、沙一段、沙二段、沙三上岩性和构造—岩性领域。

沙三下资料品质分析：沙三下资料品质总体较好，除北面束探 1 井区由于处于复杂断裂带，信噪比较低；南面在环洼槽坡折带由于地层较陡，信噪比较低，成像相对较差外；整体波组特征明显，三级层序界面清楚，地层超覆现象明显，整体全区范围内能较连续对比追踪；斜坡带及新河大断层断面收敛效果好，易于解释［图 1-4-16（a）］。

沙三上资料品质分析：由于受复杂断裂的影响，在束探 1 井区存在呈北东向延伸条带状资料品质较差区，在东边大断裂的根部由于沉积原因，地层反射较杂乱；在西南晋 116x 井区，地震反射也较杂乱因此沙三上资料品质总体较一般［图 1-4-16（b）］。

沙二段资料品质分析：沙二段相对较薄，整体地震资料品质好，底界呈强波谷反射特征，地震反射连续，能全区追踪，仅在束探 1 井区断裂复杂带及资料边缘区地震呈现较杂乱反射［图 1-4-16（c）］。

沙一段资料品质分析：沙一段资料品质整体较好，沙一段底界发育一套特殊岩性段，反射界面为一强波峰连续反射，能作为全区标志层进行追踪；沙一段下部，仅束探 1 井区断裂复杂带地震呈现较杂乱反射，沙一段上部，工区西南部晋 116X 井区地震反射杂乱［图 1-4-16（d）］。

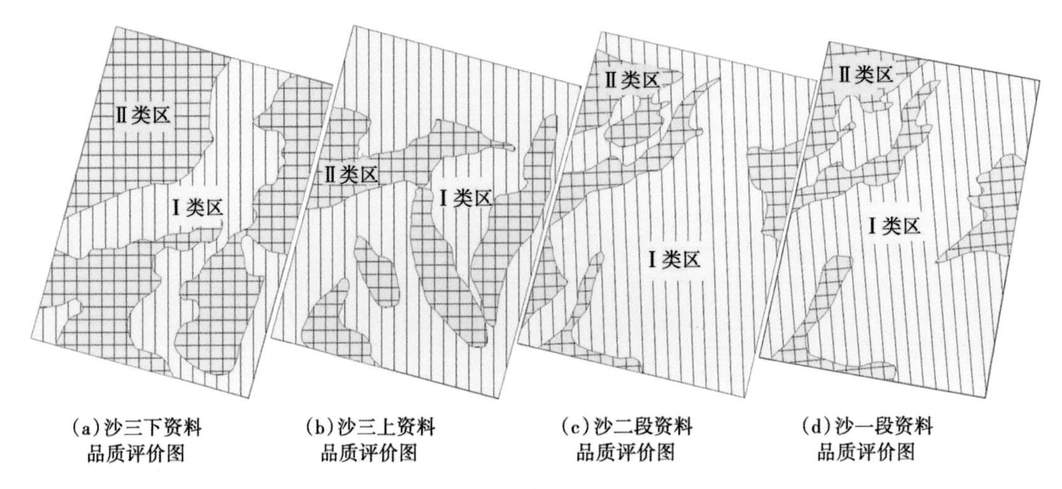

图 1-4-16　束鹿凹陷不同地质层系品质分析平面图

经对束鹿凹陷中洼槽资源潜力和资料品质综合分析认为：中洼槽生油能力强，资源条件好，油气具备向周边运移的能力。西部斜坡带长期继承性发育，是油气运移的长期指向区。因此建议对束鹿凹陷西斜坡进行三维地震资料采集，并进行全凹陷连片处理，以期实现束鹿凹陷整体突破。

参 考 文 献

[1] 陆基孟．地震勘探原理（下册）．东营：中国石油大学出版社，2006：75-76.

[2] 刘洋，李承楚．地震资料信噪比估计的几种方法．石油地球物理勘探，1997，32（2）：257-262.

[3] 张军华，郑旭刚，王伟，等．面元细分处理资料的分辨率定量评价．油气地球物理，2009，7（3）：14-18.

[4] 张进铎，杨平，王云雷．地震信息的谱分解技术及应用．勘探地球物理进展，2006，29（4）：235-238.

[5] A Ninassi，O Le Meur，P Le Callet，et al. On the performance of human visual system based image quality assessment metric using wavelet domain. In：Proc. HVEI. 2008，vol. 6806，DOI：10. 1117/12.

[6] R H Lskar，S Baishya. Color image denoising in wavelet domain using adaptive thresholding incorporating the Human Visual System Model. In：Proc. ICECE. 2010，18（20）：498-501.

[7] 张文朝，崔周旗，韩春元，等．冀中坳陷老第三纪湖盆演化与油气．古地理学报，2001，3（1）：46-54.

第二章　宽频地震勘探技术

随着油气勘探的不断深入，勘探领域正向深层、非传统储层、非传统领域扩展，因此对资料质量和精度提出了更高的要求。面对日益复杂的地表和地下地震地质资料，常规三维地震勘探已不能满足新型勘探任务的要求，高精度三维地震勘探技术由此应运而生。宽频地震勘探是实现高精度地震勘探的重要方法之一，它能够获得薄层和裂隙条件表层的高分辨率图像，同时实现深部目标体的清晰成像，刻画更多的地层结构细节信息，提供更丰富的地震资料解释成果，为地层属性的反演打下良好基础。

目前，国外先进的宽频地震勘探技术采用单点激发、单点接收、室内组合处理的方式，形成了采集—处理—解释一体化的宽频地震勘探技术方案，有效提高了深层复杂目标的成像质量，改善了反演结果，指示地下含油气属性。在国内，通过炸药震源或可控震源实现宽频激发，采用中低频检波器接收，并设计合理的三维地震观测系统参数以提高空间采样率，从而全面提高原始数据的采集质量

本章节在充分分析宽频地震勘探基本概念的基础上，阐述如何选择激发、接收及观测系统参数来实现宽频地震勘探，从而为后续采用针对性的地震处理手段，获得高分辨率、高信噪比的三维数据体打下基础，实现解决复杂地质构造，提高储层反演及油气检测的精度。

第一节　宽频地震勘探的基本概念

一、宽频地震勘探的定义

（一）频带宽度的定义

一般采用倍频程来定义相对频带宽度，倍频程的数学表达式为：

$$n=\frac{\lg\frac{f_{\mathrm{H}}}{f_{\mathrm{L}}}}{\lg 2} \tag{2-1-1}$$

式中　n——倍频程；

f_{L}——下限频率，Hz；

f_{H}——上限频率，Hz。

倍频程说明了在频带宽度范围内的最高频率和最低频率的关系。对于可控震源而言，传统的扫描频率范围为8~64Hz，仅为3个倍频程，属于窄频带。而真正意义的宽频带应该在5个倍频程以上，如频率为2~64Hz、3~96Hz等；若达到6个倍频程，频率则为1.5~96Hz或者2~128Hz。

（二）频带宽度与分辨率的关系

通常情况下，人们用楔形地层模型合成反射波的调谐振幅来定义垂向分辨率，可分辨的

薄层厚度为 1/4 主波长，即：

$$\Delta h = \frac{v_n}{4f_b} = \frac{\lambda_b}{4} \tag{2-1-2}$$

式中 Δh——薄层厚度，m；

v_n——层速度，m/s；

f_b——子波主频，Hz；

λ_b——主波长，m。

式（2-1-2）对分辨率的讨论有一定的局限性，主要是没有考虑子波的频带宽度和相位性质。为了说明子波的绝对频带宽度与时间分辨率的关系，用零相位子波制作不同绝对频带宽度的理论记录（图 2-1-1）。

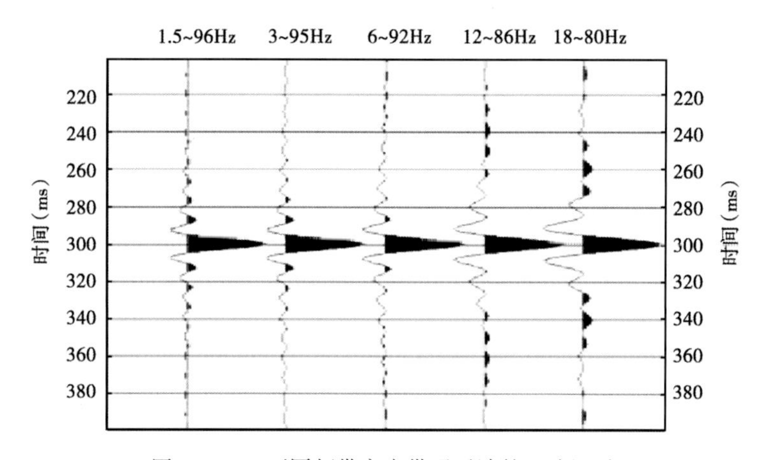

图 2-1-1 不同频带宽度带通子波的理论记录

采用 Widess 准则定义分辨率 R_a，并对子波的分辨率进行量化计算：

$$R_a = \frac{\left| \int_{-\infty}^{\infty} A(f)\cos\theta(f)\,\mathrm{d}f \right|^2}{\int_{-\infty}^{\infty} A^2(f)\,\mathrm{d}f} = \frac{a_m^2}{E} \tag{2-1-3}$$

式中 R_a——时间分辨率；

$A(f)$——子波振幅谱；

$\theta(f)$——子波相位谱；

f——频率；

a_m——子波最大振幅（主峰极值）；

E——子波总能量。

当子波为零相位的带通子波时，式（2-1-3）所表示的时间分辨率为：

$$R_a = \frac{1}{2\Delta f} \tag{2-1-4}$$

式中 Δf——绝对频带宽度。

由式（2-1-4）可以计算出图 2-1-1 中 5 种不同频带宽度子波的时间分辨率，计算结果见表 2-1-1。

表 2-1-1 零相位带通子波对应的时间分辨率

频带宽度（Hz）	1.5~96	3~95	6~92	12~86	18~80
分辨率（ms）	5.3	5.4	5.8	6.8	8.1

对于普通地震勘探而言，8~60Hz 是最常见的频带宽度，在无噪和子波零相位的前提下，可分辨的时间厚度为 9.6ms；如果低频拓展到 1Hz，频带宽度变为 1~60Hz 时，可分辨的时间厚度则为 8.5ms。因此，按照 Widess 准则，分辨率是由频带宽度决定的，子波的频带越宽，可分辨的时间厚度越小，即分辨率越高。

（三）频带宽度与保真度的关系

设计三个大小不等的正反射系数，分别是 0.3、0.1 和 0.2，时间间隔为 30ms，与 4 个不同频带宽度的零相位子波褶积，形成合成记录（图 2-1-2）。由图 2-1-2 可见，在无噪情况下，随着频带加宽，合成记录的分辨率逐步提高，旁瓣减小，合成记录中的峰值振幅与反射系数的一致性增强，振幅的保真度更高。

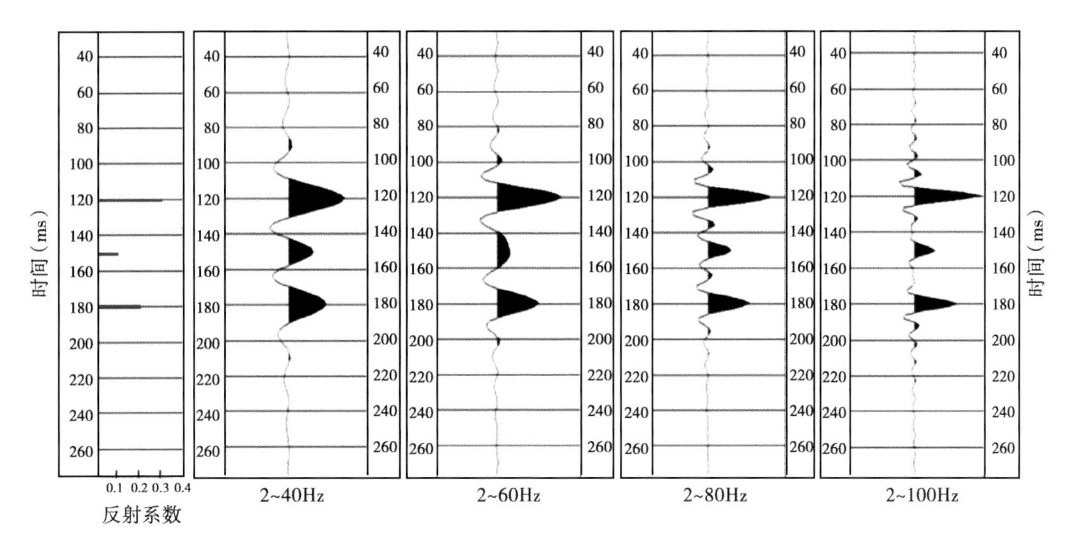

图 2-1-2 不同频带宽度子波的合成记录

图 2-1-1 的理论记录与图 2-1-2 的合成记录均说明了宽频带在分辨率和保真度方面的优势。当数据中有效信号的高频、低频都很丰富时，才能完成一个尖锐的子波。绝对频带越向高频移动，信号的分辨率就越高。因为现在的震源设备已有了足够的高、低频扫描功能，完全能满足宽频勘探信噪比和分辨率方面的要求。不过，还需要根据实际情况，有针对性地设计频带宽度和施工参数，以达到高分辨率勘探的目的。

二、宽频地震勘探的优越性

（一）地震勘探发展历程及其特点

截至目前，三维地震勘探大致经历了 4 个发展阶段：（1）常规三维勘探阶段（1990—2000 年），覆盖次数为 20~48 次，面元为 25m×50m，横纵比为 0.2~0.3，多是窄方位采集，能解决构造成像和断层识别问题；（2）二次三维勘探阶段（2001—2008 年），覆盖次数为 50~100 次，面元为 20m×20m 或 25m×25m，可控震源扫描频率一般在 4 个倍频程以内，横纵比为 0.2~0.5，仍属于窄方位勘探，试图解决储层预测问题；（3）高精度三维勘探阶段（2009—2012 年），覆盖次数增至 100 次以上，面元减小到 10m×20m 或 12.5m×25m，横纵比一般大于 0.5，可控震源扫描频率仍在 4 个倍频程以内，但由于空间采样密度的增加，能够有效解决复杂区的成像问题，也可用于成熟区的储层预测；（4）“两宽一高”（宽频带、宽方位、高密度）勘探阶段（2013 年后），覆盖次数大于 200 次，甚至高达数千次，面元为 10m×10m 或 12.5m×12.5m，甚至小到 5m×5m，横纵比为 0.5~1，采用宽频可控震源激发，扫描频率大于 5 个倍频程，服务于地层属性分析、裂缝预测、流体识别等油气藏方面的精细研究。

（二）数据频带宽度对地震反演精度的影响

影响地震反演精度的因素很多，其中地震数据的不完备是主要障碍之一，反射波的频带有限性严重影响了波阻抗反演的质量。图 2-1-3 为从某地区一口实际测井资料中提取的反射系数及其计算出的波阻抗，图 2-1-4 为不同相对频带宽度的零相位子波制作的合成记录及其反演出的波阻抗。当频带宽度为 6 个倍频程（1.5~96Hz）时，反演的波阻抗虽然无法完全恢复一些超高频的薄层信息，但基本上可以反映原阻抗的趋势和形态；而当频带宽度减小至 2 个倍频程（10~40Hz）时，对应的反演波阻抗丢失了大量的信息，包括低频趋势和精细的薄层信息。因此，为了减小地震反演的非唯一性，提高反演结果的可靠性，需要在采集、处理过程中增加有效信号的频带宽度，扩大倍频程。

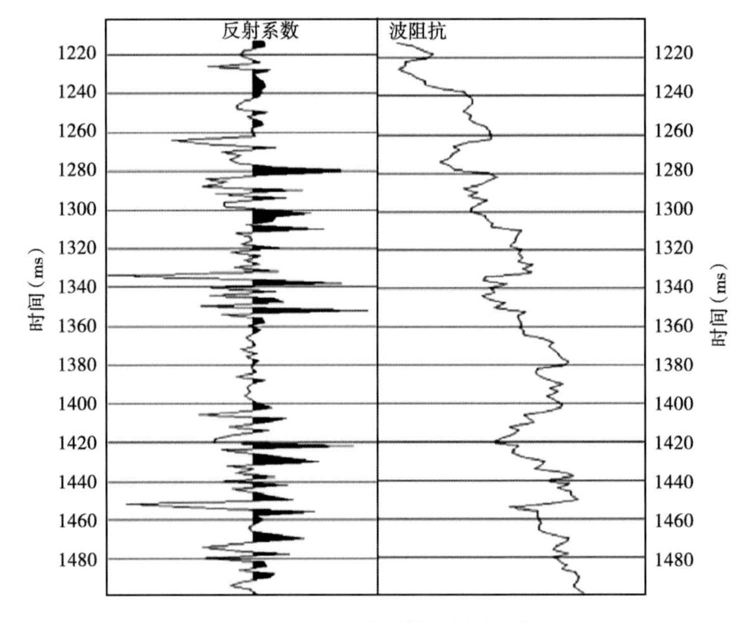

图 2-1-3　反射系数及其波阻抗

（三）低频信号在特殊岩性体中的勘探作用

特殊岩性体（火成岩体、膏盐体、潜山等）的存在增加了地层非均质性，而非均匀介质对波场的散射作用与所传播信号的波长密切相关，低频信号具有较强的穿透非均匀层的能力；同时，地层对地震波的吸收衰减作用也随着频率的增加呈指数增强，频率越高，吸收和散射作用越强。而低频信号衰减缓慢，具有较强的抗吸收和抗散射能力，更易于穿透具有强散射和强吸收性的特殊岩性体，所以利用低频信号可以改善深层特殊岩性体成像的质量。

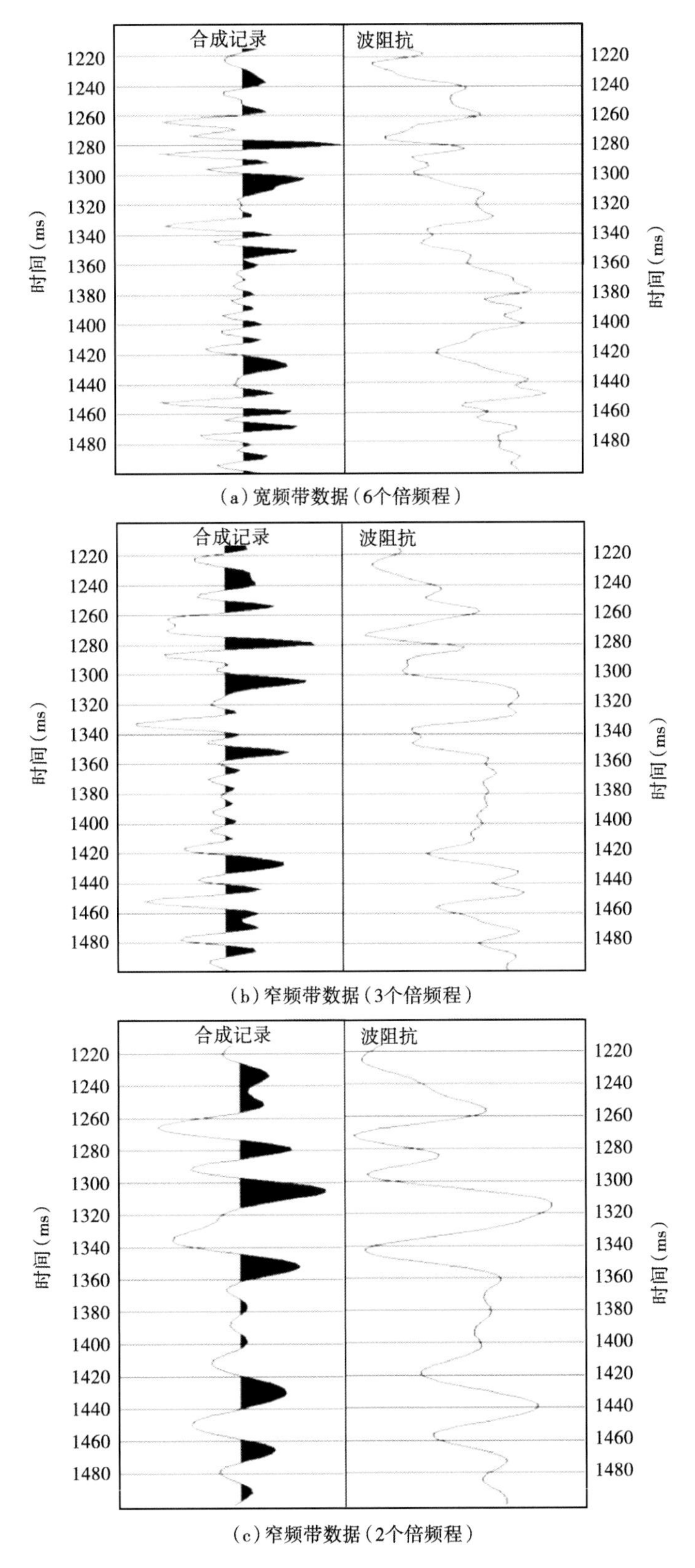

（a）宽频带数据（6个倍频程）

（b）窄频带数据（3个倍频程）

（c）窄频带数据（2个倍频程）

图 2-1-4　不同频带宽度的合成记录及其反演的波阻抗

三、宽频地震勘探的影响因素

（一）地震采集因素

地震数据采集方法是地震勘探之基础，除地表、地下地震地质条件直接影响着勘探效果外，就目前的宽频地震采集方法而言，制约数据频带宽窄的因素概括起来主要有以下几个方面。

（1）激发方面，对于炸药震源而言，主要有炸药类型、激发井深、激发药量、组合井数等。对于可控震源而言，主要有震源类型、组合台数、振动次数、起止频率、扫描长度、驱动幅度、扫描方式等。总之要求激发出能量足够，频带较宽的地震信号。

（2）接收方面，主要有地震仪器的动态范围、采样间隔，检波器的类型、自然频率、组合形式、组合个数、组合基距、组内距及耦合程度等，以保证不畸变地接收反射信号。

（3）观测系统方面，主要有 CMP 面元、覆盖次数、最大炮检距、最小炮检距、横纵比、观测系统属性的均匀性等，以保证勘探工作顺利实施，利于地震资料的采集、处理和综合研究。

（二）资料处理因素

要获得宽频的地震信息，不仅要在野外尽可能地激发、接收较宽的频谱，还要在数据处理过程中尽量保持宽频信息。因此，在保证信噪比不受过大影响的前提下，设法提高主频和频带宽度是资料处理中提高纵向分辨率的关键所在。影响数据频带宽度的处理模块参数主要有信号归一化静校正（静校正、剩余静校正等）、反褶积、速度分析、Q 补偿与谱白化、偏移方法等。

综上所述，激发、接收是基础，资料处理是关键。每一步都要做好试验工作，选取合理的参数和适用的处理流程，才能够保证宽频采集的成功。

第二节　宽频激发技术

一、炸药震源激发技术

陆上地震勘探最常用的激发方式是炸药激发。而炸药的性能、爆炸速度、阻抗耦合、几何耦合等对地震子波的初始波频率都有一定程度的影响。所以在讨论激发参数对地震资料频率的影响时，必须要在选择合理炸药类型的基础上，依据噪声强度、反射能量、潜水面深度、低降速层厚度和岩性大致确定药量及井深范围后，再进行严格的试验分析来确定最佳的激发药量及激发井深。

（一）炸药类型的选择

从提高分辨率的角度来讲，炸药类型的选择既要满足阻抗耦合的要求，同时要求初始子波具有较宽的频带范围和足够的下传能量。

目前冀中坳陷的地震勘探都在高速层中激发，该区高速层多为含饱和水地层，波速1600~1900m/s。根据冀中坳陷的表层激发围岩与不同炸药的阻抗比分析（表 2-2-1），从理论上讲，低密硝胺与围岩的阻抗比接近 1，应该更适合于高分辨率勘探。

表 2-2-1　不同类型炸药与冀中凹陷表层激发围岩的阻抗耦合

炸药类型	炸药密度 (g/cm^3)	炸药起爆速度 (m/s)	炸药阻抗 ($g/cm^3 \cdot m/s$)	围岩阻抗 ($g/cm^3 \cdot m/s$)	阻抗比
低密硝胺炸药	0.9~1.0	4500	4275	2160	1.98
中密硝胺炸药	1.2~1.4	4500	5850	2160	2.71
高密硝胺炸药	1.4	5700	7980	2160	3.69
高爆速炸药	1.4	6800~7200	9800	2160	4.54
高能炸药	1.4	5000	7000	2160	3.24
胶质炸药	1.5	6000	9000	2160	4.17

从相同当量的炸药激发实际资料分析，在30~60Hz频率段记录上（图2-2-1），不同炸药类型的T_4以上主要目的层资料信噪比基本相当，但胶质炸药、高密硝胺炸药激发的资料T_4以上的层间反射和T_4以下主要目的层反射信噪比要高，说明胶质炸药、高密硝胺炸药的激发子波30~60Hz频率段的能量更强。即单纯从阻抗耦合分析，与实际资料信噪比不完全相符。实际资料的信噪比不仅与初始子波的频带范围、能量有关，同时还取决于地层对不同频率地震波的能量衰减。因此在炸药类型选定时，阻抗耦合可以作为参考因素，同时要考虑激发的初始子波能量、频带以及经过地层吸收衰减后有效反射的能量与采集系统噪声的相对关系。

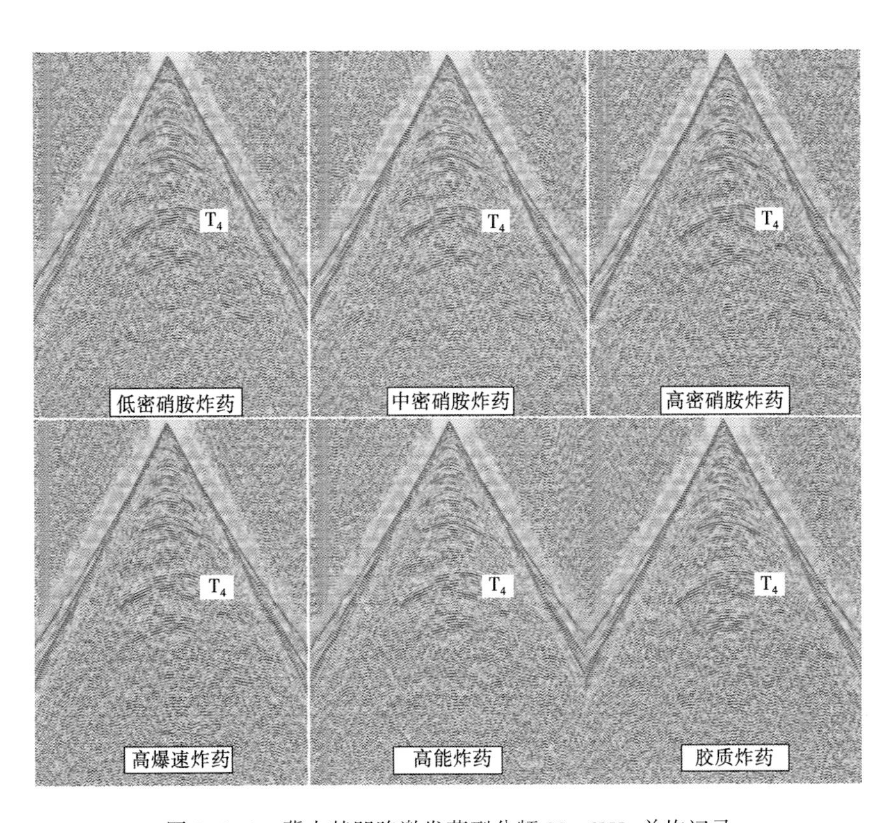

图 2-2-1　冀中某凹陷激发药型分频30~60Hz单炮记录

（二）激发深度的选择

激发深度首先要考虑激发围岩的岩性和速度，其次是强阻抗界面的虚反射对资料分辨率的影响。

根据前面分析，激发围岩的岩性对激发子波能量和频率起着重要作用，在不同的岩性中激发初始地震子波的特性参数不同。根据冀中坳陷的表层调查资料可知，冀中地区近地表存在较为稳定的高速层（或潜水面），阻抗系数与激发药型的阻抗比最接近 1，良好的激发岩性在高速层（或饱和水层）中，因此激发深度必须大于表层的低降速带厚度。

在高速层（或饱和水层）中激发时，一般在激发点上方存在两套较强阻抗界面——自由表面和高速层顶界面。虽然自由表面属于强阻抗界面，但是激发子波经过近地表的低降速层衰减后能量较弱，即初始子波在球面扩散过程中遇到自由表面，产生向下反射波的能量级别更低，基本上对有效地震反射波没有影响。由于冀中地区都在高速层中激发，而且激发点与高速层顶界的距离小，地震子波的衰减量较小，因此在该界面产生的虚反射能量较强，有可能影响有效反射波能量和频率（图 2-2-2）。

如图 2-2-3 所示，当激发点距虚反射界面较近，两个地震子波的时差小于 1/4 周期时，有效波在一定的频率范围内得以加强。否则，有效波能量被削弱。

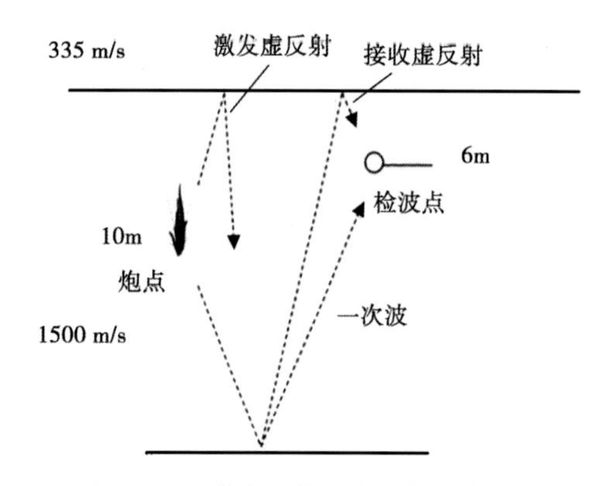

图 2-2-2　激发、接收虚反射示意图

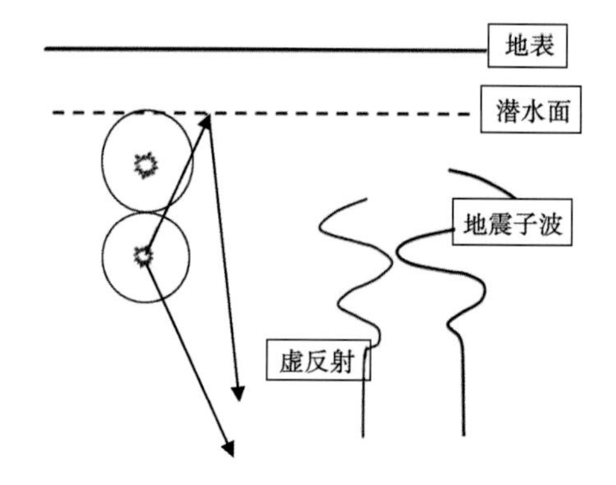

图 2-2-3　不同深度激发地震子波示意图

依据阻抗耦合和虚反射的理论，激发深度的确定应遵循以下两个原则：

（1）激发点深度应（H）大于低降速带厚度（H_0），即：

$$H > H_0 \tag{2-2-1}$$

（2）炸药震源距虚反射界面的距离 h 要小于最高主频子波波长的 1/8，即：

$$\Delta t = 2h/V \leqslant T/4 \tag{2-2-2}$$

$$h \leqslant \lambda/8 \tag{2-2-3}$$

式中　Δt——激发点到虚反射界面的反射时间，s；

h——激发点到虚反射界面的距离，m；

V——高速层速度，m/s；

T——地震子波的周期，s。

根据冀中坳陷以往表层调查资料可知，区内的高速层波速在 1600～1900m/s。目前冀中坳陷的高分辨率勘探要求主要目的层段最高主频达到 30～40Hz，主要目的层需要保护的最高频率为 60Hz。按以上公式计算，激发深度应该在高速顶下 3.5m 以内。

地震资料的频率不仅取决于激发的初始子波频带和虚反射的影响，同时也受制于传播过程中的衰减，所以在讨论激发深度对地震资料频率的影响时，必须考虑地震波在表层的吸收衰减差异。

1. 低降速带厚度较薄的地区

从目标区的试验点表层调查资料分析：低降速带厚度 $H_0=4.8$m；50Hz 地震子波能量衰减 3dB、60Hz 地震子波能量衰减 4dB。对比的激发深度有 7m、9m、11m、13m。从分频 60~120Hz 来看（图 2-2-4），在高速顶以下 2m 激发的记录上，1.5s 可以见到清晰的反射信息；在高速顶以下 4m 激发的记录上，1.5s 可以见到断续的反射信息；在高速顶以下 6m、8m 激发的记录上，1.5s 基本上不可分辨反射信息。这与理论分析结论基本吻合，即在高速顶（虚反射界面）以下 2m 激发的地震子波频率高，频带宽。

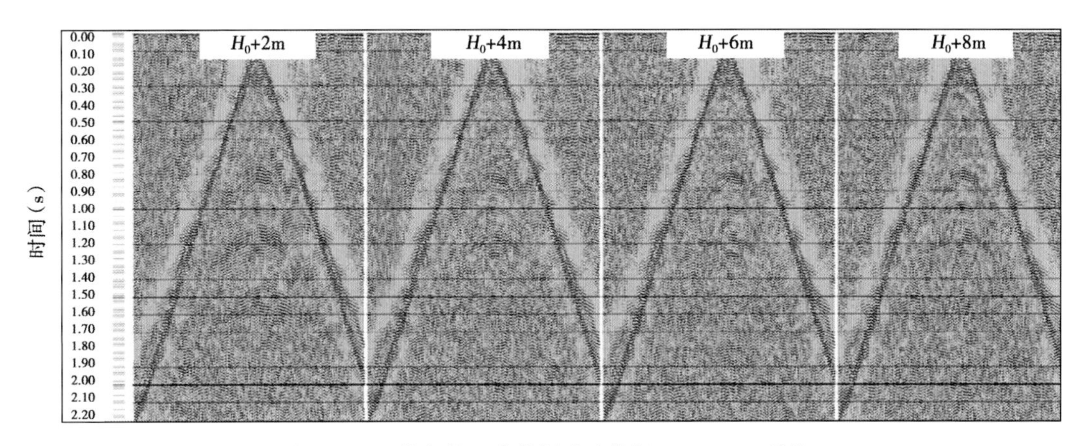

图 2-2-4　冀中某凹陷井深试验分频 60~120Hz 单炮

2. 低降速带厚度较厚的地区

从目标区的试验点表层调查资料分析：低降速带厚度 $H_0=24.8$m；40Hz 地震子波能量衰减 19dB、50Hz 地震子波能量衰减 24dB、60Hz 地震子波能量衰减 28dB。对比的激发深度有 28m、30m、32m、34m。从分频 40~80Hz 来看（图 2-2-5），在高速顶以下 5m、7m 激发的记录上，目的层段 1.8s 以下可以见到清晰的反射信息；在高速顶以下 3m、9m 激发的记录上，目的层段 1.8s 以下可以见到断续的反射信息。从上述资料对比分析，在表层吸收衰减量较大的地区，目的层段的资料频率不高（有效频率 40Hz 左右），难以达到高分辨率勘探的要求。从反射波有效频率段的信噪比分析，最佳激发深度在高速顶以下 5~7m。

根据上述不同地区的分频资料分析，由于表层结构和深层地震地质条件的差异，导致资料的有效频带范围差异较大，因此开展高分析辨率勘探必须根据不同地区的实际地震地质条件进行具体分析。

（三）激发药量的选择

在陆上高分辨率地震勘探中，一般认为使用小药量有利于提高地震资料的分辨率。根据激发药量 Q、激发能量 N 和激发主频 ΔF 的关系。

激发能量：
$$N=\sqrt[3]{Q} \tag{2-2-4}$$

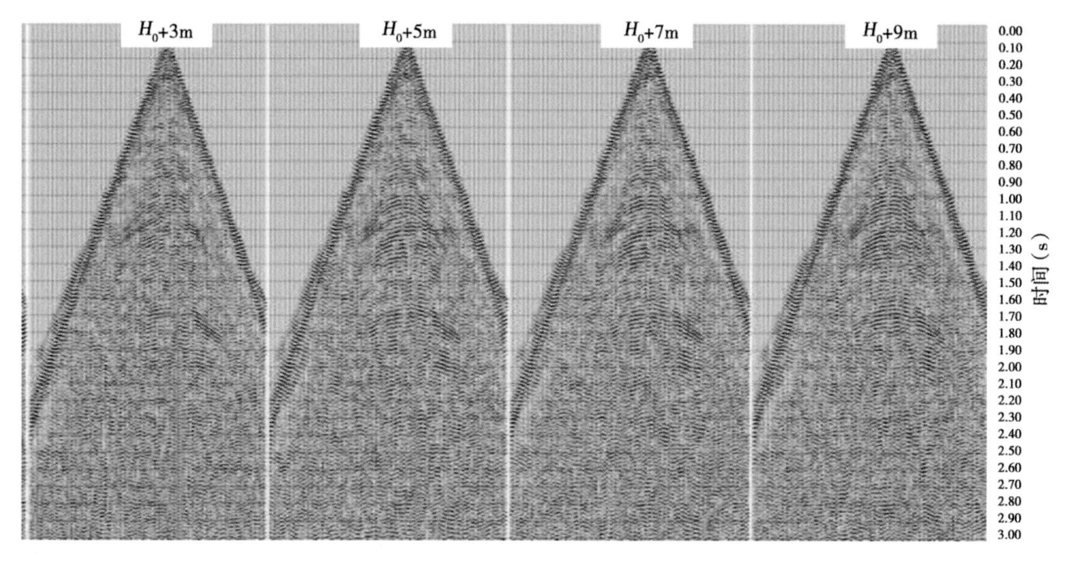

图 2-2-5　冀中某凹陷井深试验分频 40~80Hz 单炮

激发主频：

$$\Delta F = \frac{1}{\sqrt[3]{Q}} \tag{2-2-5}$$

从激发主频的角度分析，激发药量越小，激发子波的主频越高，越有利于提高频率；但是如果激发药量过小，激发子波的能量也较小，经过表层深层地层吸收衰减，有效反射波能量必将较弱，从而导致地震资料的信噪比过低。激发药量的选择首先要保证地震资料具有足够的信噪比，在保证信噪比的提前下，再拓宽激发子波的频带范围。

从冀中坳陷饶阳凹陷同口地区的试验资料对比分析可以看出：该点低降速带厚度 H_0 = 8.1m，波速 V_0 = 466m/s。在激发药量 2kg、4kg、6kg 的 50~100Hz 分频单炮记录上（图 2-2-6），4kg、6kg 的主要目的层段可以见到清晰的反射信息，而 2kg 的主要目的层段难以见

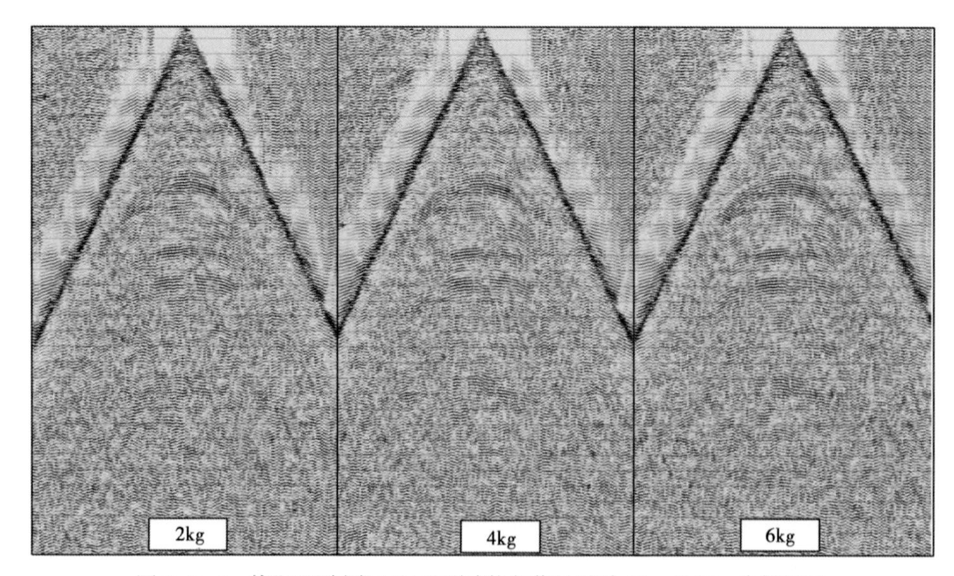

图 2-2-6　饶阳凹陷同口地区不同激发药量试验 50~100Hz 分频记录

到连续的反射信息，说明该区4kg激发高频段信噪比较高，而小药量2kg激发的资料高频段信噪比较低。

从同口地区不同激发药量分频剖面对比（图2-2-7），2kg与4kg效果相差不大，30~60Hz频段深层4kg激发效果略好，但不特别明显，50Hz分频以上，浅层资料2kg激发效果好，频率高，说明在采集中必须根据地质目标选择激发药量，针对浅层可以选用小药量提高频率，针对深层首先要得到有效反射，再考虑提高频率。

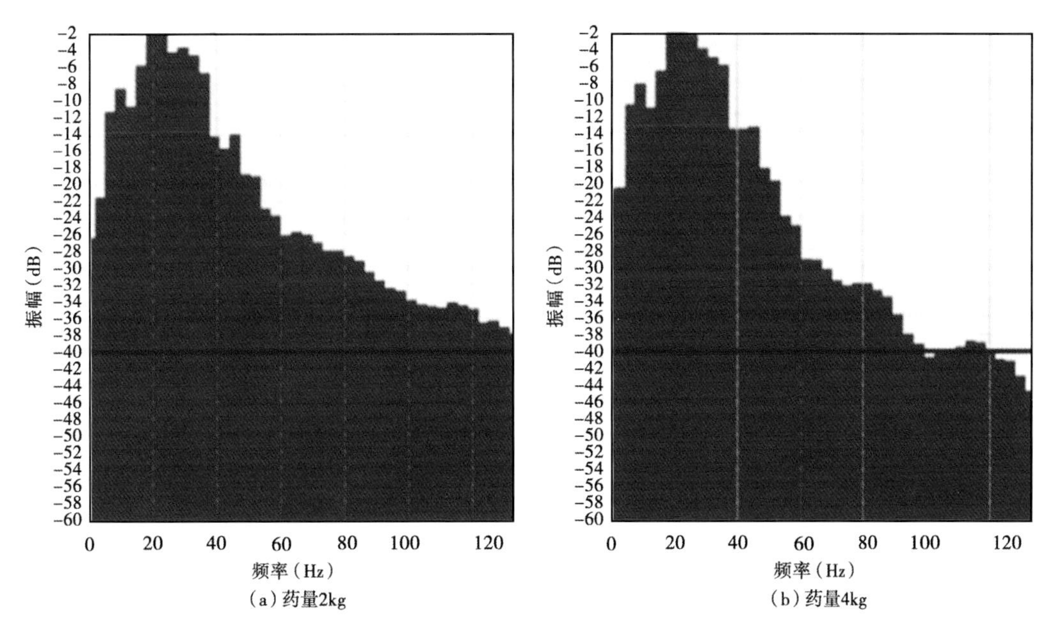

图2-2-7　饶阳凹陷同口地区不同药量激发的频谱

二、可控震源激发技术

可控震源的工作原理是通过电子控制箱体，将设计的一个扫描信号通过驱动平板产生连续振动信号，将能量可控地传送给大地，然后通过参考扫描与反射扫描互相关等运算方法，最终获得与炸药震源记录相当的地震资料。它具有环保、施工效率高、成本低、激发频率和振幅可以控制等优点，尤其适合无水区或城镇区的地震勘探工作。

（一）可控震源激发参数的确定

在可控震源地震勘探野外施工过程中，不同的地质条件需要设置不同的激发参数，主要包括：震源台数、振动次数、起止扫频、扫描长度、驱动幅度、扫描方式、斜坡长度等参数。这些参数的设计可通过制作合成记录在室内进行验证，但最终还需通过试验，最终确定合理的激发参数。

1. 震源台数的选择

可控震源是一种低功率信号源，在激发过程中，使用多台震源可以加强向地下发射扫描信号的能量，增强对地表干扰波压制效果。根据勘探区主要干扰波的特点，利用震源组合的统计效应选择震源的激发台数和组合方式。

从不同震源台数试验的单炮记录可以看出（图2-2-8），2台和3台震源激发所得到的单炮记录在目的层位置反射波的同向轴比较明显，也就是说其激发后接收到的能量比1台激发的要强，这是由于单台激发的能量总是有限的，而震源组合后则发挥了能量的垂直叠加效应。因此，一般情况下，选择 2 台震源同时激发，以提高地震记录的能量和信噪比。

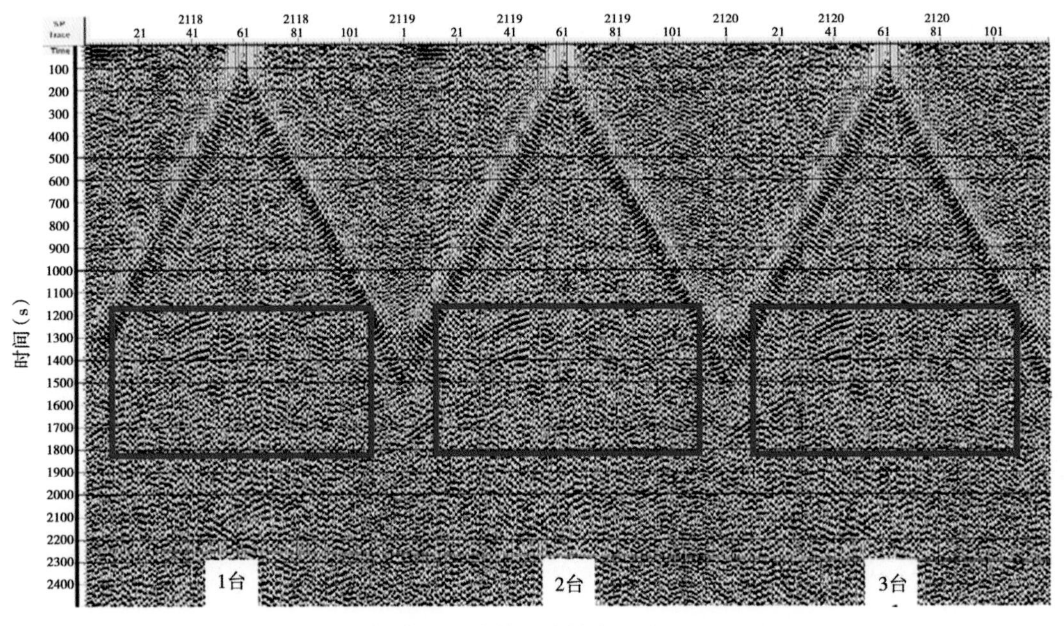

图 2-2-8 不同可控震源台数试验单炮记录（BP：30~60Hz）

2. 振动次数的选择

从统计效应来分析，振动次数相当于垂直叠加次数，n 次振动对随机干扰的压制能力提高$\sqrt{n}$倍，即有效波的振幅相对于随机噪声来说补偿了$\sqrt{n}$倍；从能量角度分析，n 次振动相对于随机噪声来说对有效波的补偿量为：

$$W = 20\lg n \qquad (2\text{-}2\text{-}6)$$

式中 n——振动次数，次。

从不同振动次数的试验结果可以看出，在单炮记录上（图 2-2-9），随着振动次数的增加，资料的信噪比稍有提高，这与理论上压制随机干扰相符合。同时从单炮频谱上可以看出(图 2-2-10)，随着振动次数的增加，有效波的主频能量并未明显降低，但过多的振动次数，有增加干扰，降低资料分辨率的风险。所以，在勘探参数设计的时候除考虑分辨率、叠加次数、面元大小等外，还应选择适当的振动次数。

3. 起止频率的选择

起止频率的目的主要是获得一个理想的地震子波，主要考虑扫描最低频率、扫描最高频率、扫描长度、斜坡等参数的设置。这些参数直接影响着地震信号的分辨率与信噪比。

起始频率f_1 的设计还要考虑到震源的机械结构。随着低频可控震源的问世，可控震源已可以激发 1.5Hz 的地震信号，由于低频信号具有“穿透能力强，有利于提高中深层资料的能量和信噪比；有利于拓展倍频程、减少旁瓣、改善纵向分辨率；有利于降低反演对井资料的依赖度，提高地震反演的精度”等优势。但是可控震源的起始频率过低，对周边建筑物的有一定影响。因此，应根据可控震源自身的机械结构及周边建筑物的抗震能力，选择尽可能低的起始频率激发。

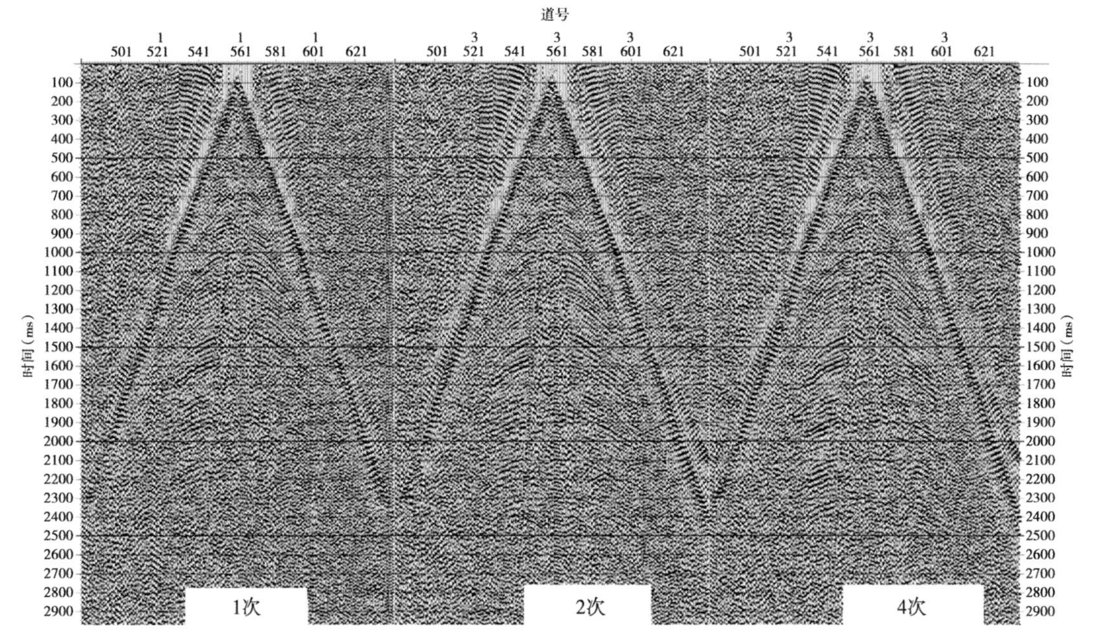

图 2-2-9　不同振动次数试验的单炮记录（BP：30~60Hz）

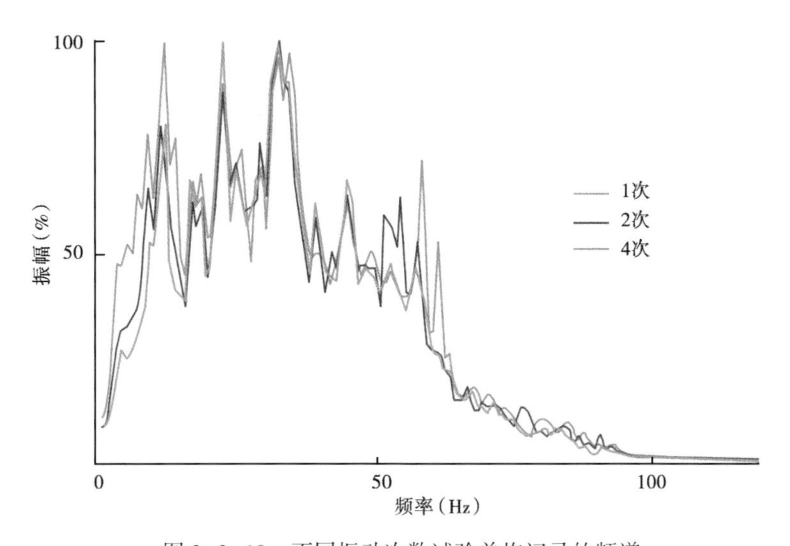

图 2-2-10　不同振动次数试验单炮记录的频谱

可控震源的高频信号输出 f_h 实际上是受到多方面的制约，如机械与液压系统的调整与响应、大地的响应、能量的约束问题。除了这三个方面还有一个容易忽视的问题，就是数据采集系统采样率对高频信号的约束。一般数据采集系统受采样率的限制，如 62.5Hz/4ms、125Hz/2ms、250Hz/1ms、500Hz/0.5ms。所以，在选择高频时应选择与之相应的采样率，以防假频的产生。

确定扫描高、低频率以后，斜坡长度的选择往往被忽视，单边斜坡长度一般选择总扫描长度的 5%，两边可相同或不同，做到 1/2 斜坡长度处的频率达到设计起始频率/终止频率的 50%左右，因此，在设计起始频率/终止频率的大小时应作相应的降低/提高，以保证尽量减小吉布斯效应的同时，也满足设计频宽的要求。

由于不同地区深层地震地质条件不同，对地震信号的高频响应程度也不同，所以，也要通过试验确定可控震源的终了频率。从饶阳凹陷同口地区不同终了频率试验结果可以看出，在单炮记录上（图2-2-11），随着终了频率的提高，单炮记录的能量及信噪比均逐渐减弱。但其频谱分析结果表明（图2-2-12），终了频率为72Hz时频带较窄，终了频率大于84Hz时频带较宽且基本适当。因此，该地区终了频率选择为84Hz较为合适。

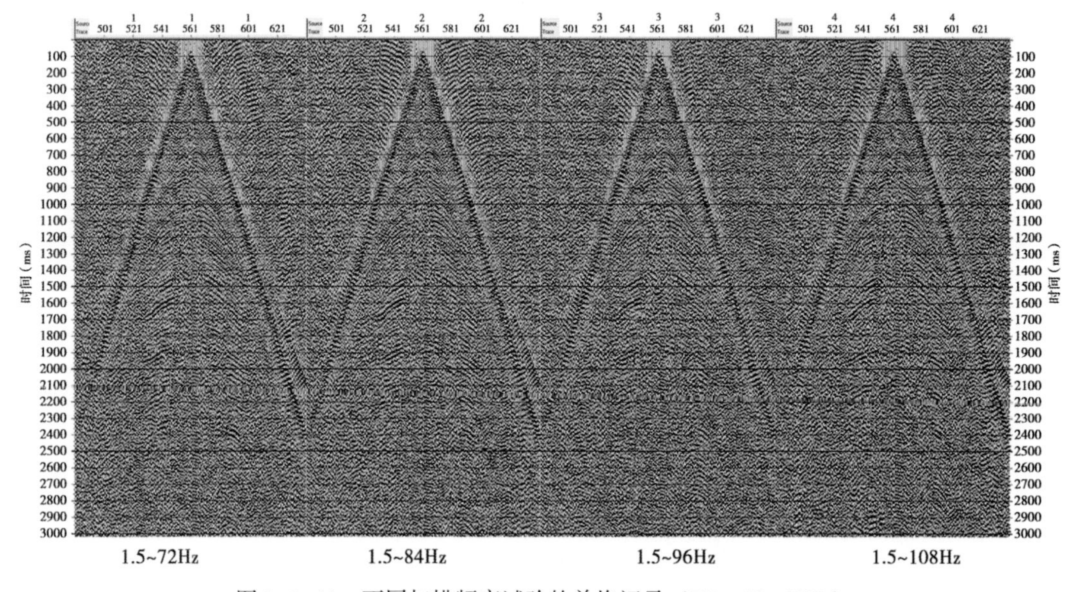

图2-2-11　不同扫描频率试验的单炮记录（BP：30~60Hz）

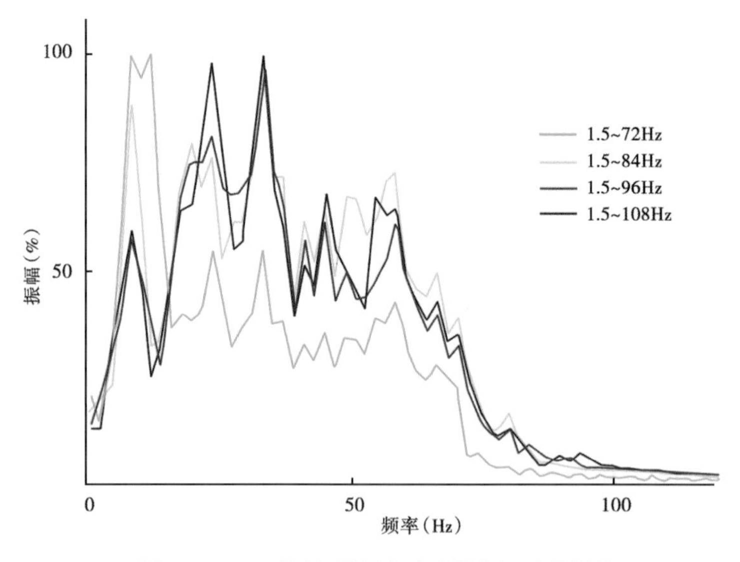

图2-2-12　不同扫描频率试验单炮记录的频谱

4. 扫描长度的选择

可控震源向下传播的是一段有延续时间的扫描信号，这段时间称为扫描长度。在考虑设计扫描时间长度的时候，主要考虑以下三个方面：（1）时间长度的设计要满足最大扫描速

率，即 $t_1 \geqslant |f_h - f_l|/K$，其中 K 为可控震源所限定的最大扫描速率值，由震源液压伺服系统所限定；（2）扫描时间愈长，最大相关值迅速增加，能量增强，相应信噪比会提高。（3）避免相关虚象对记录质量的影响。可控震源在振动过程中，当介质表现为弹性或者塑性的时候，如果超出了弹性形变的范围，振动信号除了产生所需要的扫描振动信号外，还伴有分频信号和倍频信号，若倍频与基本扫描频率有重叠，将在记录中产生二次谐波虚象；若分频与基本扫描频率有重叠，将在记录中产生“多初至”虚象。此时，可以通过改变扫描时间的长度，将记录产生的相关虚象出现在有效记录之外，减少“多初至”对勘探目的层反射波的影响，此外，选择扫描方式也可以降低虚象的影响。

在满足了以上 3 个条件下，增加扫描时间的长度具有以下几个优点：（1）由于低频激振信号可产生畸变，采用长扫描降低垂直叠加次数可改进相关叠加质量；（2）可以衰减干扰波对主要目的层的影响；（3）可以改善信噪比。但可控震源的长扫描会降低施工效率，与生产效率是反比关系。另外，长扫描有增加环境干扰的风险，因此有必要通过试验选择一个合适的扫描时间。

从不同扫描时间的试验记录来看（图 2-2-13），10s、12s、14s、16s 这 4 个参数分频干扰波对有效波的干扰并不是很明显，显然扫描长度已经基本满足分频谐波不在有效波记录之内。而且不同扫描时间的资料品质差异不大。因此，综合考虑到上述长扫描的优缺点，选择扫描长度为 12s 较为合适。

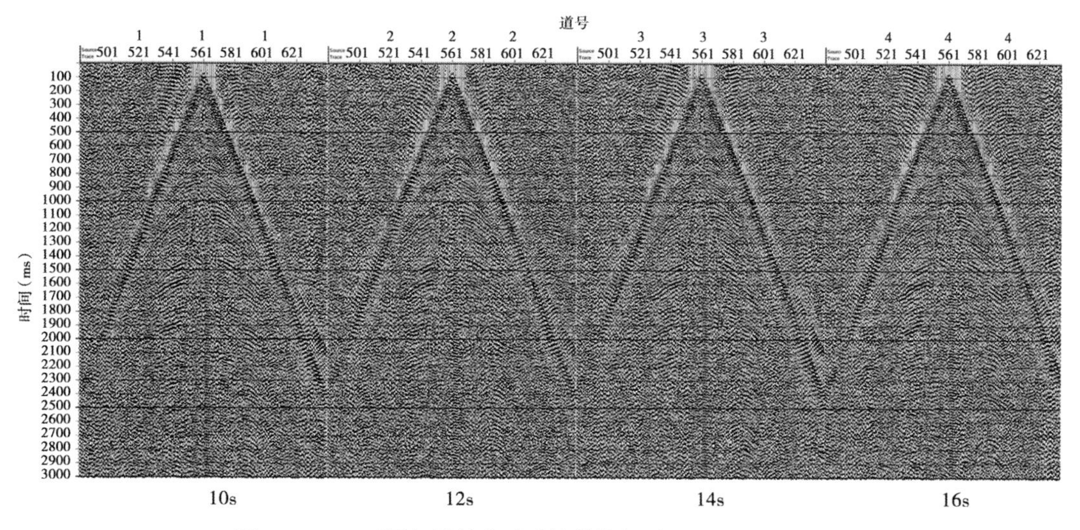

图 2-2-13　不同扫描长度试验的单炮记录（BP：30~60Hz）

5. 驱动幅度的选择

驱动电平描述的是可控震源激发地震波强弱的一个参数，当扫描频率达到终止频率时，表头上看到的驱动电平的百分比值就是驱动幅度。可控震源的液缸所产生的作用是由电控箱体决定的，以保证按激发设计要求不畸变地振动，获得准确的信号，使其具有满意的功率谱。

野外生产中，当地表为松软的土层时，由于可控震源与地表耦合较好，一般选择较大一点的驱动幅度，有利于改善记录品质；当地表为坚硬的基岩时，震源底板和大地耦合条件差，驱动幅度不宜过大。适当降低驱动幅度也可削弱分频效应产生的“多初至”现象。在生产中驱动幅度的大小，视勘探区反射目的层的深度和反射系数大小而定，目的层浅，反射系数大则驱动幅度小些，反之则大些。一般设计在 80%以内为宜，过大则激发信号波形会失真。

不同驱动幅度试验的地震记录表明（图 2-2-14），65%、70%、75%驱动幅度的记录质量都比较好，分频现象及波形失真不明显。另外，驱动幅度大于 70%时，地震资料的能量稍强，信噪比稍高。因此，为了增加地震波下传的能量，提高地震资料的信噪比和分辨率，该区的驱动幅度选择 70%。

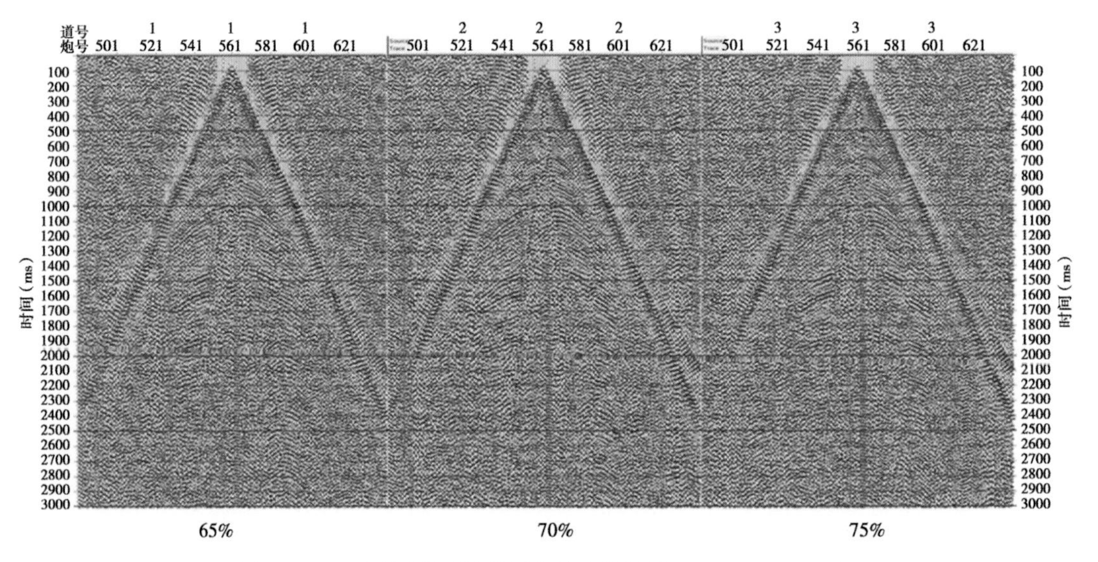

图 2-2-14　不同驱动幅度试验的单炮记录（BP：30~60Hz）

（二）自适应扫描技术

可控震源的扫描信号分为线性、非线性（对数、指数、脉冲）、伪随机等几种。目前，可控震源一般多采用线性扫描信号施工。可控震源自适应扫描技术是一种自动优化的非线性扫描技术，它是根据线性扫描振幅谱和期望输出的振幅谱，计算得到非线性的扫描信号谱，从而实现了非线性扫描的工业化应用。自适应扫描信号谱计算如下：

$$S(f)_{\text{AVIS}} = \frac{1}{S(f)_{\text{response}} + \alpha} \quad (2\text{-}2\text{-}7)$$

式中　$S(f)_{\text{AVIS}}$——自适应扫描信号振幅谱；

$S(f)_{\text{response}}$——线性扫描信号振幅谱；

α——自适应系数，相当于区域表层对地震波高频成分的吸收衰减程度。

该技术在地震资料信噪比较高、目的层较浅的勘探领域已取得一定的效果。以饶阳凹陷蠡县斜坡同口西三维为例，该区发育有沙一段尾砂岩的岩性油气藏，勘探目标埋藏较浅，深度在 2000~2500m；区内低降速带厚度在 12~25m，整体厚度不大；地表条件相对简单，适合可控震源自适应提高分辨率勘探。根据三维区内表层调查资料和区内干扰源点调查资料，选取区内具有代表性的试验点，进行了不同的自适应系数试验。根据最深目的层反射波的能量、信噪比的量化分析，结合深层资料的有效频宽逐渐拓宽幅度，确定最佳的自适应系数为 10%（图 2-2-15、图 2-2-16）。

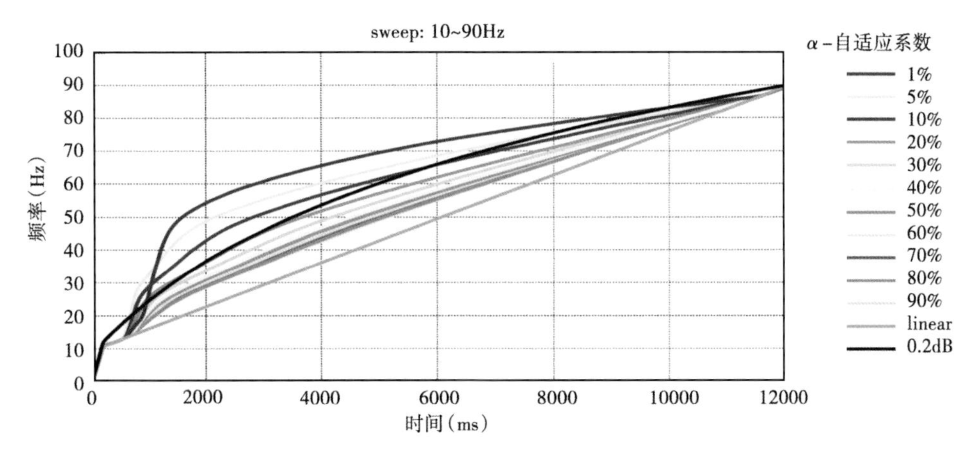

图 2-2-15　不同自适应系数下的扫描信号谱

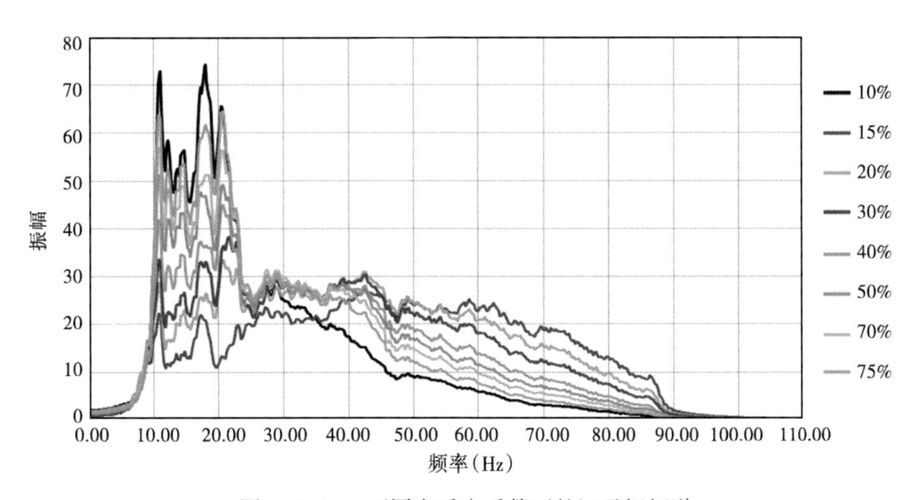

图 2-2-16　不同自适应系数下的记录振幅谱

通过对比自适应扫描和线性扫描 50Hz 高通滤波记录分析（图 2-2-17），线性扫描资料的信噪比要高于自适应扫描资料。从不同埋深目的层段（T：0~1500ms、1500~2500ms）频谱分析（图 2-2-18），在浅层自适应扫描与线性扫描在低频端基本相当，在中高频段拓展非常明显，有效频宽拓展 23Hz 左右；从中深层资料对比，高频段拓展没有浅层的幅度大，但是仍可以拓展 14Hz 左右，表明自适应扫描资料分辨率较高。

可控震源自适应扫描宽频激发的剖面上小断层更加清晰，断点位置更准确，自适应扫描剖面的 T_4 上覆的特殊岩性段可以清晰分辨、T_4 下伏的尾砂岩横向变化可以识别（图 2-2-19）；而在线性扫描剖面上基本上无法识别。

（三）分频同时扫描技术

目前在可控震源地震数据采集中，提高施工效率的常用方法是使用多组震源同时在多个炮点进行激发，如距离分离同时扫描（DS^3）、距离分离同时滑动扫描（DS^4）、高保真震源扫描（HFVS）和独立同时激发（ISS）等。但这些方法均存在谐波干扰，且还可能存在很强的邻炮干扰。由于同时扫描的各炮扫描信号的相关性，其分离的数据中可能包含了邻炮的剩余能量，这些能量极大地影响了数据成像的品质，距离分离的方法需要投入大量装备。而

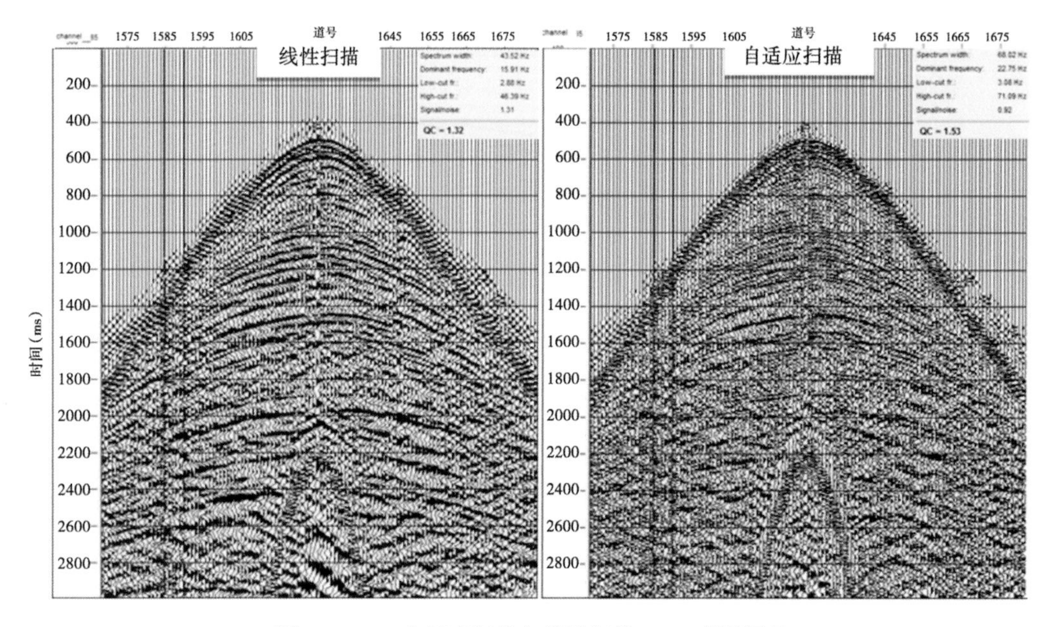

图 2-2-17　自适应扫描与线性扫描 50Hz 高通记录

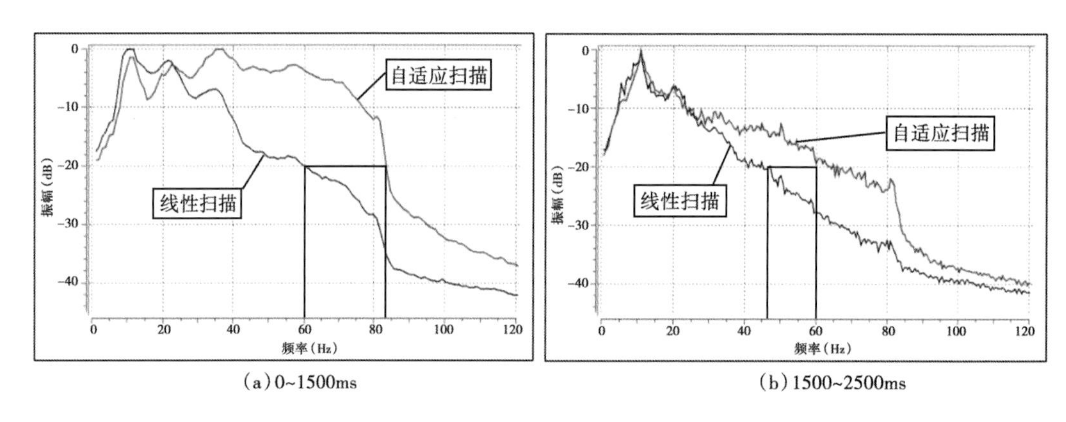

(a) 0~1500ms　　(b) 1500~2500ms

图 2-2-18　不同扫描方式下的主要目的层段频谱分析图

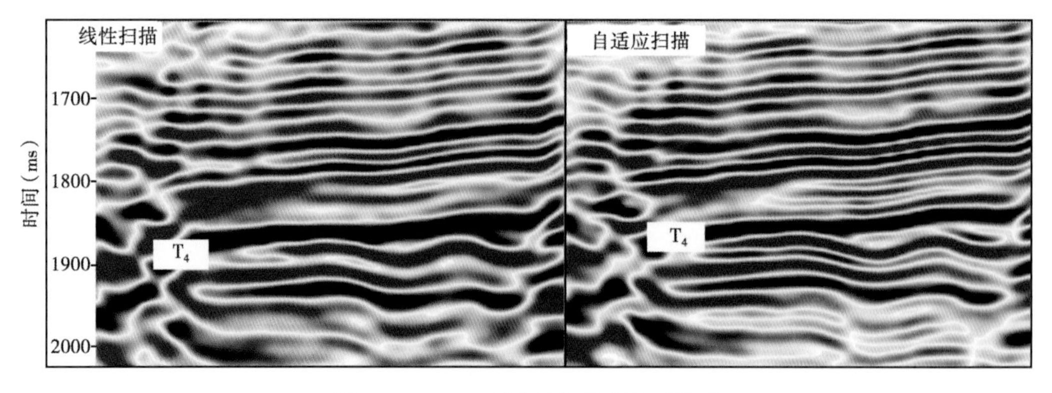

图 2-2-19　T_4 目的层段的剖面对比图

分频同时扫描（Frequency Separated Simultaneous Sweep，简称FSSS）技术在显著增加同时激发的震源数量、提高施工效率的同时，保证了对邻炮资料的高分离度、减少设备的投入，并且对谐波干扰也有很强的压制作用。另外，该方法中频带可任意切分，这样便可在线性扫描情况下，为特定频带（尤其是低频）增加能量创造了条件，从而减少由非线性扫描带来的谐波干扰，同时可使各频带能量输出均匀，实现了合成记录的能量均衡。

分频同时扫描是把勘探所需的扫描信号按频率分成若干个频带（设计中保持各频段能量输出均匀），各个频段之间互不相关或相关性很小，把各个频段对应的扫描信号当作一次独立的子扫描，一台震源单独激发完成目标扫描信号所有频段的扫描，合成这些频段的扫描地震记录即获得原始记录。假设目标扫描信号为：

$$s(t)=A\sin 2\pi[f_0+(\Delta f/2T)t]t \tag{2-2-8}$$

式中 $s(t)$——目标扫描信号；

A——目标扫描信号的振幅包络函数；

f_0——目标扫描信号的起始频率，Hz；

Δf——绝对频率宽度，Hz；

T——扫描时间，s；

t——某时刻的时间，s。

第 i 个扫描子信号可表示为：

$$s_i(t)=A\sin\{2\pi[f_i+(\Delta f/2T)t]t\} \tag{2-2-9}$$

式中 s_i——子扫描信号；

A——目标扫描信号的振幅包络函数；

f_i——子扫描信号的起始频率，Hz；

Δf——绝对频率宽度，Hz；

i——子扫描信号频段的段数；

T——扫描时间，s；

t——某时刻的时间，s。

图2-2-20为分频后的子扫描信号、频谱及其子波。据傅里叶变换的线性性质可得：

$$F[s_1(\Delta f_1)+s_2(\Delta f_2)+\cdots+s_n(\Delta f_n)]=F[s_1(\Delta f_1)]+F[s_2(\Delta f_2)]+\cdots+F[s_n(\Delta f_n)]=F[s(f)] \tag{2-2-10}$$

式中 s_1，s_2，…，s_n——子扫描信号；

Δf_1，Δf_2，…，Δf_n——子扫描信号的绝对频段宽度，Hz。

为经反变换重构设计的扫描信号，因信号传输过程中，地下介质的响应与信号本身的性质有关，相同信号其响应是相同的，因此最后接收到的地震记录同样可用这种方法进行合成重构，效果等同于目标扫描信号的一次扫描。

如前所述，分频后扫描信号分别为 s_1，s_2，…，s_n，频带分别为 $f_1\sim f_1+\Delta f_1$，$f_2\sim f_2+\Delta f_2$，…，$f_n\sim f_n+\Delta f_n$。f_1 与 f_2 为有交集频段，指同时激发的子扫描信号之间存在频率重叠；f_1 与 f_3 为无交集频段，即同时激发的子扫描信号之间不存在频率重叠。考虑时间上的相干性，假设有4台震源同时激发，要求在4s内无相关信号同时激发，若一个频段扫描长度为1s，则其完全分离扫描序列为：

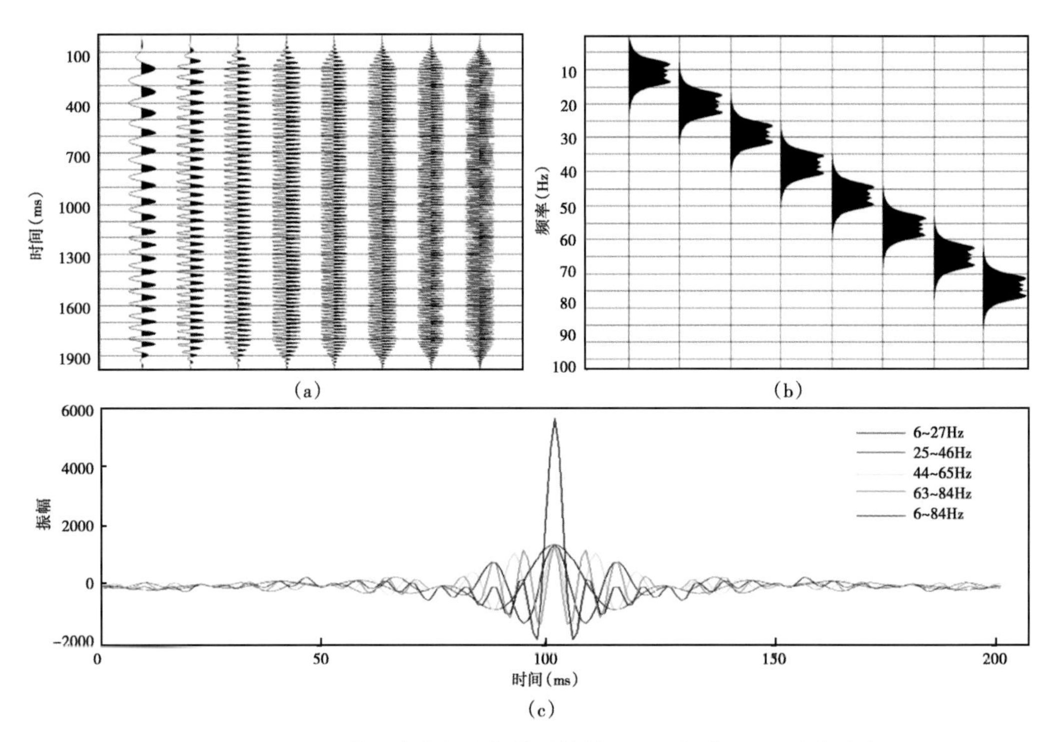

图 2-2-20　6~84Hz 共 8 个分频段扫描子信号（a）、频谱（b）及其子波（c）

$$\begin{pmatrix} f_1 & f_3 & f_5 & f_7 \\ f_9 & f_{11} & f_{13} & f_{15} \\ f_{17} & f_{19} & f_{21} & f_{23} \\ f_{25} & f_{27} & f_{29} & f_{31} \end{pmatrix} = \begin{pmatrix} f_2 & f_4 & f_6 & f_8 \\ f_{10} & f_{12} & f_{14} & f_{16} \\ f_{18} & f_{20} & f_{22} & f_{24} \\ f_{26} & f_{28} & f_{30} & f_{32} \end{pmatrix} \tag{2-2-11}$$

一共需 32 个频段。当记录需要的无干扰长度为 T 时，无交集频段子扫描信号排列矩阵表达式为

$$G = (s_{ij})_{2N \times M} \tag{2-2-12}$$

式中　s_{ij}——第 i 行、第 j 列扫描子信号；

N——实现无相干记录长度所需的扫描子信号个数（N 满足 $T_1+T_2+\cdots+T_N \geqslant T$，$T_1$，$T_2$，…，$T_N$ 分别为第 1 行到第 N 行的最长子信号扫描长度）；

M——同时激发的震源数量。

因此，将目标扫描信号至少分解成 $2NM$ 个子扫描信号，才能使矩阵中所有的子扫描信号在 M 台震源同时激发时都无交集频段子扫描信号；在用无交集频段子扫描信号矩阵的信号进行扫描时，应保证每台或多台震源组合在一个炮点上完成所有频段子信号的扫描。

当采用分频同时激发滑动扫描时，同样存在谐波干扰，且还存在一部分剩余邻炮干扰能量。由于不同的分频子信号相关时，实际上是将与扫描子信号相同频带的能量留下。图 2-2-21是单炮，每个图中右下角是其对应的频谱，从中可以看到：（1）子信号不同，邻炮剩余能量、谐波分量不同，这些干扰位置不同、出现时间不同，对于 CMP 道集，更趋于随机，因此信号合成时就会压制谐波干扰；（2）组内合成压制$\sqrt{2NM}$倍，因此同一叠加次数比其他方法增强压制效果至少提高$\sqrt{NM}$倍。

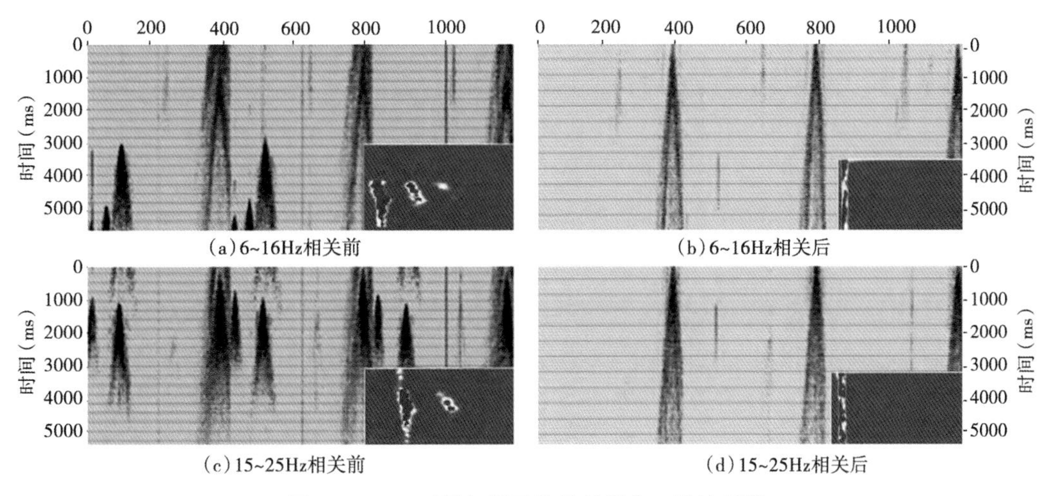

(a) 6~16Hz相关前　(b) 6~16Hz相关后

(c) 15~25Hz相关前　(d) 15~25Hz相关后

图 2-2-21　不同扫描子信号的邻炮、谐波干扰

与常规扫描相比，分频同时扫描的单炮记录与连续扫描信号的结果相近，但在能量均匀性方面更好一些（图 2-2-22）。在叠加剖面上（图 2-2-23），分频同时扫描资料的频率稍高于常规扫描，而且其信噪比也稍高一些。

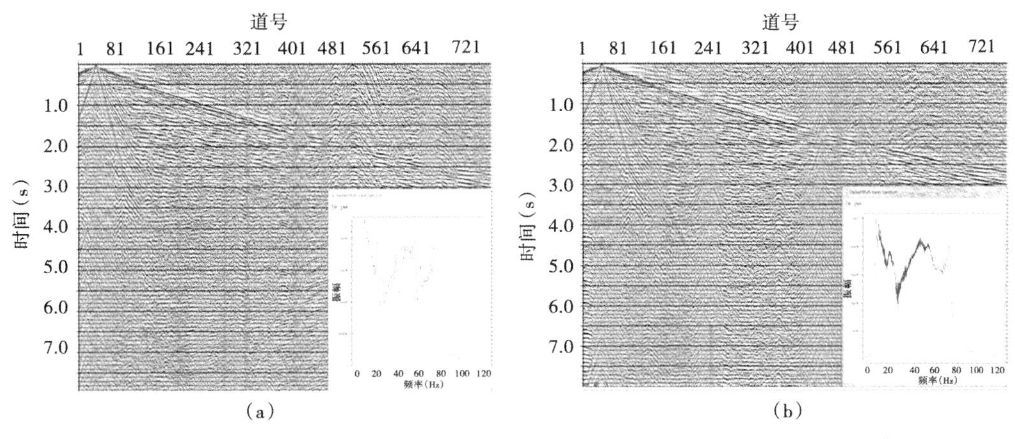

(a)　(b)

图 2-2-22　6~80Hz 分频同时扫描（a）与常规扫描（b）单炮记录及频谱

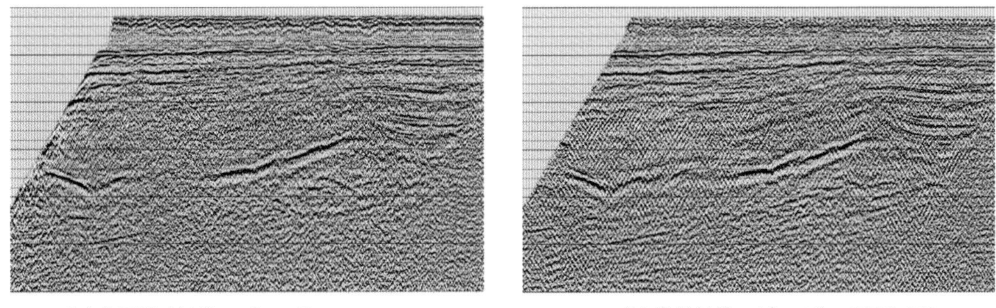

(a) 分频同时扫描，1台×1次，FOLD 400　(b) 常规扫描，2台×1次，FOLD 350

图 2-2-23　分频同时扫描与常规扫描的叠加剖面

综上所述，分频同时扫描在确保同时刻激发震源的激发频带不同的前提下，不需限定震源的同时激发的分离距离（此分离距离是对邻炮干扰不影响目的层而言）就可实现装备投入少、采集效率高的目的；同时，极大地减少了邻炮干扰和谐波干扰，从而获得更优质的地震资料。另外，作为同时激发技术系列，其施工效率与无相干记录长度所需的扫描子信号行（N）成反比，与同时激发震源数量（M）成正比。以 4 组同时扫描、4s 无相干信号为例，理论最高日效可达 20000 炮，是常规扫描方式的 50 倍，大大降低了项目的作业成本，为全方位、高密度采集地震数据提供现实途径。在确保地震资料品质的条件下，也可采取有交集频段同步激发，以便进一步提高效率、降低成本。

第三节　宽频接收技术

地震检波器是地震数据采集接收环节的关键设备之一，其性能好坏直接影响地震勘探数据的质量。随着油气勘探从找构造油气藏向找岩性油气藏、从间接找油气向直接预测油气方向发展，对地震勘探的要求也越来越高。特别是对地震的分辨率要求，利用地震属性对油气藏进行检测的要求更为强烈，即要求采集数据具有宽频、高保真、高信噪比。因此，确保检波器的耦合效果，选择合适的检波器类型及其组合参数显得非常重要。

一、检波器耦合技术

检波器接收是采集系统的第一道工序，特别是检波器与地表的耦合将直接影响着地震反射波记录的质量和品质。改进检波器与地表耦合的最佳效果是使地震检波器具有高分辨率、抗干扰、耦合性好、适应领域广等特性。最好的耦合频率响应曲线是平直的，没有高频谐振现象；耦合较差时则有高频谐振现象；耦合最差时频率响应曲线为钟型，高频部分严重衰减。

（一）检波器耦合理论研究

1. 检波器耦合概念

检波器耦合是指检波器在接收地震波的过程中与其相接触物质相互影响的一种关系，它包括与空气的耦合、与液体介质的耦合、与外界电磁场的耦合和与大地的耦合等。其中前三种耦合方式，可使检波器在接收地震信号过程中产生有害的噪声干扰，在陆上勘探中一般要减弱或消除这种耦合关系；而最后一种耦合效应，则有利于检波器接收地震振动的有效信号。

2. 检波器耦合理论基础

（1）检波器与空气或液体介质耦合，主要受检波器的体积和检波器外壳形状的影响，减弱或消除这种影响的办法是：减小检波器壳体的体积，改变检波器外壳的形状，使其形状为流线型，增加检波器尾锥的个数，减弱检波器的晃动。

（2）检波器与电磁场耦合。由于检波器内芯有电磁线圈，而目前常规的塑料检波器外壳体内外表面均无电磁屏蔽层，容易受到电磁干扰的影响。因此，检波器与电磁场耦合程度的好坏，主要取决于电磁屏蔽效果，可在检波器壳体的内表面涂上或电镀上一层金属薄膜，以达到良好的屏蔽效果，从而减弱或消除电磁场对检波器有效反射信号的影响。

（3）检波器与大地耦合。检波器与大地进行良好的耦合，一方面是为了高保真地接收地震反射信号，提高地震记录分辨率和信噪比；另一方面是为了提高与大地的谐振频率，使谐振频率大于地震反射信号有效频率。

由检波器传输函数曲线（图 2-3-1）知：在小于自然频率 f_1 时，输出信号是按照某一方式进行压制的，例如为了压制面波的低频强能量，提高记录系统动态范围，一般压制曲线斜率为 6dB/OCT；当自然频率大于 f_2 时，是检波器产生谐振频率区，它通常使该区信号发生严重畸变，影响地震有效反射信号，应尽量提高它的频率；而在 f_1 与 f_2 之间的稳定输出段，是将地表质点振动的信号转换成具有足够优势信噪比带的工作区域。

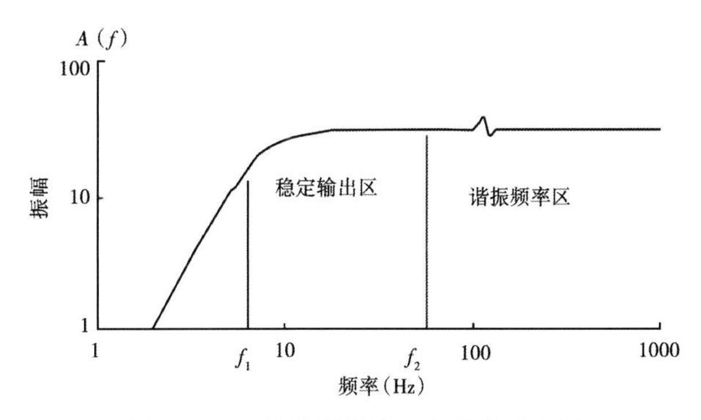

图 2-3-1　检波器传输函数曲线示意图

由检波器与大地的耦合参数：

$$C_{\text{oup}}=\frac{\rho\gamma^2}{M} \qquad (2\text{-}3\text{-}1)$$

式中　ρ——地表岩石密度，g/cm³；

γ——检波器的直径，mm；

M——检波器的整体质量，g。

式（2-3-1）表明检波器并不是随地表的振动而运动，检波器与地表的耦合情况直接影响着检波器接收效果。为了提高检波器与大地的耦合参数，一是减少检波器的整体质量；二是挖去地表软层，将检波器与密度高的地表介质接触，使检波器与硬地层接触，改善检波器埋置条件，使检波器和土壤组成一个阻尼较好的振动系统，以提高检波器对地震波的分辨能力；三是增大检波器与地表接触的耦合面积，例如采用螺旋式检波器尾锥，可使检波器与地表的接触面积比常规检波器尾锥增加 5~10 倍。

根据检波器与大地的谐振频率：

$$f=\frac{1}{2\pi}\sqrt{\frac{\mu}{M}} \qquad (2\text{-}3\text{-}2)$$

式中　μ——大地弹性刚度；

M——检波器的整体质量。

为了提高检波器与大地的谐振频率，一方面要增加大地的弹性刚度 μ，可通过加长检波器尾锥长度，使大地的部分柔性进行机械短路，加大检波器与大地的接触面积来实现，因此，在野外施工时，通常在埋置检波器的位置，应去掉杂草，最好挖坑深埋；在遇岩石出露位置，垫上湿土后把检波器用土埋紧；而在水中或沼泽地，应把检波器密闭好，插入水底，穿过淤泥触及硬土。另一方面减小检波器整体质量，可提高检波器与大地的谐振频率。

从力学和运动学的角度分析，减小检波器质量可提高检波器运动的加速度，从而可提高检波器的运动速度，进而提高检波器接收信号的灵敏度。

（二）检波器耦合实际资料分析

从检波器不同埋置方式的单炮资料来看（图 2-3-2），检波器挖坑埋置时，其资料品质从能量、信噪比及频率上看，均稍好于未挖坑而直接插实的资料品质。可见，在外界环境干扰严重或低信噪比地区，保证检波器的良好耦合至关重要。

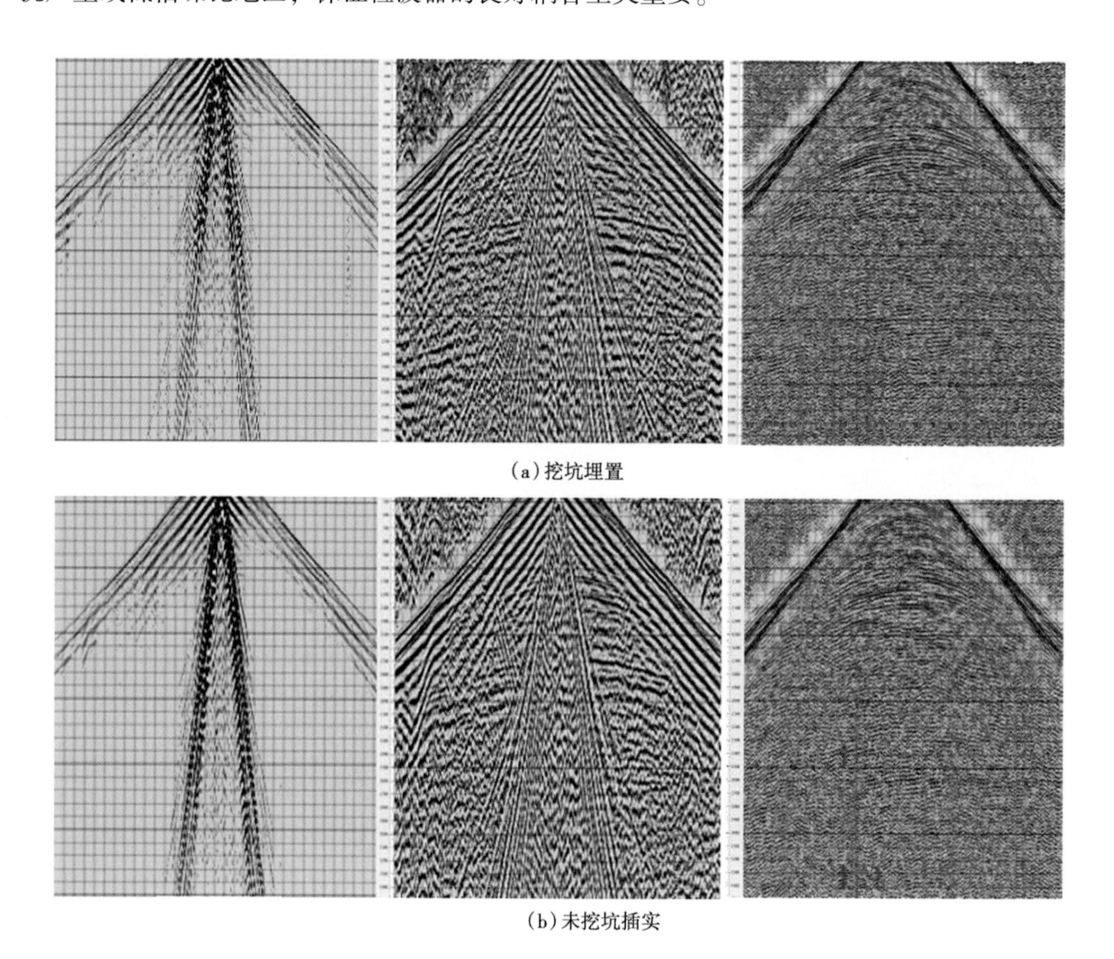

（a）挖坑埋置

（b）未挖坑插实

图 2-3-2　检波器不同埋置方式的单炮记录

另外，近年来，传统的挖坑埋置方式也逐渐被取代，而采用专制工具打孔埋置检波器，这样在确保耦合效果的同时，也减少了由于挖坑对检波器周围围岩（土）固有特性的破坏。从单炮资料对比分析来看（图 2-3-3），打孔埋置资料的信噪比及频率稍好于挖坑埋置的资料。

二、检波器组合参数优化技术

检波器组合参数的优化要兼顾压制干扰波和突出有效波两个方面，利用干扰波的视速度、主周期、道间时差、随机干扰的半径、干扰波类别、出现的不同地段、强度的变化特点与激发条件的关系等资料，设计出合理的组合参数。

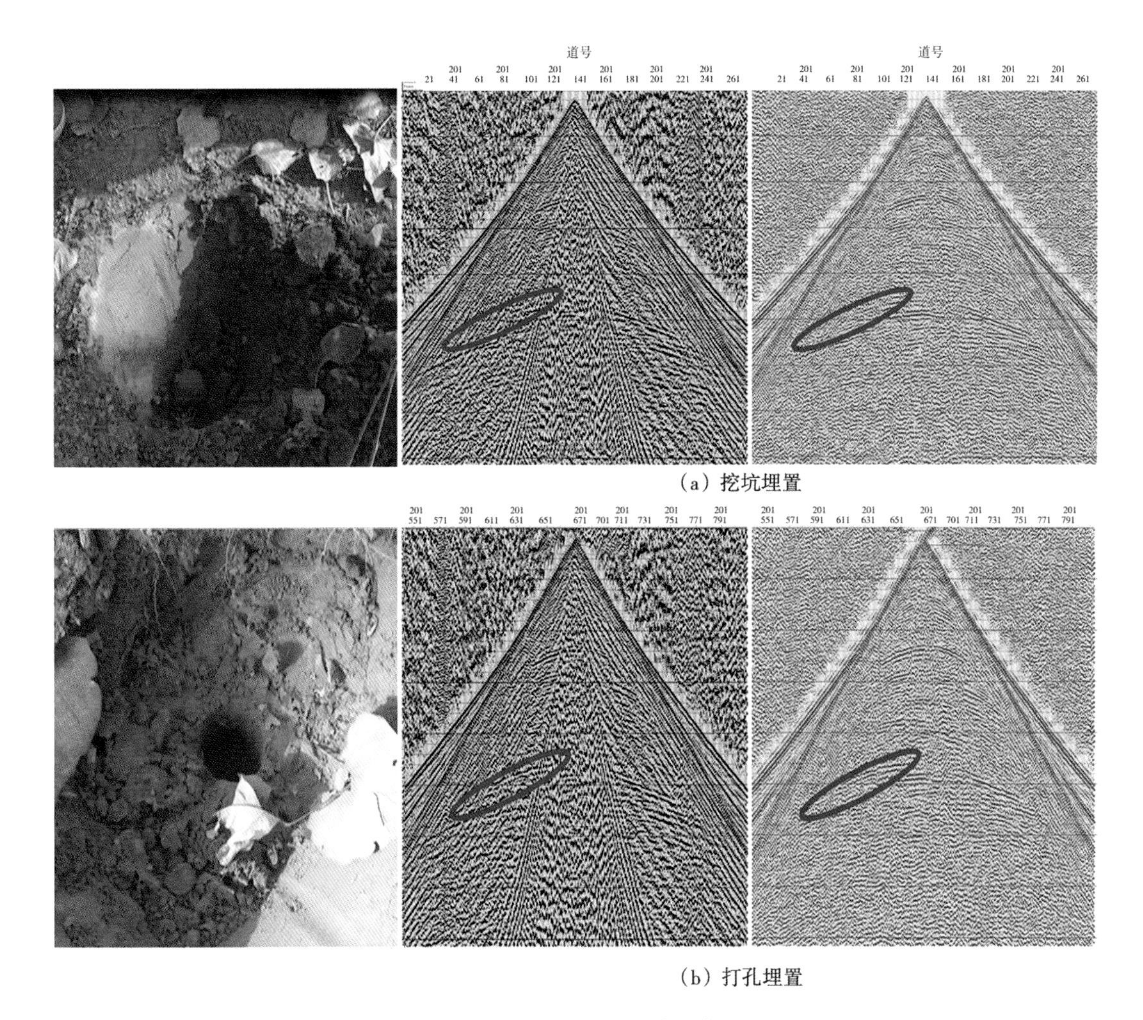

(a) 挖坑埋置

(b) 打孔埋置

图 2-3-3　检波器不同埋置方式的照片及单炮资料（BP：20~40Hz）

（一）组合基距的选择

地震波实际上是脉冲波，而且实际勘探中，有效波到达同一组合检波内不同检波器的时间也不是完全一致的，因此组合检波必然影响子波的波形。为了简化问题，可以将脉冲波视为多个简谐波，每种频率的简谐波在组合后的变化可以利用组合的方向频率特性公式来计算，最后再将组合后的各种简谐波成分叠加起来，即可得到脉冲波的组合输出。根据上述思路，脉冲波的组合检波输出为：

$$\phi(n,\ \Delta t,\ f)=\frac{\sin(\pi nf\Delta t)}{n\sin(\pi f\Delta t)} \tag{2-3-3}$$

式中　n——检波器组合个数，个；

Δt——组内距时差，s；

f——输出信号频率，Hz。

假定组合检波个数一般为 20 个，Δt 取值分别为 0.002s、0.005s、0.01s 时，得到的波频率特性曲线如图 2-3-4 所示。可见，检波器组合基距对高频成分具有压制作用，组合基距越大，压制作用就越明显，因此在高分辨率勘探中，应尽量缩小检波器的组合基距以减少高频信息的压制作用。

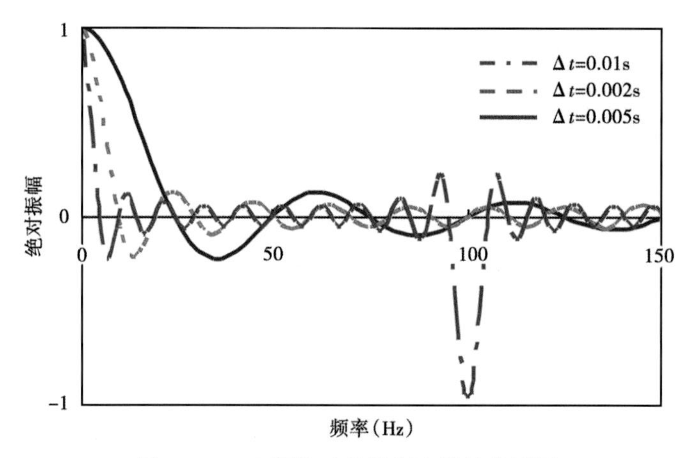

图 2-3-4　不同组合检波频率特性曲线图

在实际勘探工作中，由于存在高频微震干扰，影响高频端资料的信噪比，组合检波可以压制高频微震干扰，提高资料信噪比。虽然采用组合检波可以压制一定成分的干扰，但是同时有可能对有效信息也有所压制，因此必须根据目标区期望的高频有效信息和高频微震干扰的特征参数进行综合分析。那么如何选择合适的组合基距？根据组合检波响应曲线，要使干扰波衰减在 20dB 以上，对组合基距 L_1 的要求为：

$$L_1 \geqslant 0.91\lambda_{n\max} \qquad (2-3-4)$$

式中　$\lambda_{n\max}$——随机干扰波的最大视波长，m。

要使有效波衰减小于 3dB，对组合基距 L_2 的要求为：

$$L_2 \leqslant 0.44\lambda_{s\min} \qquad (2-3-5)$$

式中　$\lambda_{s\min}$——有效波最小视波长，m。

因此，选择组合基距应满足：$L_1 \leqslant L \leqslant L_2$。

以冀中坳陷同口地区的 T_2 目的层技术指标来计算：目的层段要求频宽达到 70Hz 以上，地层速度为 3000m/s，视速度按照 3000m/s 以上计算，根据式（2-3-4）、式（2-3-5），组合检波基距应小于 18.9m。

（二）检波器个数试验

根据组合检波的统计效应结论，当道内检波器之间的距离大于该地区随机干扰的相关半径时，用 n 个检波器组合后，对垂直入射到地面的有效波，其振幅增强 n 倍，对随机干扰，其振幅只增加$\sqrt{n}$倍，因此组合后，有效波相对增强了$\sqrt{n}$倍。这一结论说明，随机干扰比较严重的地区，使用较多的检波器组合有利于提高资料的信噪比。

为了进一步研究检波器组合个数对地震资料信噪比的影响程度，建立一个检波器面积水平线性组合模型（图 2-3-5），假设在地面上放置检波器 S_1，S_2，…，S_n，它们之间距离（即组内距）设为 Δx，当地震波通过速度为 V 的介质时，两个检波器之间的时间延迟 $\Delta t=\dfrac{\Delta x\sin\alpha}{V}$。

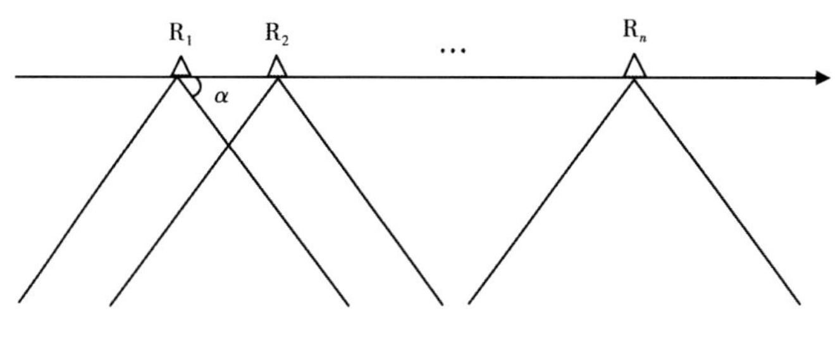

图 2-3-5　水平线性组合模型

由模型可知，相邻两检波器时间差为 Δt，假设第一个检波器的振动方程为 $f(t)$，那么，第二、第三个检波器的振动方程依次为：$f(t-\Delta t)$、$f(t-2\Delta t)$。则有 n 个检波器组合的振动方程为 $F(t)$ 为：

$$F(t)=f(t)+f(t-\Delta t)+f(t-2\Delta t)+\cdots+f(t-(n-1)\Delta t) \tag{2-3-6}$$

设 $f(t)$ 的频谱为 $g(\omega)$，那么，$f(t-\Delta t)$、$f(t-2\Delta t)$ 的频谱分别为：$g(\omega)\mathrm{e}^{-\mathrm{j}\omega\Delta t}$、$g(\omega)\mathrm{e}^{-2\mathrm{j}\omega\Delta t}$。则有 n 个检波器组合振动的频谱 $G(\omega)$ 为：

$$G(\omega)=g(\omega)+g(\omega)\mathrm{e}^{-\mathrm{j}\omega\Delta t}+g(\omega)\mathrm{e}^{-2\mathrm{j}\omega\Delta t}+\cdots+g(\omega)\mathrm{e}^{-(n-1)\mathrm{j}\omega\Delta t} \tag{2-3-7}$$

$$G(\omega)=g(\omega)(1+\mathrm{e}^{-\mathrm{j}\omega\Delta t}+\mathrm{e}^{-2\mathrm{j}\omega\Delta t}+\cdots+\mathrm{e}^{-(n-1)\mathrm{j}\omega\Delta t}) \tag{2-3-8}$$

$$=g(\omega)\left[\sum_{i=0}^{N-1}\cos(\omega t_i)-\mathrm{j}\sum_{i=0}^{N-1}\sin(\omega t_i)\right] \tag{2-3-9}$$

则检波器组合的方向特性函数 $\phi(\omega,t_i)$ 为：

$$\phi(\omega,t_i)=\frac{|G(\omega)|}{N|g(\omega)|}=\frac{1}{N}\sqrt{\left[\sum_{i=0}^{N-1}\cos(\omega t_i)\right]^2+\left[\sum_{i=0}^{N-1}\sin(\omega t_i)\right]^2} \tag{2-3-10}$$

根据式（2-3-10），可绘出不同检波器个数与其组合后环境噪声的均方根差振幅的关系曲线（图 2-3-6）。可见，随着检波器数量的增加，均方根差振幅逐渐变小，或者说资料的信噪比逐渐提高，但在大于 5 个时提高的幅度变缓，18 个处为“临界点”，也就是说，此时再增加检波器数量，资料信噪比不再有明显提高。

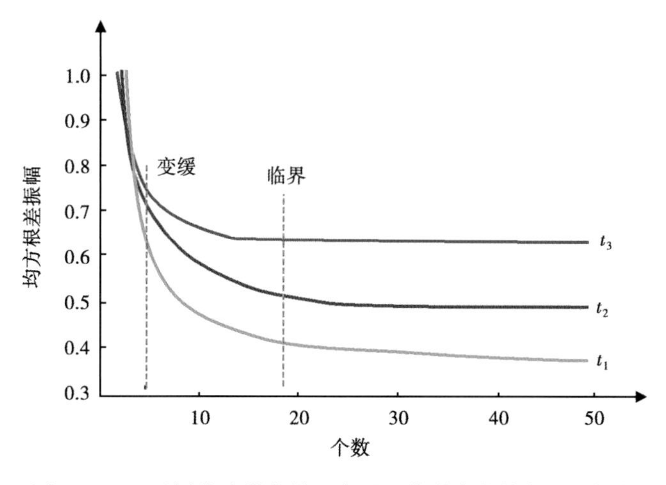

图 2-3-6　不同检波器个数组合后环境噪声的均方根差振幅

如图2-3-7、图2-3-8所示，5个与20个检波器资料的单炮对比结果表明：不管是全频显示还是分频显示，5个检波器的资料品质稍差于20个，主要是其能量较弱，压噪能力稍差。

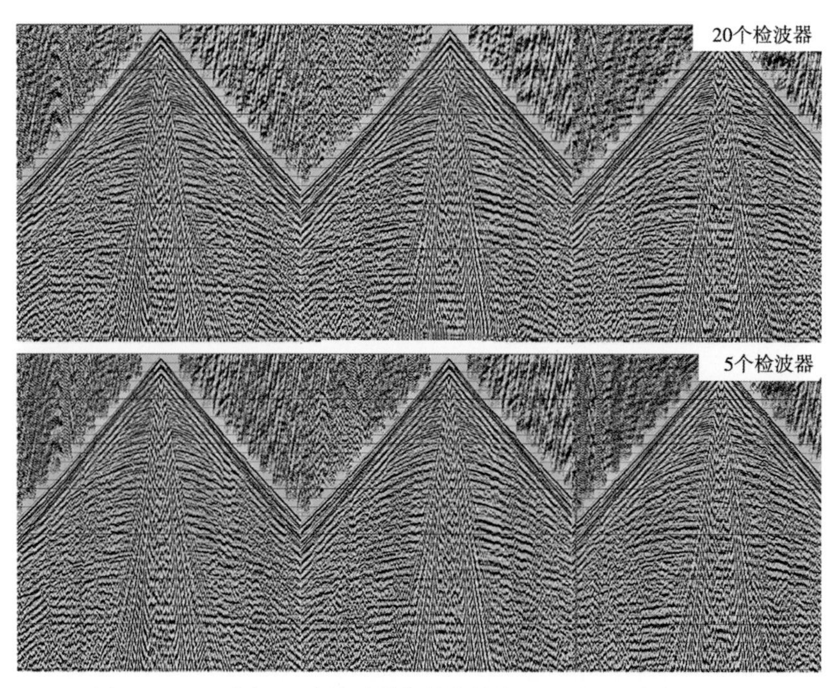

图2-3-7　5个与20个检波器资料的单炮记录对比（全频显示）

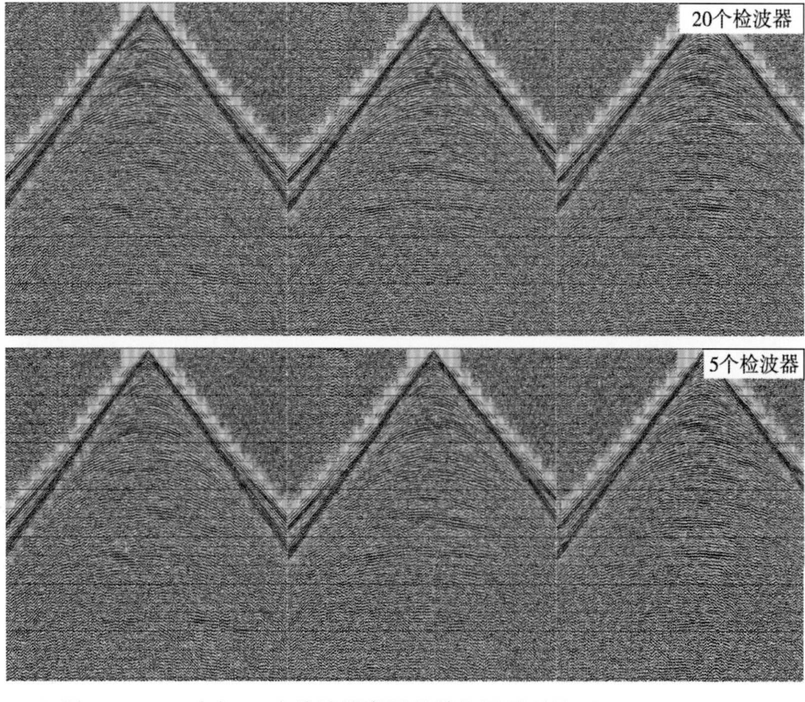

图2-3-8　5个与20个检波器资料的单炮记录对比（BP：30~60Hz）

如图 2-3-9、图 2-3-10 所示，10 个与 20 个检波器资料的单炮对比结果表明：10 个与 20 个检波器单炮的能量与信噪比基本相当，但 10 个检波器的单炮资料在高频端稍差于 20 个。

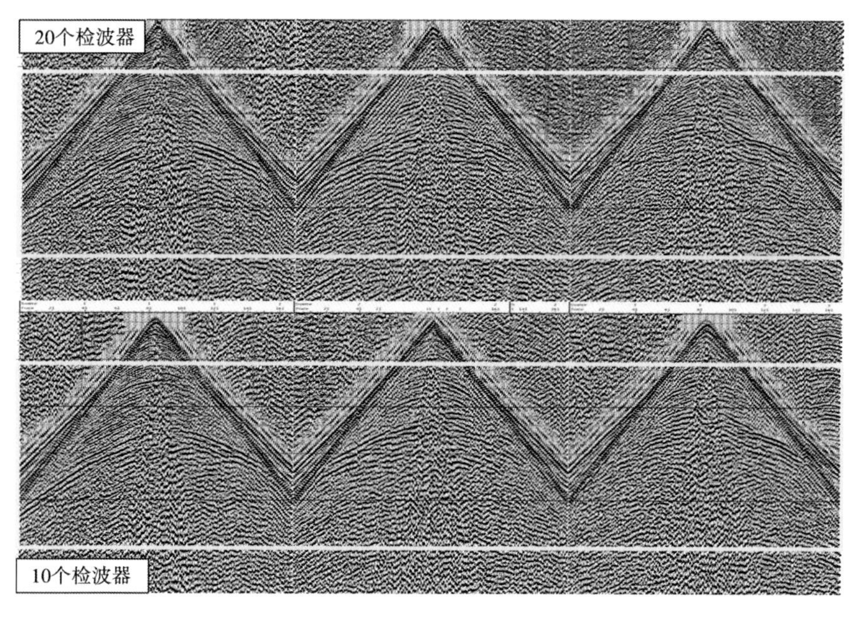

图 2-3-9　10 个与 20 个检波器资料的单炮记录对比（全频显示）

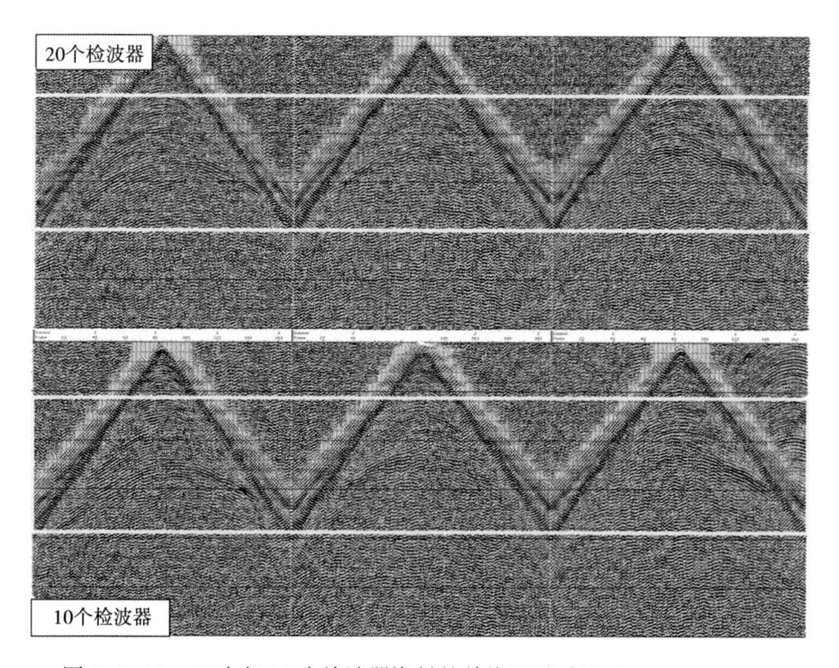

图 2-3-10　10 个与 20 个检波器资料的单炮记录对比（BP：30~60Hz）

综合以上分析认为：在理论上，随着检波器数量的增加，压噪能力逐渐提高，但大于 5 个时，提高的幅度变缓，18 个处为“临界点”。实际资料表明，5 个检波器地震资料的能量、信噪比稍差于 20 个；但 10 个、20 个检波器的地震剖面品质整体相当。因此，在外界干扰较小信噪比较高的区域，检波器个数可适当减少，这也是高密度高分辨率勘探的发展趋势。

三、检波器类型选择技术

随着勘探程度的不断提高，对地震资料分辨率的要求也越来越高。而地震资料的分辨率主要依赖于采集资料有效波的频率成分，地震检波器是获得高质量地震数据的关键。在资料采集时采用什么类型的检波器，才能获得满足高分辨率的原始资料，这是人们时刻关注的问题。目前地震勘探市场应用的检波器种类繁多，常用的有模拟检波器和数字检波器，而模拟检波器又可以按其自然频率、灵敏度及生产商分为多种类型。因此，掌握不同类型检波器的技术指标，对正确选择检波器是非常重要的。

（一）检波器的类型及技术指标

从常规、高灵敏度、宽频高灵敏度等几种检波器的主要技术指标对比来看（表 2-3-1），除了自然频率不同以外，与 30DX-10 常规检波器相比，高灵敏度检波器的灵敏度高，是常规检波器的 4~5 倍，而且高灵敏度检波器的直流电阻也大，是常规检波器的 4 倍左右。另外，宽频高灵敏度检波器还具有自然频率低的特点。

表 2-3-1 不同模拟检波器的主要技术指标一览表

类型指标	峻峰公司			西安物探装备分公司		川庆公司
	30DX-10 常规	SG5 宽频高灵敏度	30DH-10 高灵敏度	SN5-5 宽频高灵敏度	SN5-10 高灵敏度	GTDS-10 高灵敏度
自然频率（Hz）	10	5	10	5	10	10
直流电阻（Ω）	395	1850	1800	1820	1550	1800
阻尼系数	0.707	0.600	0.560	0.700	0.700	0.560
灵敏度［$V/(m\cdot s^{-1})$］	20.1	80	85.8	86	98	85.8
失真度（%）	≤0.1	≤0.1	≤0.1	≤0.1	≤0.1	≤0.1

（二）不同连接方式特性分析

如图 2-3-11 所示，单纯串联 n 个时，灵敏度提高近于 n 倍，单纯并联时，灵敏度基本无变化。

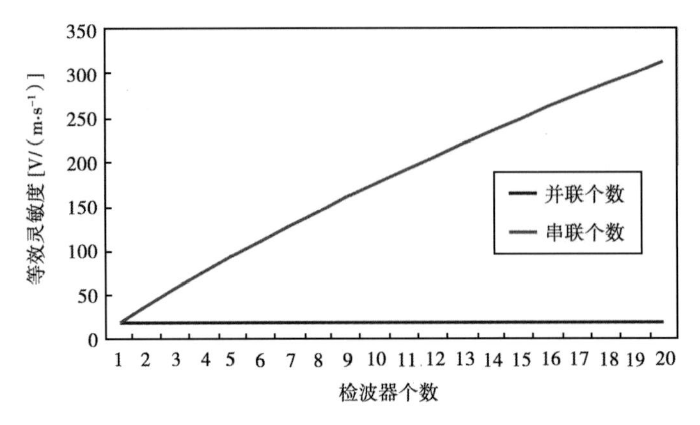

图 2-3-11 串联、并联个数与等效灵敏度关系曲线

串联：接收信号增强 N 倍，噪声电压（RMS 均方根值）增强$\sqrt{N}$倍。

并联：接收信号不增强，噪声电压减弱$\sqrt{N}$倍。

可见，串联比并联更容易接收干扰信号，并联有优势。同样，高阻抗更容易接收干扰信号，低阻抗有优势。

（三）不同检波器试验资料分析

由表 2-3-1 知，GTDS-10 及 30DH-10 两种高灵敏度检波器的技术指标相同，对应的单炮记录及其频谱相差不大，且地震剖面的成像效果也基本相当（图 2-3-12、图 2-3-13）。

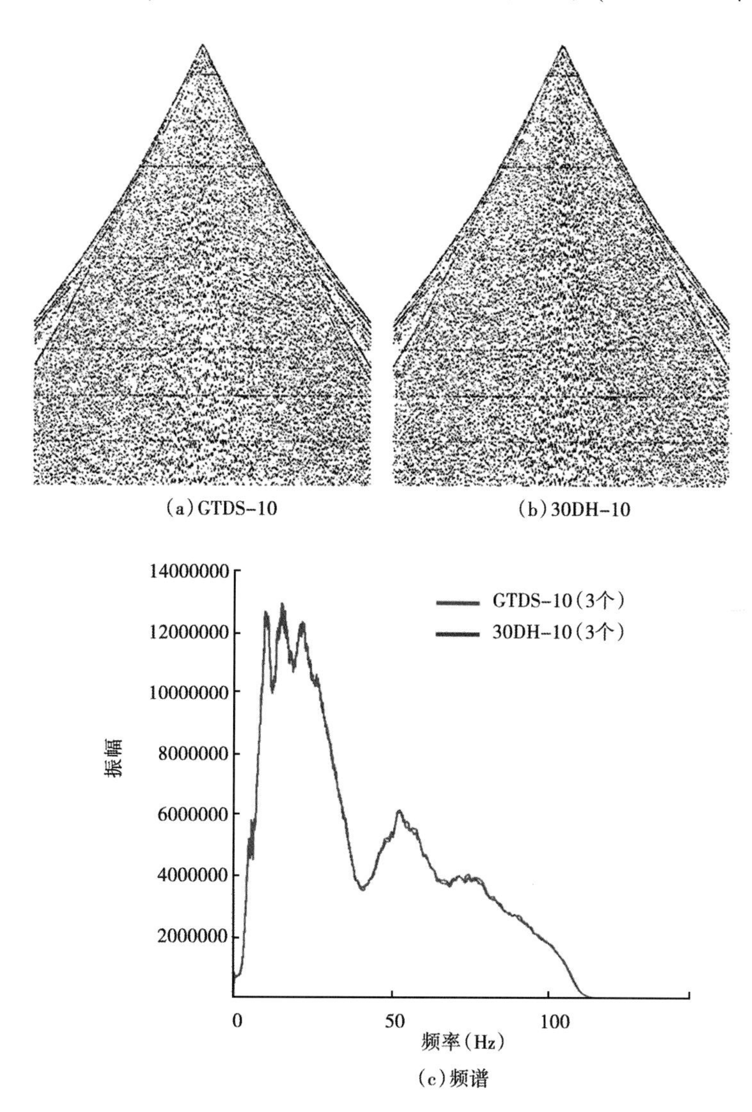

图 2-3-12　GTDS-10 及 30DH-10 两种检波器的单炮记录及其频谱

如图 2-3-14 所示，从 SN5-5 宽频高灵敏度、SG5 宽频高灵敏度和 SN5-10 高灵敏度三种检波器的单炮记录及其频谱来看，SN5-5 和 SG5 在 10Hz 以下低频响应较强，但总体的单炮资料品质与 SN5-10 基本相当。而且，三种检波器的整体剖面品质也基本相当（图 2-3-15）。

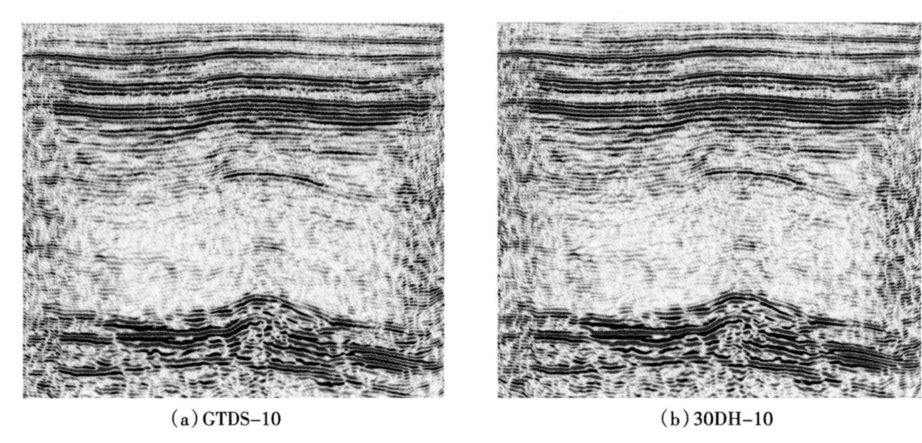
(a)GTDS-10　　(b)30DH-10

图 2-3-13　GTDS-10 及 30DH-10 两种检波器的 PSTM 剖面

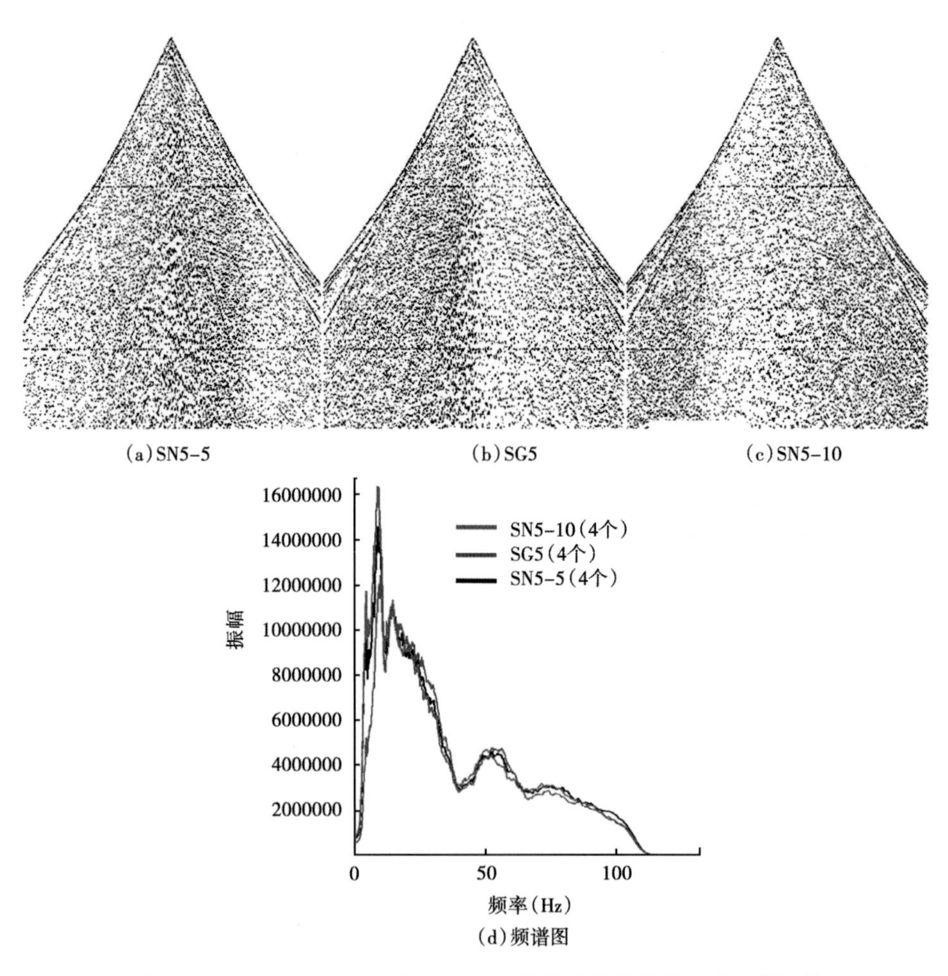

(a)SN5-5　　(b)SG5　　(c)SN5-10

(d)频谱图

图 2-3-14　SN5-5、SG5 及 SN5-10 三种检波器的单炮记录及其频谱

(四) 数字检波器接收技术

作为地震数据接收环节的第一道门槛，地震检波器一直是获得高质量地震数据的关键所在，为此人们不断在追求更加完美的地震检波器。就目前地震检波器技术现状而言，模拟检

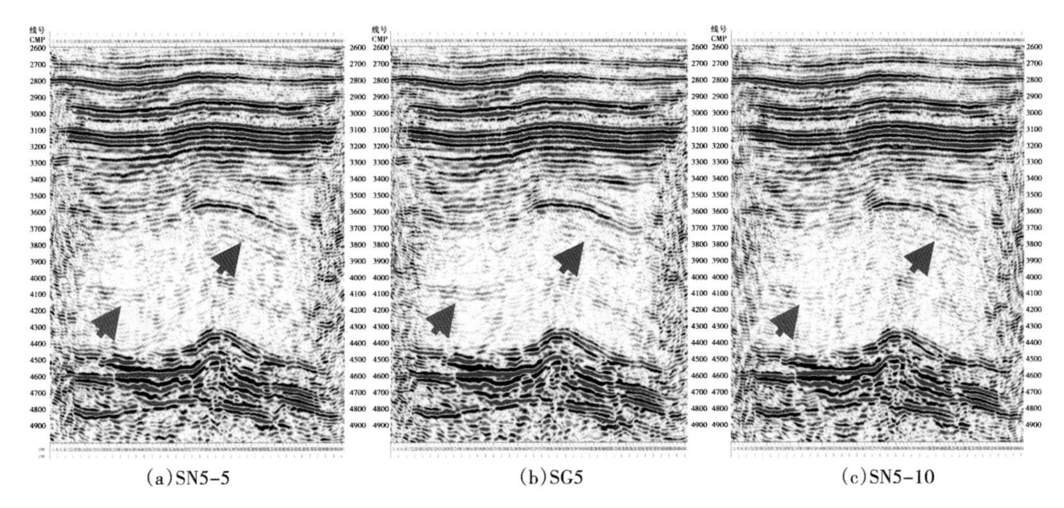

(a)SN5-5　(b)SG5　(c)SN5-10

图 2-3-15　SN5-5、SG5 及 SN5-10 三种检波器的 PSTM 剖面

波器主要还存在以下几方面的问题：一是瞬时动态范围与地震信号不匹配；二是频率响应范围小；三是体积和重量仍是施工困难因素；四是自然频率和组合方式过多；五是抗电感应能力差等。数字检波器和模拟检波器在原理和功能上完全不同，模拟检波器是以电磁感应方式将地震（振动）信号转换为模拟电信号输出，而数字检波器是以重力平衡方式将地震信号直接转换为高精度的数字信号。根据两种检波器的性能对比（表 2-3-2）及频率、相位响应曲线分析，数字检波器的主要优势有以下六个方面。

表 2-3-2　数字检波器与模拟检波器性能对比表

项　　目	数字检波器	模拟检波器
输出信号	数字	模拟
线性响应（Hz）	0~800	10~250
动态范围（dB）	105	60~70
谐波畸变（%）	小于 0.003	大于 0.03
振幅变化（%）	±0.25	±2.5
敏感度随温度变化	稳定	明显
工业电干扰	无	有
仪器噪声	较低的 HF	较低的 LF

（1）动态范围大。数字检波器的动态范围可达到 105dB 以上，采集精度高，有利于弱小信号的接收。

（2）畸变小。谐波畸变指标小于 0.003%，至少比传统模拟检波器谐波畸变低一个数量级，大大提高了原始资料的保真度。

（3）频带宽。数字检波器的输出频带十分平坦，在 1~500Hz 始终保持平直，而且输出相位为零相位，有利于拓展资料频宽。

（4）保幅保真度高。其正交叉轴相信号抑制能力优于 46dB；灵敏度误差小，校准精度可达到 0.3%；传感器的正交信号隔离度优于 40dB。

（5）直接输出数字信号。由于数字检波器内有 24 位 ΣΔ-ADC 电路，所以直接输出 24 位数字信号，且为零相位。

（6）不受电磁信号干扰。由于数字检波器感应的是重力变化，它不受外界电磁信号干扰的影响，如高压线或地下电缆等干扰。

实际资料表明，在单炮记录上（图 2-3-16），数字检波器与模拟检波器相比，数字检波器单炮记录的能量弱，一般为模拟检波器的 1/6，而且背景干扰严重，信噪比低。但数字检波器单炮记录的整体频带较模拟检波器的宽 5～8Hz，相位一致性好，即数字检波器原始资料的相位一般为-20°～10°，而模拟检波器则为-40°～30°（图 2-3-17）。

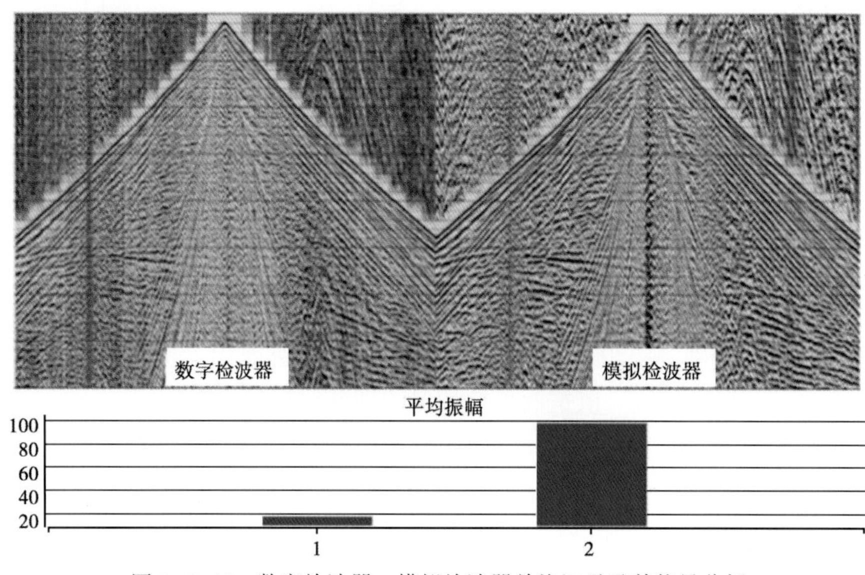

图 2-3-16　数字检波器、模拟检波器单炮记录及其能量分析

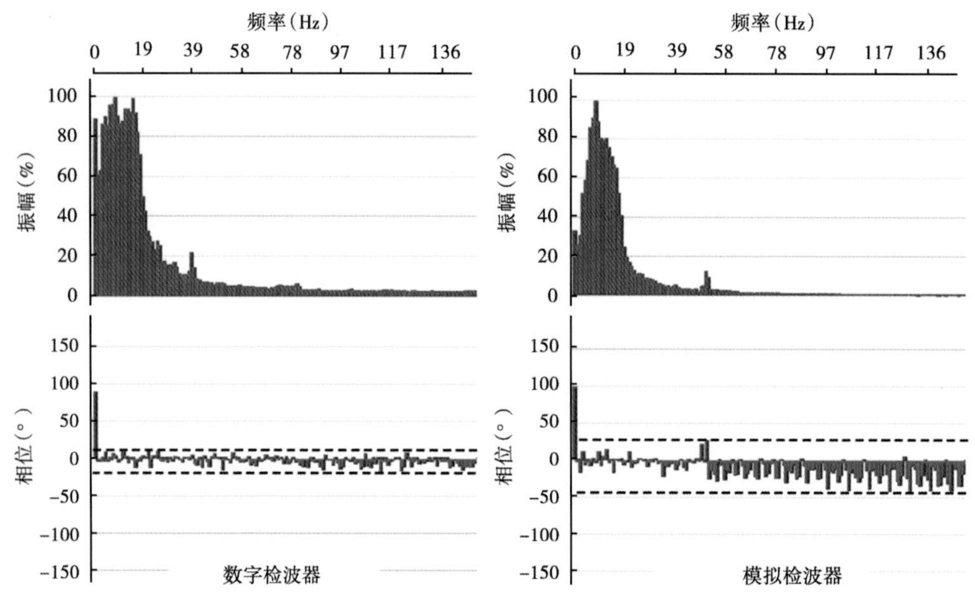

图 2-3-17　数字检波器、模拟检波器单炮及其频谱、相位

在去噪前的叠加剖面上（图 2-3-18），当覆盖次数相同时，数字检波器资料的信噪比较模拟检波器的低一些。但当数字检波器资料的覆盖次数是模拟检波器资料的 2 倍时，两者的资料品质基本相当。可见，野外采用小面元（如 10m×20m）采集，室内通过扩大面元（如 20m×20m）处理提高覆盖次数，可以弥补数字检波器单炮记录能量弱、信噪比低的问题。

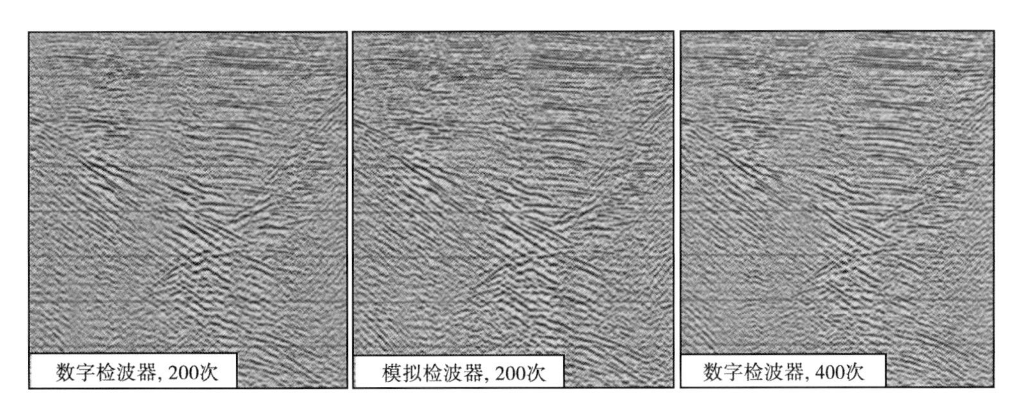

图 2-3-18　数字检波器、模拟检波器采集的叠加剖面

在地震剖面上（图 2-3-19），尽管两张剖面的面元及覆盖次数相同，但在主要目的层段，数字检波器接收剖面的层间弱反射信息更丰富，分辨率更高，频带较模拟检波器拓宽 10Hz 左右（图 2-3-20）。

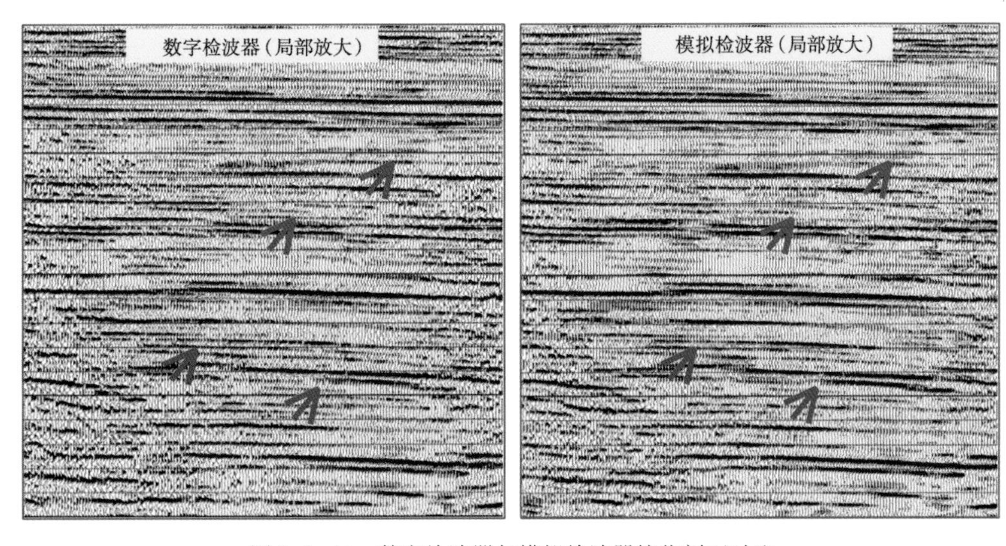

图 2-3-19　数字检波器与模拟检波器接收剖面对比

上述的剖面对比表明：与模拟检波器相比，数字检波器采集的地震资料层间弱反射信息更丰富，分辨率更高，频带更宽，一致性更好。但地震检波器也是一个相当复杂的地震波接收仪器，并不能认定哪种有绝对的优势或不足，实际应用时也不能简单认定哪种更为合理和有效，要想得出一个完全适合所有条件的普遍结论是十分困难的，也可以认为是不可能的，因此，必须通过试验从实际出发来选用检波器。数字检波器在技术上有一定优势，但最终的

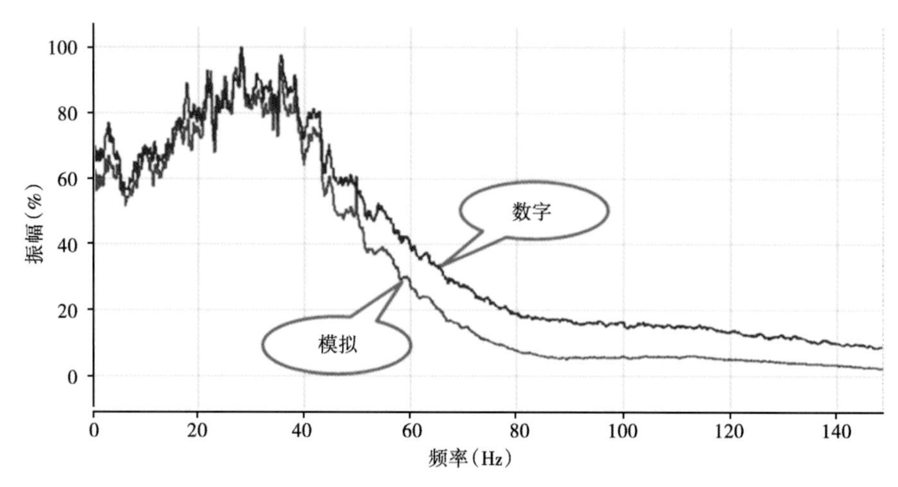

图 2-3-20　数字检波器、模拟检波器采集的频谱

使用效果还取决于多种因素，只有相关因素条件（如外界干扰小、信噪比高）具备时，数字检波器的优势才能得到更好的发挥，如在资料高信噪比地区，野外采用数字检波器接收高覆盖次数，通过室内组合处理，有利于提高采集地震资料分辨率。

第四节　观测系统设计技术

一、基本要求

在宽频地震勘探中，为达到三维地震数据空间采样分布的均匀性、对称性，最大限度避免观测系统设计不合理对储层信息带来的影响。应按照以下几项原则，开展观测系统参数的优化。

（1）在一个炮点道集内均匀分布地震道。炮检距从小到大均匀分布，能够保证同时接收浅、中、深各个目的层位的信息，从而有足够的数据来进行速度分析。

（2）炮检距、方位角信息应尽量均匀地分布在共中心点的 360°方位上，使一个反射点上能接收到不同方向上的反射信息，以便让共中心叠加更能真实地反映三维反射波的特点；否则沿着某一方向特别密集，高分辨率三维地震勘探的优点不能发挥，那么它与二维地震勘探的效果基本相同。

（3）勘探区内地下数据与覆盖次数应尽量均匀。均匀的覆盖次数保证了反射波振幅，频率分布均匀。这样才能保持地震记录特征稳定，使得地震记录特征的变化仅与地质因素相关，有利于研究地下的微幅度构造和岩性。

（4）要考虑地质需求（需要保护的最大频率）：如地层倾角、最大炮检距、目的层位深度、道距、干扰波类型、地表条件等各种因素影响。

（5）有利于提高勘探目的层反射信号的信噪比、分辨率和保真度；最大限度地实现数据面元几何属性和物理属性的规则化；最大限度地满足精确叠前成像的要求。

（一）CMP 面元

在地震勘探中，面元的大小直接影响地震资料的横向分辨率和地质解释精度。为保证

CMP 叠加的反射信息具有真实代表性，面元的大小应满足以下两个方面：

（1）为满足偏移成像时不产生偏移噪声，即满足最高无混叠频率法则：

$$b = V_{int}/(4F_{max}\sin q) \tag{2-4-1}$$

式中 b——面元边长，m；

V_{int}——上一层层速度，m/s；

F_{max}——最高无混叠频率，Hz；

q——地层倾角，(°)。

（2）为保证良好横向分辨率，面元边长满足经验公式：

$$b = V_{int}/(2F_{dom}) \tag{2-4-2}$$

式中 b——面元边长，m；

V_{int}——上一层层速度，m/s；

F_{dom}——反射层视主频，Hz。

（二）覆盖次数

三维地震地下反射点的覆盖次数是指其总覆盖次数 n，它是由纵测线方向（X 方向）覆盖次数 n_x 与横测线方向（Y 方向）覆盖次数 n_y 的乘积组成，$n=n_x \times n_y$。

纵向覆盖次数的计算与二维一致。

$$n_x = \frac{\mathrm{RLL}}{2\mathrm{SLI}} \tag{2-4-3}$$

式中 n_x——纵向覆盖次数；

RLL——纵向接收线长度，m；

SLI——炮线距，m。

横向覆盖次数的计算也很简单，它等于一束接收线条数的一半。

$$n_y = \frac{\mathrm{NRL}}{2} \tag{2-4-4}$$

式中 n_y——横向覆盖次数；

NRL—— 一束接收线条数。

覆盖次数主要根据勘探所要求的地震资料品质和分辨率确定。三维覆盖次数可根据工区二维地震资料的信噪比进行估算。有研究认为，当噪声呈随机分布时，覆盖次数与信噪比的平方成正比。如果一个工区的二维地震资料的信噪比较高，则三维覆盖次数可在二维覆盖次数的 1/3～1/2 之间选择（二维覆盖次数太低时意义不大）。如二维覆盖次数为 40 次，则三维使用 20 次覆盖可达到与质量良好的二维数据不相上下的结果，为了确保三维数据质量，也可采用二维覆盖次数的 2/3 倍。但当二维地震资料的信噪比较低时，就必须提高三维采集的覆盖次数。

（三）最大炮检距

最大炮检距即为炮点与最远接收道之间的距离。最大炮检距应大于或等于最深目的层的深度，同时其大小受动校正拉伸畸变、地层反射系数、速度分析精度的综合限制，具体要求如下：

（1）动校拉伸畸变≤12.5%；

（2）速度分析精度误差≤5%；

（3）初至切除时不损失有效波；

（4）保证反射系数稳定；

（5）满足叠前偏移时95%的绕射波正确归位。

（四）最小炮检距

最小炮检距即为炮点与最近道之间的距离，应该小于最浅目的层深度。最小炮检距的选择首先要保证最浅目的层有足够的覆盖次数，利于浅层叠加速度的求取和层位的追踪对比，同时，还应选取适当的最小炮检距以利于避开强干扰（如面波）的影响。

（五）横纵比

横纵比的计算表达式为：

$$\gamma=\frac{Y_{\max}}{X_{\max}} \tag{2-4-5}$$

式中 γ——横纵比；

$Y_{\max}$——横向最大炮检距，m；

$X_{\max}$——纵向最大炮检距，m。

通常根据式（2-4-5）对其观测系统在炮检距关系表现形式上进行分类，当横纵比小于0.5时为窄方位，当横纵比为0.5~1.0时为宽方位，当横纵比为1.0时为全方位。

三维地震观测系统宽、窄方位选择主要考虑两个因素：一是勘探目标和任务要求，在油气藏开发阶段，三维地震勘探的目的主要在于落实圈闭特征和储层空间分布规律，宽方位三维勘探在横向上具有高分辨优势；二是依据勘探区域地质构造油气区带复杂程度选择宽、窄方位观测系统，一般在长轴背斜构造圈闭油气藏或复杂构造油气藏的三维地震勘探中，为保证复杂构造空间波场的连续性，采用小面元、高覆盖次数窄方位三维观测系统较为经济实用。另外，窄方位观测系统勘探，炮检距分布成线性关系，有利于DMO分析，比较适用于地下倾角较陡、速度横向变化较大的地区；宽方位观测系统勘探有利于速度分析、静校正求解和多次波衰减。其炮检距分布成非线性的关系，比较适用于地下目的层倾角不大、速度横向变化不大的地区，由于对地下采样的方向较均匀，有利于用作裂缝预测。

（六）观测方向

观测方向选择首先应充分考虑垂直构造轴线方向，其次重点考虑垂直油气评价有利区带的展布方向。但最终的选择必须经过分析勘探区域地震地质条件，准确判断已采集地震资料在选择方向上品质变化的主控因素后（激发条件或是接收条件或是外界干扰），再根据主控因素决定激发炮线和接收线布设方向。

在断层发育，地层倾角较陡，构造复杂的勘探目标区，采用沿构造倾向选择三维观测方向，其最大优势在于能够准确展现构造形态，有利于获取断点信息、断面反射波信息和陡倾角反射信息。选择与油气评价有利区带延伸方向垂直的方向作为观测方向，其优点是保证了油气评价有利区带炮检距、方位角和有效覆盖次数分布更为合理。

二、观测系统属性定量评价方法

三维地震采集观测系统的面元、炮检距、覆盖次数、方位角等属性定性评价分析技术较为成熟，应用较为广泛，本节尝试从定量角度评价观测系统属性的优劣，尤其充分考虑了纵横向属性的均匀性，推导出了不同观测系统之间从均匀性、面元、方位角、覆盖次数以及最大炮检距等方面总体定量评价的数学表达式。在以后的三维观测系统设计中，可以直接定量计算各属性及属性总体评价，为决策者快速评价观测系统、优化方案提供便利。

（一）物理点均匀因子

三维地震采集物理点的均匀性分析方法较多，诸如采集脚印、覆盖次数、炮检距和方位角均匀性分析等，并且多以定性分析图件表示。本书从观测系统的激发点多点相关的角度出发整体描述观测系统均匀性。图 2-4-1 是常用的两种观测系统，正交时激发点周边有 8 个点，斜交时激发点周边有 6 个点。

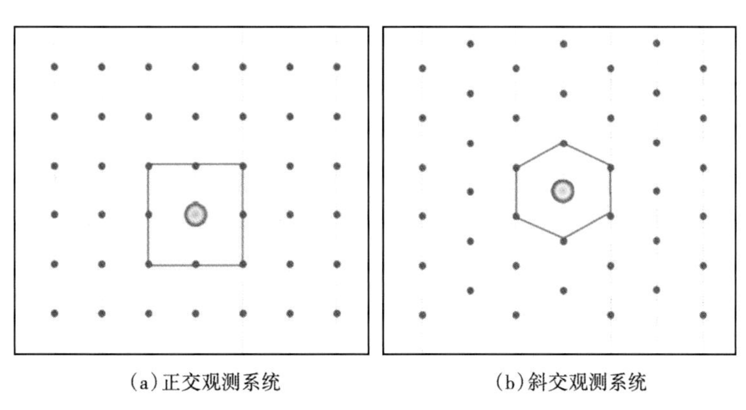

图 2-4-1　激发点布设示意图

三维地震采集物理点的均匀性由均匀因子μ来表述，则观测系统激发点位的均匀因子表达式为：

$$\mu = \frac{S}{r_{\max}} \tag{2-4-6}$$

其中：

$$S = \sqrt{\frac{1}{n-1}\sum_{i=1}^{n}(r_i - \bar{r})^2} \tag{2-4-7}$$

式中　$r_{\max}$——激发点到周边点的最大距离，m；

S——激发点与周边点的方差；

n——激发点周边点数；

r_i——激发点到周边第 i 个点的距离，m；

$\bar{r}$——该点到周边点距离的平均值，m。

把式（2-4-6）代入式（2-4-7），得：

$$\mu = \frac{\sqrt{\frac{1}{n-1}\sum_{i=1}^{n}(r_i - \bar{r})^2}}{r_{\max}} \tag{2-4-8}$$

定义激发线距（LSI）与激发点距（SI）之比值为τ，则：

$$\tau = \frac{\mathrm{LSI}}{\mathrm{SI}} \tag{2-4-9}$$

把式（2-4-9）代入整理后的式（2-4-8），可以分别得出正交和斜交时观测系统均匀因子的表达式：

$$\mu_{正交} = \sqrt{0.5 - \frac{\tau + 2(1+\tau)\sqrt{1+\tau^2}}{7(1+\tau^2)}} \tag{2-4-10}$$

$$\mu_{斜交} = \frac{2\sqrt{15}}{15}\left(1 - \frac{2}{\sqrt{1+4\tau^2}}\right),\ \tau > 1 \tag{2-4-11}$$

$$\mu_{斜交} = \frac{2\sqrt{15}}{15}\left(1 - \sqrt{\frac{1}{4} + \tau^2}\right),\ \tau \leqslant 1 \tag{2-4-12}$$

大多情况下，激发点的线点距比大于 1，此时斜交观测系统的均匀因子用式（2-4-11）表达；如若激发点的线点距比不大于 1，则用式（2-4-12）表达。

根据式（2-4-10）至式（2-4-12），可以绘出观测系统均匀因子随激发点的线点距比的变化曲线，见图 2-4-2。当激发点的线点距比较大接近正无穷或接近 0 时，正交均匀因子为 0.46，斜交为 0.52，正交比斜交均匀；当激发点的线点距比为 1.56 时，正交与斜交均匀因子相等，均为 0.2，此时两系统均匀性相当；当激发点的线点距比为 1 时，正交均匀因子最小为 0.157，斜交为 0.05，此时正交系统达到最佳但差于斜交布设；当激发点的线点距比为 0.42 时，正交与斜交均匀因子相等，均为 0.27；当激发点的线点距比为 0.87 时，正交均匀因子为 0.162，斜交最小为 0.002，此时为斜交系统的最佳布设。

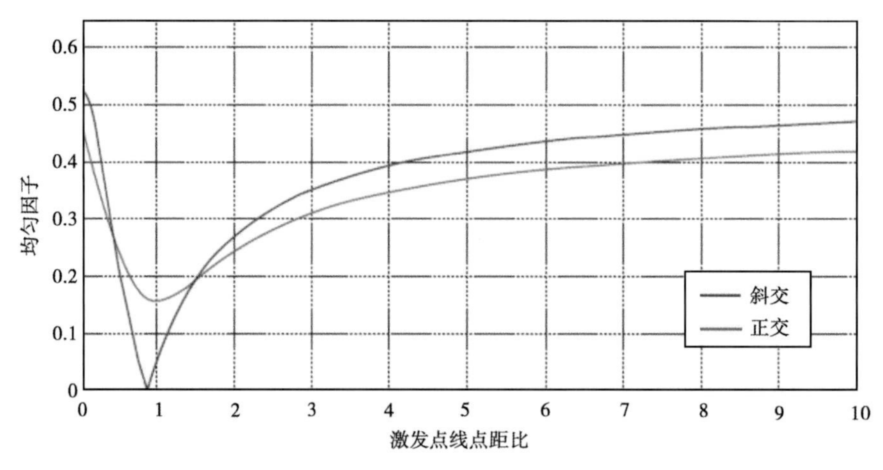

图 2-4-2　激发点线点距比与均匀因子关系曲线

以冀中地区近年来三维地震勘探为例（表 2-4-1），斜交时激发点的线点距比为 7~10，均匀因子为 0.443~0.465；正交时激发点的线点距比为 3~8，均匀因子为 0.310~0.404。可以看出：正常情况下激发点线点距比大于 1，激发点的线点距比越小，均匀因子越小，均匀性越好；总体上正交比斜交更均匀。

表 2-4-1　冀中探区近年三维观测系统均匀因子统计表

项目名称	激发线距（m）	激发点距（m）	线点距比	类型	均匀因子
SH	320	40	8	斜交	0.452
HJCQ	400	40	10	斜交	0.465
BR	210	30	7	斜交	0.443
CHJ	280	40	7	斜交	0.443
GJP	320	40	8	正交	0.404
FHY	120	40	3	正交	0.310
AB	160	40	4	正交	0.347
YWZ	280	40	7	正交	0.396
NMZ	240	40	6	正交	0.385

（二）观测系统横纵比

传统观测系统方位角由放炮模板横纵比（最大非纵距比纵向最大炮检距）来表征，但横纵比相同的观测系统属性却有天壤之别。

以图 2-4-3 为例，三套观测系统的横纵比相当，即三个观测系统有相同的方位角但显然采集后获得的资料必然存在较大差别。由此说明传统的横纵比不能正确地表征观测系统的属性。

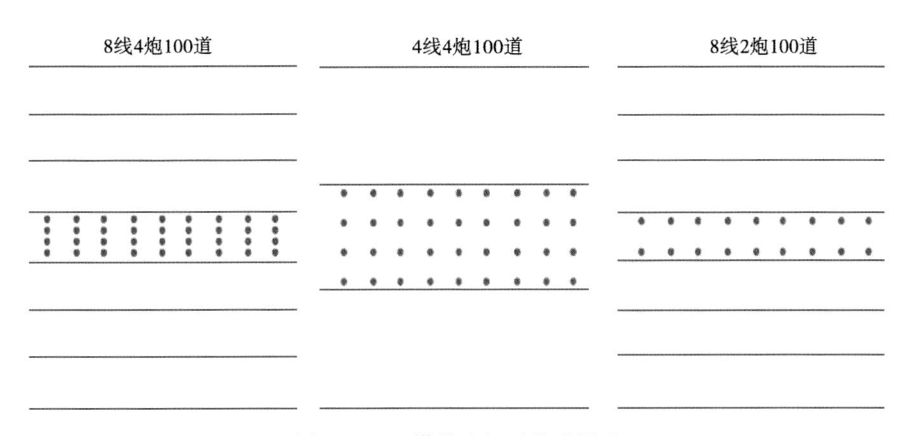

图 2-4-3　横纵比相近的观测系

参照传统横纵比的基础上提出了表征观测系统方位角的新横纵比 κ 表达式：

$$\kappa = \mathrm{AR}\frac{\min(\mathrm{LRI},\ \mathrm{LSI})}{\max(\mathrm{LRI},\ \mathrm{LSI})}\frac{\min(\mathrm{RI},\ \mathrm{SI})}{\max(\mathrm{RI},\ \mathrm{SI})} \tag{2-4-13}$$

式中　AR——传统横纵比；

SI——激发距，m；

RI——道距，m；

LRI——接收线距，m；

LSI——激发线距，m。

从式（2-4-13）可以看出，当接收线距=激发线距，道距=激发点距同时成立时，新横纵比等于传统横纵比；当以上条件之一不成立时，新横纵比必定小于以往传统的横纵比，即横纵比没有达到应有的理想对称状态。新横纵比表征的观测系统方位角更加全面的体现了观测系统纵横向属性信息。

（三）覆盖次数均匀性

覆盖次数对观测系统属性的贡献主要体现在提高叠加剖面的信噪比上，覆盖次数究竟与信噪比之间存在怎样的数学关系？下面从实际资料的定量分析中拟合出数学关系式。

表 2-4-2 是同一位置不同时窗下不同覆盖次数剖面的信噪比估算结果。从浅层信噪比数据不同逼近拟合方式（图 2-4-4）以及不同层位的信噪比与覆盖次数关系（图 2-4-5）来看，对数逼近拟合效果较好，说明信噪比与覆盖次数之间存在着近似对数增长关系。

表 2-4-2　不同覆盖次数不同层位的信噪比

覆盖次数	信噪比		
	浅层	中层	深层
40	3. 68	2. 32	1. 60
80	5. 13	3. 26	2. 32
120	5. 90	3. 83	2. 68
140	6. 20	4. 06	2. 84
210	7. 00	4. 56	3. 10
300	7. 74	4. 98	3. 37
420	8. 31	5. 44	3. 64
600	8. 97	5. 94	3. 91

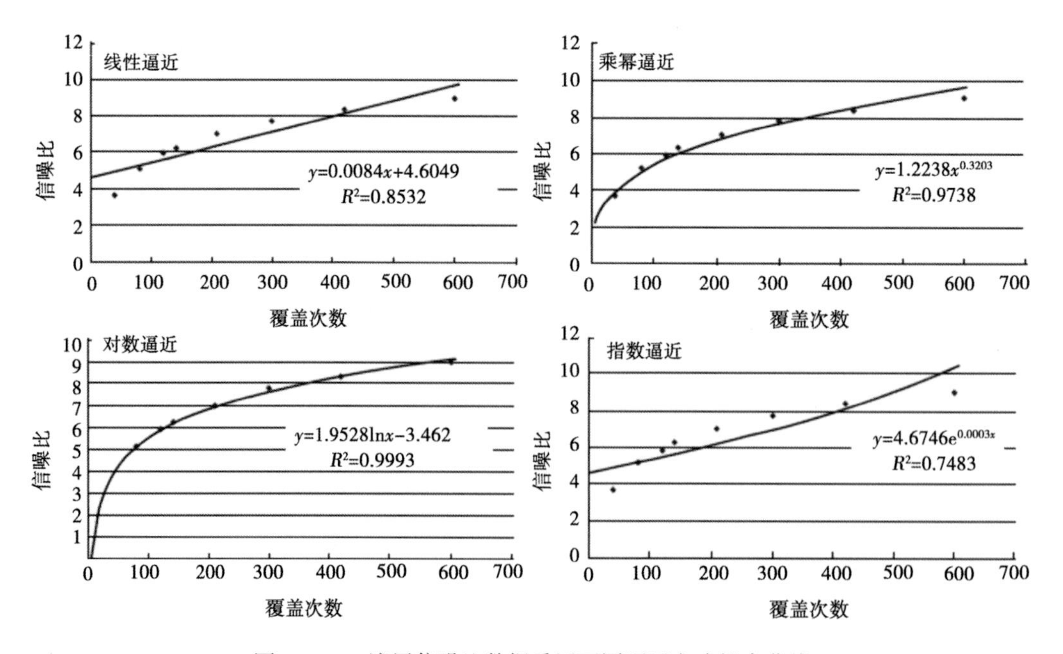

图 2-4-4　浅层信噪比数据采用不同逼近方式拟合曲线

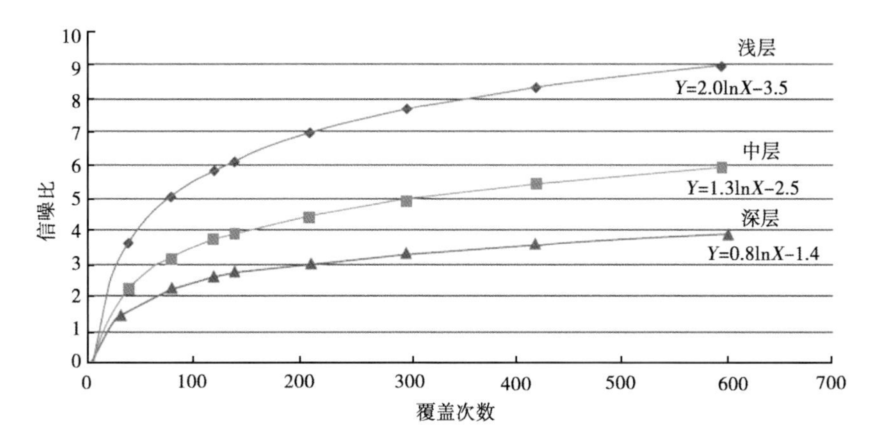

图 2-4-5　不同层位的信噪比与覆盖次数关系曲线

根据以上分析，覆盖次数与信噪比之间的关系式为：

$$s/n = a\ln F + b \tag{2-4-14}$$

式中　s/n——信噪比；

a，b——常数，不同地区具体数值不同；

F——有效覆盖次数。

充分考虑覆盖次数的纵横向均匀性，建立有效覆盖次数表达式：

$$F = \frac{\min(F_{\text{inline}},\ F_{\text{xline}})}{\max(F_{\text{inline}},\ F_{\text{xline}})}F_{\text{inline}}F_{\text{xline}} \tag{2-4-15}$$

式中　F_{inline}，F_{xline}——分别为纵向、横向覆盖次数。

（四）最大炮检距贡献度

最大炮检距评价存在较大争议，若考虑后续的 AVO 处理与解释，则最大炮检距越大越好；而从满足叠前偏移处理角度考虑，最大偏移距不宜过大。本书从满足叠前偏移处理和技术经济一体化角度出发，论证最大炮检距。

最大炮检距与主要目的层的埋深（H）有关，最大炮检距的选取原则如下：

（1）最大炮检距≈0.54H，收敛 75%以上能量，收敛的能量最集中，频率高；

（2）最大炮检距≈1.02H，收敛 85%以上能量，是较为经济的采集参数；

（3）最大炮检距≈1.16H，收敛 95%以上能量，比第（2）项多收敛 10%的能量相对贡献不大，资料频率稍低；

（4）最大炮检距≈2H，收敛 100%以上能量，多收敛的能量极弱，频率低，NMO 处理后频率继续降低。

总体权衡，满足叠前偏移处理和技术经济性，选择最大炮检距 $x_{\max}$ 满足第（3）项作为评价基准，则最大炮检距对观测系统的贡献度 O 为：

$$O = \frac{1.16H - |1.16H - X_{\max}|}{1.16H} \tag{2-4-16}$$

式（2-4-16）表明，最大炮检距既不能太短，也不能太长，应满足资料处理的需求。

（五）总体定量评价

综合考虑面元、均匀性、方位角、最高有效覆盖次数、最大偏移距等观测系统属性对最终资料的贡献，提出了以下观测系统属性总体评价定量表达式：

$$\alpha = \frac{\min(B_{\text{inline}}, B_{\text{xline}})}{\max(B_{\text{inline}}, B_{\text{xline}})} \ln(F) \kappa O \frac{1}{\mu} \tag{2-4-17}$$

式中 α——综合评价值，无量纲；

B_{inline}，B_{xline}——分别为观测系统纵向、横向的线元，m；

F——有效覆盖次数，次；

κ——纵横比；

O——最大炮检距对观测系统的贡献度。

以目的层埋深4800m为例，表2-4-3给出了4个面元相等的观测系统。从均匀性角度看，方案1和3的均匀因子相对稍小，均匀性稍高；而从有效覆盖次数看，方案2和方案3覆盖次数最高；从最大炮检距分析，方案2最合适；而从综合评价看，由优到劣排序为方案2、方案4、方案3、方案1。

表2-4-3　不同观测系统属性定量评价表（目的层埋深4800m）

参数属性	方案1	方案2	方案3	方案4
观测系统类型	30L×5S×150R 正交	32L×6S×192R 正交	32L×5S×160R 正交	30L×6S×180R 正交
CMP 面元（m^2）	20m×20m	20m×20m	20m×20m	20m×20m
覆盖次数（次）	225（15纵×15横）	256（16纵×16横）	256（16纵×16横）	225（15纵×15横）
道间距（m）	40	40	40	40
接收线距（m）	200	240	200	240
激发点距（m）	40	40	40	40
激发线距（m）	200	240	200	240
最大非纵距（m）	2980	3820	3180	3580
纵向最大炮检距（m）	2980	3820	3180	3580
最大炮检距（m）	4214	5402	4497	5062
激发点线点距比	5	6	5	6
均匀因子	0.37	0.38	0.37	0.38
新横纵比	1.00	1.00	1.00	1.00
最大炮检距贡献度	0.76	0.97	0.81	0.91
总体评价值	11.10	13.98	12.13	12.80

三、炸药震源宽方位高密度勘探

观测系统设计是三维地震野外采集技术方案论证的主要内容，其参数的高低直接影响到地震资料的品质。现以2013年冀中坳陷蠡县斜坡西柳—赵皇庄三维项目为例，介绍炸药震源激发的高分辨率观测系统及勘探效果。西柳—赵皇庄三维位于蠡县斜坡中段，构造变形强度小，构造圈闭不发育，属于平缓台坡型弱构造斜坡，具有构造幅度低、储层厚度薄、砂体变化快的地质特点。本次勘探的主要地质要求是：沙一段上Ⅲ砂组大套砂岩在地震上可追踪识别；沙一段下“特殊岩性段”碳酸盐岩储层在地震上有较明显反射特征，可追踪识别；沙一段下“尾砂岩”和沙二段厚度小于10m薄层砂体在地震上可分辨，最高受保护的频率为120Hz。最终采用的主要采集参数：20m×20m面元，256次覆盖，4497m最大炮检距，1.0横纵比，64×10^4次/km^2覆盖密度。

如图2-4-6所示，由于采用了宽方位高密度的观测系统方案，与老资料相比，新资料分辨率明显提高，尾砂岩发育区，地震响应明显。另外，薄层湖相碳酸盐岩有较好响应（图2-4-7）。从振幅切片来看（图2-4-8），新资料同相轴增多，细节更丰富，分辨率、信噪比明显提高。

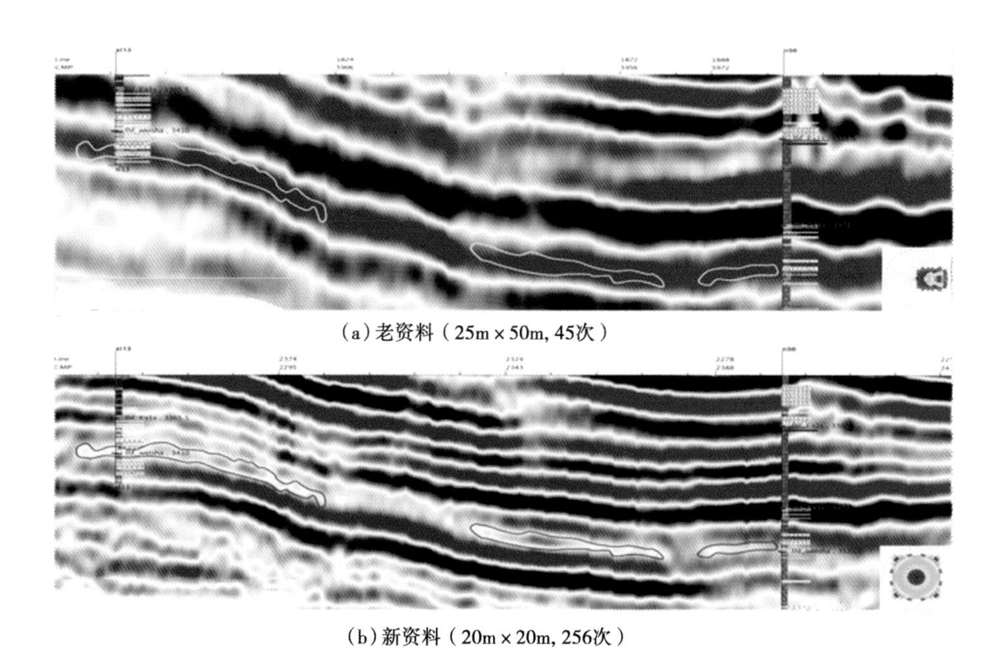

（a）老资料（25m×50m, 45次）

（b）新资料（20m×20m, 256次）

图2-4-6　西柳—赵皇庄地区新老资料对比（尾砂岩区域）

四、可控震源“两宽一高”勘探

冀中探区地表条件复杂，外界干扰严重，由于可控震源激发的能量相对较弱，因此可控震源采集观测系统的覆盖次数设计尤为关键。依据数据驱动的覆盖次数计算公式计算可控震源三维地震观测系统的覆盖次数：

$$N_{\mathrm{VIB-3D}}=\left[\frac{(s/n)_{\mathrm{SHOT}}}{(s/n)_{\mathrm{VIB}}}\right]^2\times\left[\frac{(s/n)_{\mathrm{VIB-3D}}}{(s/n)_{\mathrm{SHOT-3D}}}\right]^2\times N_{\mathrm{SHOT-3D}} \tag{2-4-18}$$

式中　$N_{\mathrm{VIB-3D}}$——可控震源三维地震的覆盖次数；

$N_{\mathrm{SHOT-3D}}$——井炮三维地震的覆盖次数；

$(s/n)_{\mathrm{VIB-3D}}$——期望的可控震源三维数据体的信噪比；

$(s/n)_{\mathrm{SHOT-3D}}$——井炮三维剖面资料的信噪比；

$(s/n)_{\mathrm{VIB}}$——可控震源单炮资料的信噪比；

$(s/n)_{\mathrm{SHOT}}$——井炮单炮资料的信噪比。

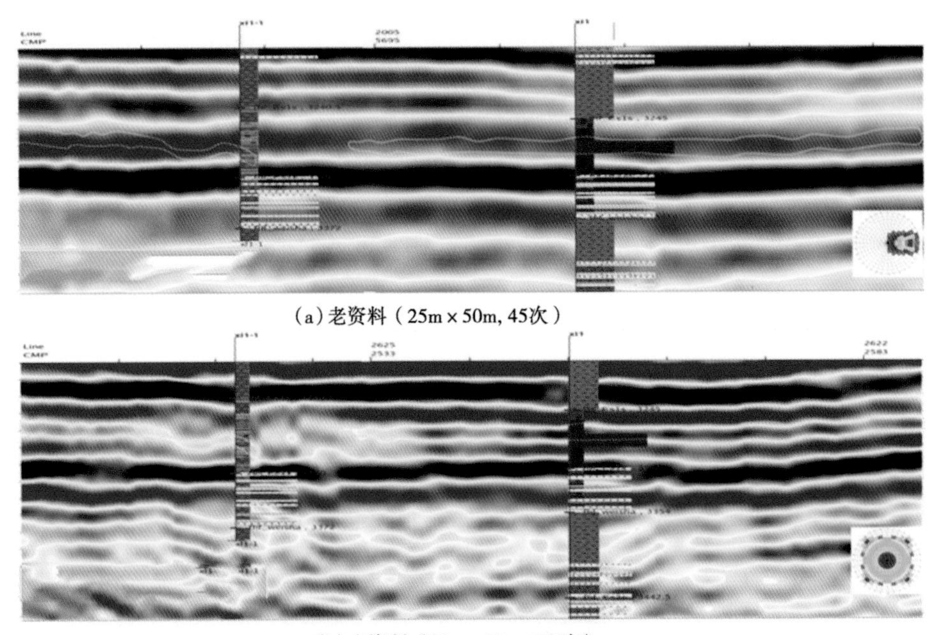

(a) 老资料（25m×50m, 45次）

(b) 老资料（20m×20m, 256次）

图 2-4-7　西柳—赵皇庄地区新老资料对比（薄层湖相碳酸盐岩区域）

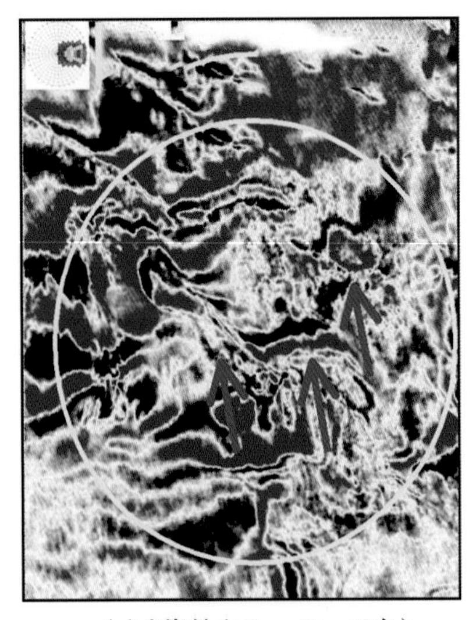

(a) 老资料（25m×50m, 45次）

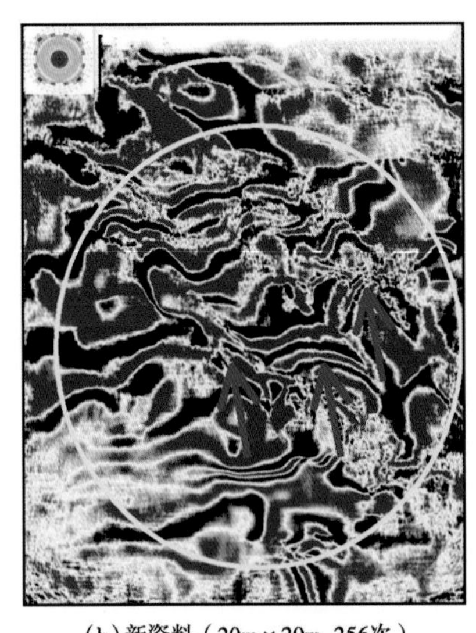

(b) 新资料（20m×20m, 256次）

图 2-4-8　西柳—赵皇庄地区新老资料对比（振幅切片）

以冀中坳陷蠡县斜坡同口地区为例，根据可控震源单炮资料的信噪比，结合邻区井炮单炮资料的信噪比与覆盖次数，估算可控震源采集的覆盖次数不低于 300 次，结合观测系统其他参数的论证结论，最终确定该区观测系统基本参数：面元 25m×25m，覆盖次数 360 次，横纵比 0.9，而且采用低频可控震源宽频激发，实现了“两宽一高”地震勘探。如图 2-4-9 所示，新三维较老三维成果目的层段频带宽且低频信息丰富，偏移成像效果更好。

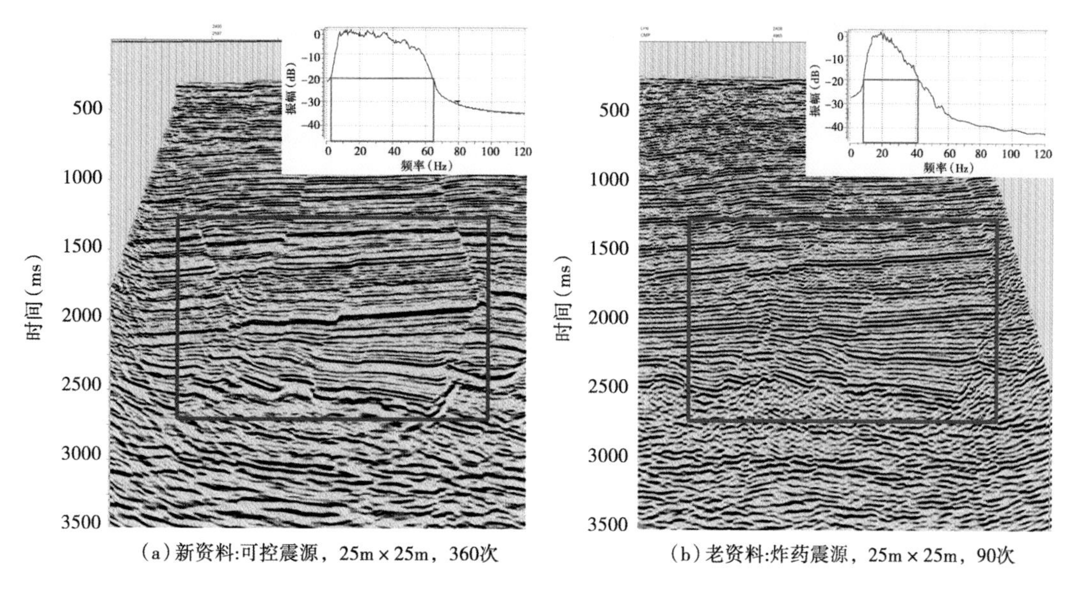

（a）新资料:可控震源，25m×25m，360次　　（b）老资料:炸药震源，25m×25m，90次

图 2-4-9　同口地区新老三维成果剖面

第五节　2.5T 地震勘探技术

一、2.5T 地震勘探技术思路

为了适应并满足冀中探区新的勘探领域及复杂地质目标的技术需求，充分利用现有的三维地震数据，实现我国东部地区陆上全方位高密度地震勘探，提出了 2.5T 地震勘探技术理念。

技术思路：以全方位高密度均匀采样为核心，引入时间期次的概念，将单一时间期次的高密度采集分解为多时间期次的常规密度采集，通过对多时间期次的常规密度采集资料进行融合处理，最终形成一套全方位高密度均匀采样的数据体（图 2-5-1）。这样既可以充分加强对以往地震资料的再利用，又可减少野外施工的难度，增加技术的可操作性，还可缓解投资成本的压力。

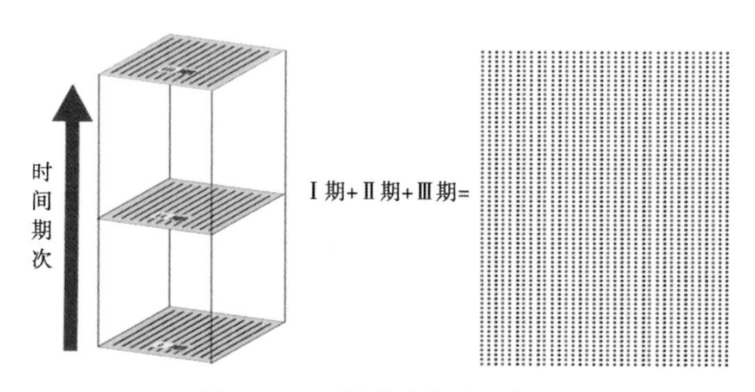

图 2-5-1　时间期次概念示意图

2.5T 地震勘探一般是在二次三维之后进行的三维采集，它不是真正的三次三维地震勘探，也不是简单的地震资料融合处理，而是在目标三维采集时就考虑到如何充分利用以往三维地震原始资料（如保证不同期次三维面元相接、射线路径不重复等），通过后续的资料处理实现全方位高密度的地震勘探，达到经济技术一体化的目的。

二、2.5T 地震勘探理论

（一）2.5T 观测系统属性优化理论

针对目标区潜山特征建立合适的地震地质模型，在惠更斯—菲涅尔带理论与程函方程基础上，分析 2.5T 地震勘探的可行性和适用性，基于绕射点与反射面的观测系统优化理论，形成了点—面结合的观测系统优化方法。

惠更斯原理：介质中波所传到的各点，可以看成新的波源，每个波源的子波都是以所在点处的波速向各方向传播。

$$\varphi(p,\ t)=\iint_{s}\frac{k(\theta)}{r}\cos\left[\omega\left(t-\frac{r}{v}\right)\right]\mathrm{d}s \tag{2-5-1}$$

程函方程（面）：在波长比地震波传播介质的不均匀性要小的多的情况下，程函方程能够表征旅行时和速度场之间的关系。

$$|\nabla T(\vec{x})|=s(\vec{x}) \tag{2-5-2}$$

将期望的观测系统面元属性作为目标，分析前期地震采集数据的面元属性与期望属性的差异，从而为下次地震数据采集设计提供指导。

$$\min\|G(\vec{x})-S(\vec{x})-\sum_{i}O_i(\vec{x})\|^2 \tag{2-5-3}$$

式中 $G(\vec{x})$ ——期望的观测系统面元属性；

$O_i(\vec{x})$ ——前期多次地震采集数据的面元属性；

$S(\vec{x})$ ——要设计的观测系统面元属性；

$\vec{x}$——观测系统设计的参数。

上述目标函数将多次地震采集的观测系统参数与面元属性建立联系，因此通过分析面元属性可以指导观测系统参数的设计。

期望（2.5T）观测系统的属性是均匀的，全方位的，可以利用期望的属性与前期采集的属性比较，得到目标采集观测系统设计的最优结果（图 2-5-2），然后通过“扫描”的方式，求取目标采集观测系统的主要参数（覆盖次数、面元、线间距等）。取式（2-5-3）的最小值，作为目标采集的最基本参数。

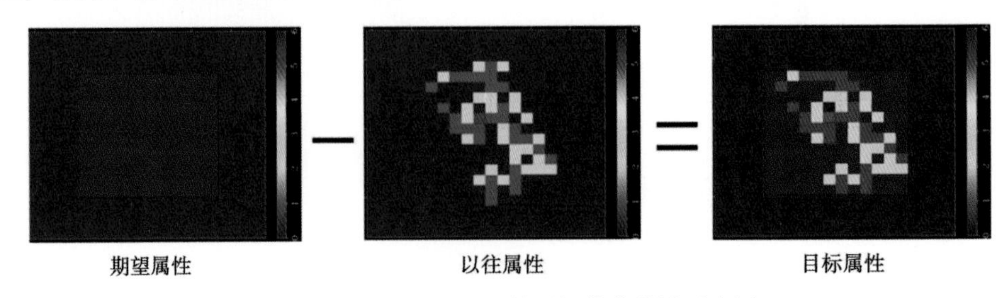

图 2-5-2　2.5T 观测系统属性优化设计示意图

（二）基于像空间数据依赖的地震照明度分析

针对目标区复杂地质构造，分析地震照明度和覆盖次数的变化，分别利用模拟数据和实际地震角道集数据研究分析前期地震数据的照明度和覆盖次数，提炼不同地质目标条件下2.5T地震勘探方法在提高覆盖次数和照明强度上的理论依据，为三维观测系统设计提供理论指导。

如图2-5-3，当构造复杂时，对同一个成像点X，各个入射角的照明是不同的，有的角度被照明，有的角度没有被照明，因此，设计2.5T观测系统时应该考虑不同的观测系统对构造的照明和覆盖情况，更有利于构造的成像。

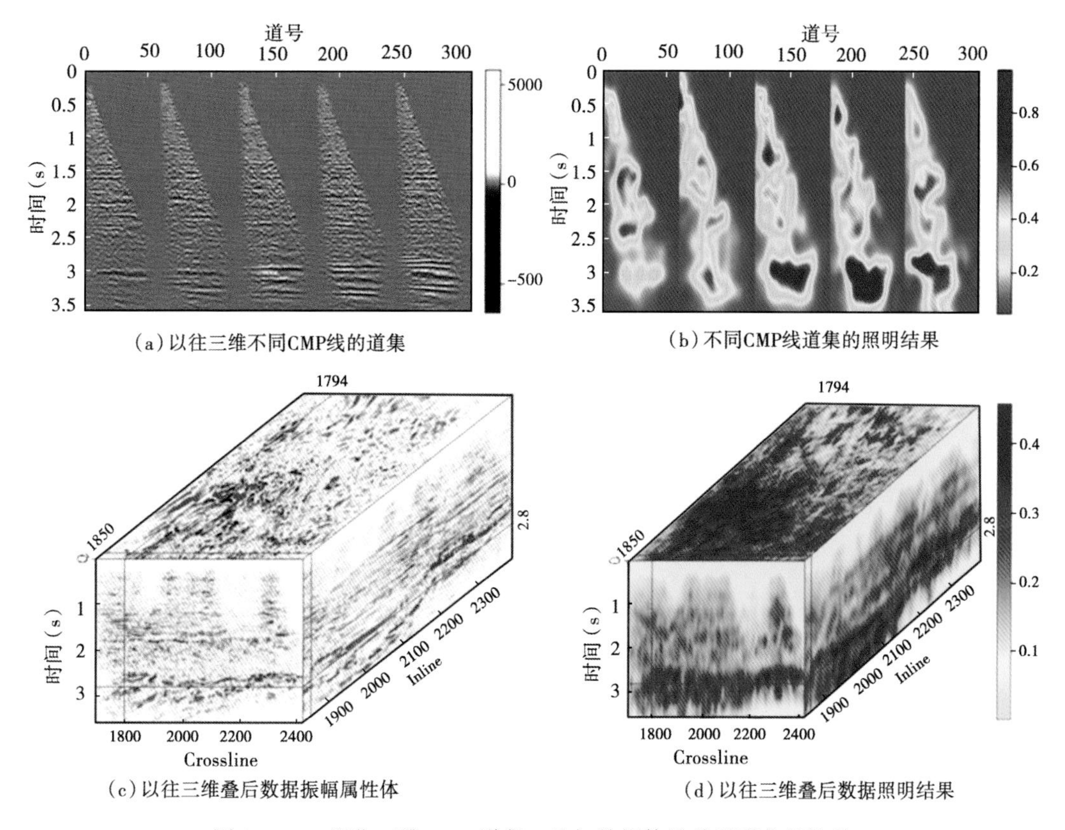

图2-5-3　以往三维CMP道集、叠加数据体及其照明分析结果

（三）时空域原始资料评价分析

为了实现经济技术一体化，在进行2.5T次勘探时，可充分利用以往不同期次的地震数据进行融合处理，但在使用之前，首先要分析当时观测系统的方位宽窄、采样密度、排列长度、覆盖次数等方面对2.5T三维的贡献程度。其次要对以往数据的可利用性进行评价分析。评价分析技术的流程见图2-5-4，同时要遵循以下三个原则：

（1）对基础数据完整性的要求，如实际大地坐标是否齐全；

（2）对不同期次数据互补性的要求，如原始资料的反射路径是否重复；

（3）对原始资料品质的要求，如能量、信噪比、频率等是否符合要求。

另外，为了提高2.5T次勘探数据融合处理后的成像质量，需要对以往原始数据对融合处理后的贡献度开展以下两方面的分析。

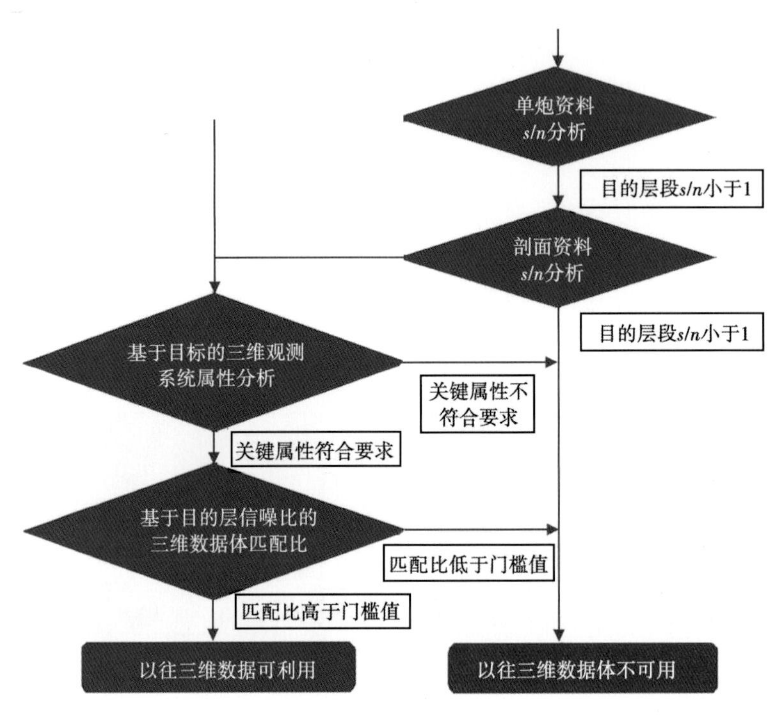

图 2-5-4　以往数据体的可利用性分析评价流程图

1. 数据融合后信噪比、频率

地震资料信噪比计算：

$$\mathrm{SNR}=\frac{\overline{P}_{\mathrm{s}}(f)}{\overline{P}_{\mathrm{N}}(f)}=\frac{\overline{P}_{\mathrm{s}}(f)}{\overline{P}_{\mathrm{X}}(f)-\overline{P}_{\mathrm{N}}(f)} \tag{2-5-4}$$

地震信号的功率谱：

$$\overline{P}_{\mathrm{s}}(f)=\frac{1}{2(N-1)}\sum_{i=1}^{N-1}\left|X_i(f)\overline{X}_{i+1}(f)+X_{i+1}(f)\overline{X}_i(f)\right| \tag{2-5-5}$$

如图 2-5-5 所示，一次、二次资料融合处理后信噪比和频率都有所提高，因此认为可以利用一次资料进行融合处理。否则，不能利用以往资料进行融合处理。

2. 不同期次采集数据一致性评价

不同期次采集数据一致性评价可采用均方根振幅（N_{RMS}）公式和可重复性（R_{RED}）公式进行计算：

$$N_{\mathrm{RMS}}=200\,\frac{\mathrm{RMS}(x_1-x_2)}{\mathrm{RMS}(x_1)+\mathrm{RMS}(x_2)} \tag{2-5-6}$$

$$\mathrm{RMS}(x(t))=\sqrt{\frac{\sum_{t1}^{t2}(x(t))^2}{N}} \tag{2-5-7}$$

式中　x_1，x_2——两道地震数据；

N——$x\ (t)$ 的样点数目。

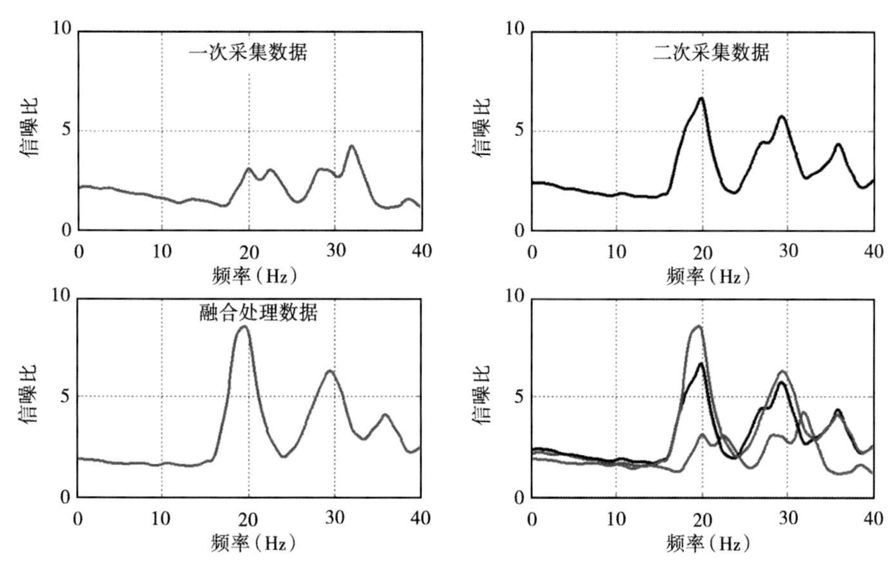

图 2-5-5　不同期次资料融合处理前后信噪比、频率分析

$$P_{\mathrm{RED}} = 100\,\frac{R_{xy}^{2}(0)}{R_{xx}(0) + R_{yy}(0)} \tag{2-5-8}$$

式中　x，y——两道地震数据；

$R_{xy}\ (0)$ ——x、y 的零延时互相关；

$R_{xx}\ (0)$ ——x 的零延时自相关；

$R_{yy}\ (0)$ ——y 的零延时自相关。

经验表明：均方根振幅（N_{RMS}）取值范围为 0~200，其值越小越好；可重复性（P_{RED}）取值范围为 0~100，其值越大越好。如图 2-5-6 所示，不同期次 CDP 道集中部分地震道的均方根振幅较大且可重复性小，因此需要做好一致性处理后方可使用。

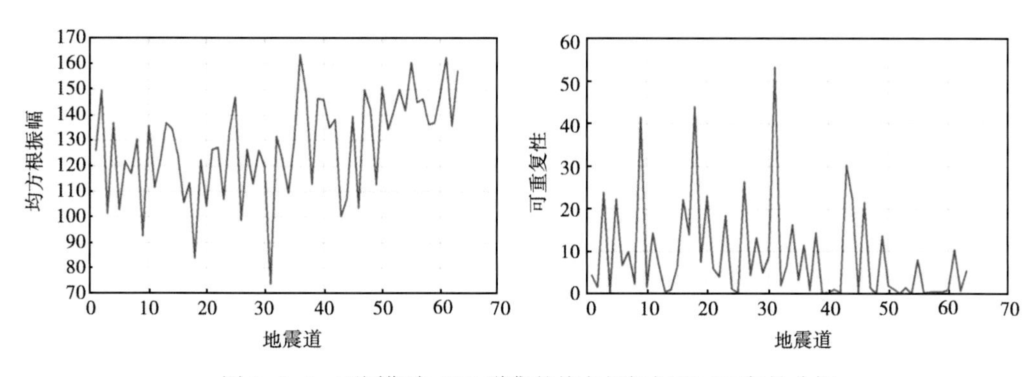

图 2-5-6　不同期次 CDP 道集的均方根振幅和可重复性分析

三、2.5T 地震勘探观测系统设计技术

由于以往采集方法及其原始资料品质已无法改变，因此在目标三维采集阶段就要充分参

考以往采集方法，重点是要考虑前后观测系统的有机融合，如面元的继承性、观测方位的互补性、照明的充分性、采样密度的可增性、波场的连续性等。基于时空域融合的观测系统设计是根据地质任务的需求，以目标三维地震数据采集和地震资料叠合处理为技术核心，采取“方位角拼接、横纵比增大、采样点加密、炮检距互补”等四项原则开展基于时间域融合的2.5T观测系统设计（图2-5-7），以达到更高的空间采样的炮道密度、更好的均匀性及更宽的观测方位的目的。

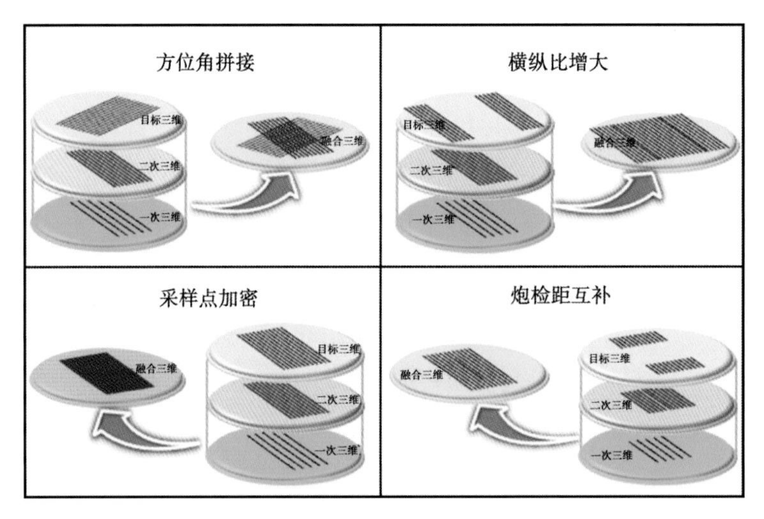

图2-5-7　基于时间域融合的2.5T观测系统设计示意图

（一）基于原始数据驱动的覆盖次数设计技术

以往在三维观测系统设计时，覆盖次数分析主要依据经验公式计算，二维试验线覆盖次数分析结论或参考类似地区覆盖次数。采用二维试验线资料分析的方法，前期试验投入巨大，但可根据区内已有三维原始资料信噪比和目标三维叠加剖面期望达到的信噪比，计算三维地震勘探覆盖次数：

$$n_{req}=[(s/n)_{req}/(s/n)_{raw}]^2 \tag{2-5-9}$$

式中　n_{req}——覆盖次数，次；

$(s/n)_{raw}$——原始炮集信噪比；

$(s/n)_{req}$——叠加剖面期望信噪比。

目前冀中探区基本都实施了一次或二次三维地震勘探，根据式（2-5-9）则可将以往三维的覆盖次数和单炮资料的信噪比表示如下：

$$n_{old-3D}=\left[\frac{(s/n)_{old-3D}}{(s/n)_{raw}}\right]^2 \tag{2-5-10}$$

$$(s/n)_{raw}=\frac{(s/n)_{old-3D}}{\sqrt{n_{old-3D}}} \tag{2-5-11}$$

式中　n_{old-3D}——以往三维地震勘探的覆盖次数，次；

$(s/n)_{old-3D}$——以往三维地震勘探单炮资料的信噪比。

将式（2-5-11）代入式（2-5-9），则可推出目标三维地震采集的覆盖次数为：

$$n_{req}=\left[\frac{(s/n)_{new-3D}}{(s/n)_{old-3D}}\right]^2\times n_{old-3D} \tag{2-5-12}$$

式中　$(s/n)_{new-3D}$——目标三维单炮信噪比。

结合实际数据，利用式（2-5-12）进行信噪比分析。从不同覆盖次数的分析结果来看（图2-5-8）：实际资料与理论计算信噪比变化趋势基本一致，即随着覆盖次数增加信噪比逐渐提高，但当覆盖次数增长到一定程度时，信噪比提高不明显；另外，理论计算与实际资料信噪比误差小于10%。可见，式（2-5-12）可以用于指导目标三维地震勘探覆盖次数设计。

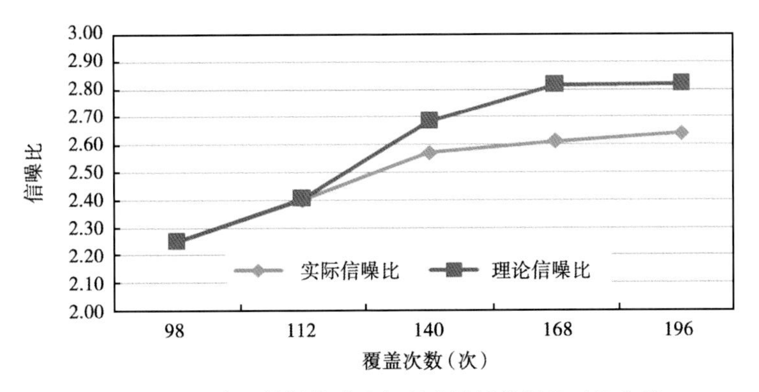

图2-5-8　实际数据信噪比与理论计算信噪比对比曲线

（二）基于采样点加密的观测系统设计技术

众所周知，高密度三维地震勘探具有“有利于提高构造成像精度，有利于提高极薄储集层识别精度和岩性预测精度”的优势。在冀中探区，以往大多数二次三维地震勘探的接收点距为40m，接收线距为240m，在进行目标三维地震勘探的观测系统设计时，将接收线布设在以往三维地震勘探接收线之间，且保持不同期次三维地震勘探的CMP面元相重合，但地震波的射线路径不重复，这使得2.5T三维地震勘探的接收线距为120m，从而实现了高密度勘探。

另外，根据均匀度的计算公式：

$$S=\sqrt{\frac{1}{n-1}\sum_{i=1}^{n}(R_i-\bar{R})^2} \tag{2-5-13}$$

$$\mu=\frac{S}{R_{max}} \tag{2-5-14}$$

式中　S——标准差；

R_i——各控制点相对中心点的距离，m；

$\bar{R}$——各控制点相对中心点距离的平均值，m；

μ——均匀因子；

R_{max}——单位区域内控制点与中心点的最远距离，m。

根据上式计算，接收线距为240m和120m两种观测系统物理点的均匀因子分别为0.31、

0.19。均匀因子值越小，均匀性越好，即2.5T三维地震勘探物理点的均匀性明显好于二次三维地震勘探及目标三维地震勘探。

从120m、240m两种不同接收线距观测系统的理论水平反射的偏移结果来看，接收线距越小，偏移噪声越弱；反之，则越强。240m接收线距的偏移噪声明显大于120m，而且地震剖面的成像效果也得到明显提高（图2-5-9）。

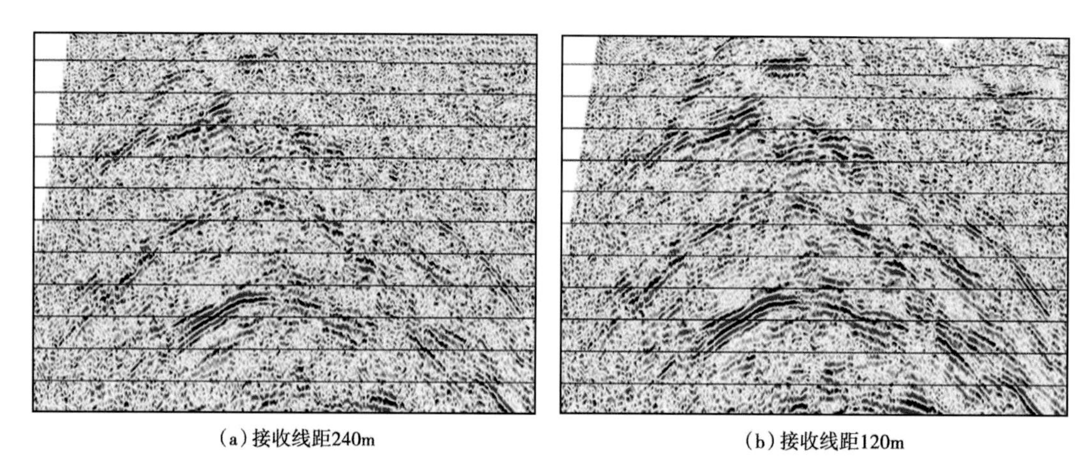

(a)接收线距240m　　(b)接收线距120m

图2-5-9　不同接收线距的地震剖面

在冀中坳陷饶阳凹陷的NMZ潜山带，基于采样点加密的观测系统设计技术应用后，实现了高密度勘探，提高了控山断层的成像效果（图2-5-10），埋深6000m左右的深潜山内幕资料实现了“从无到有”质的飞跃，资料的信噪比较以往提高2倍以上。

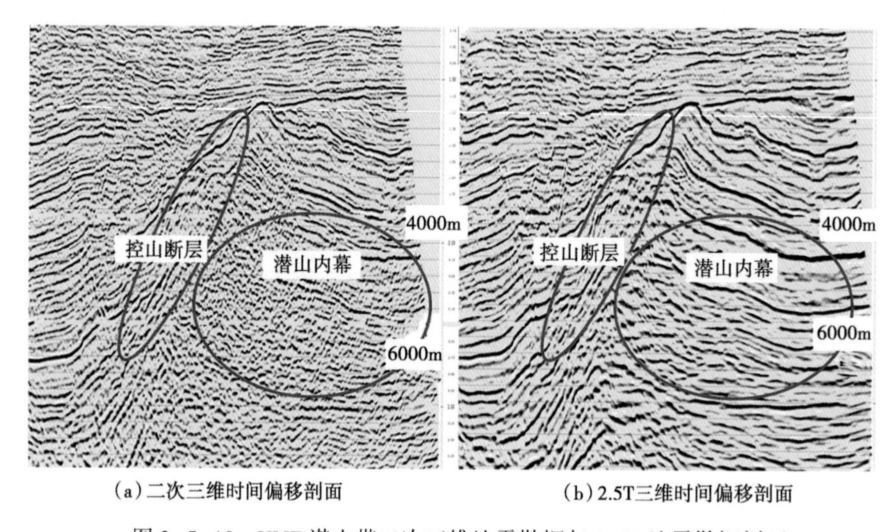

(a)二次三维时间偏移剖面　　(b)2.5T三维时间偏移剖面

图2-5-10　NMZ潜山带二次三维地震勘探与2.5T地震勘探剖面

(三)基于方位角拼接的观测系统设计技术

宽方位三维地震勘探具有“提高复杂构造成像精度，提高分辨率和反演精度，识别薄层和小型沉积圈闭”等诸多优势。但中国东部地区，受地表条件、采集设备、成本投入、施工组织等客观条件的限制，真正实施宽方位三维地震勘探采集的难度还非常大。因此，本书提出了方位角拼接的技术思路，就是在进行目标三维地震勘探观测系统设计时，其观测方向与以往三维地震勘探的观测方向具有一定夹角或相互垂直，通过将两次三维地震勘探的数据进行融合后得到了宽（或全）方位的 2.5T 三维地震勘探数据体。

如图 2-5-11 所示，在 Z42 井区，以往二次三维地震勘探的观测方位为 336°，目标三维的观测方位为 66°，尽管它们的纵横比均为 0.64。将二者进行融合处理，得到的 2.5T 三维地震勘探的纵横比为 1.0，实现了全方位勘探。

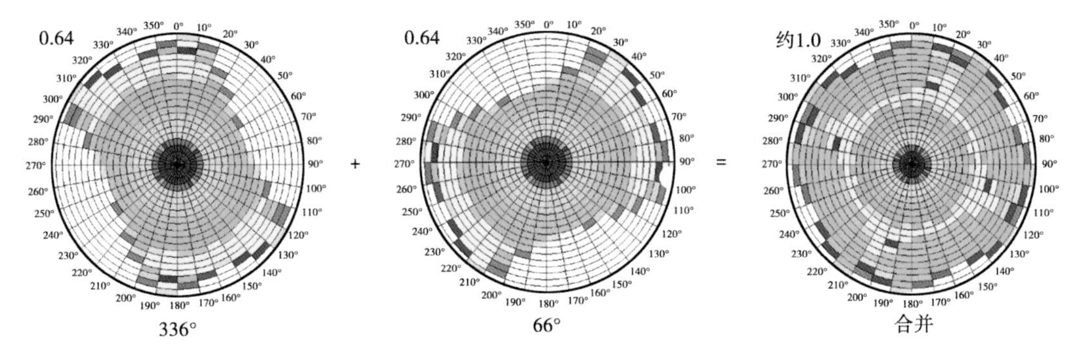

图 2-5-11　方位角拼接技术思路示意图

由于地下地震地质条件的复杂性，尤其是断层走向复杂多变，并无统一规律，一些控制圈闭的小断层并不完全垂直大的构造走向，如采用“地震采集测线垂直构造走向”的常规布设测线方法会导致这些小断层被忽略。而基于方位角拼接的观测系统设计技术得到的是不同观测方向的原始数据，如图 2-5-12 所示，将两次采集数据融合后，可以获得更多的波场信息。

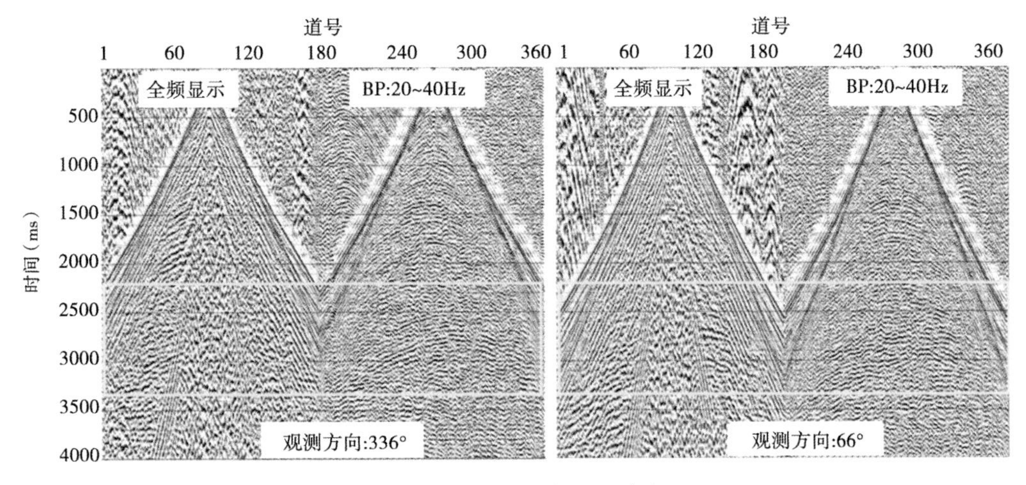

图 2-5-12　不同观测方向的单炮记录

在冀中坳陷深县凹陷的 Z42 潜山带，通过采用方位角拼接方法进行了 2.5T 地震勘探后，实现了全方位勘探，融合后资料潜山面、潜山内幕的资料品质得到大幅度提升（图 2-5-13），潜山顶面和内幕反射清晰。

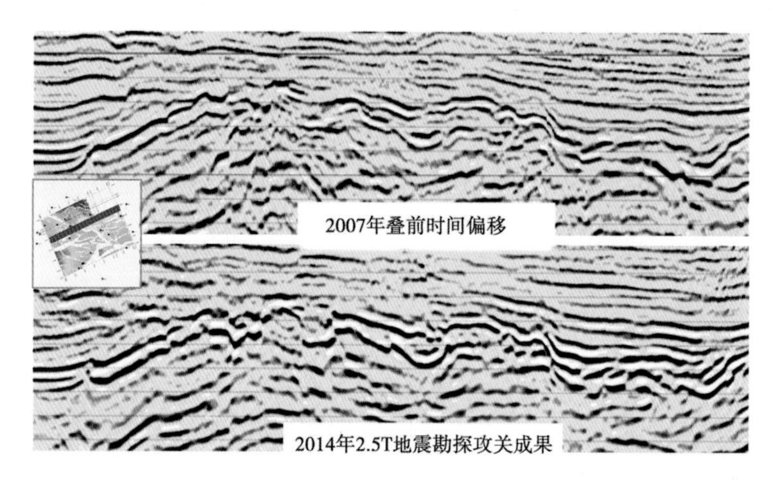

图 2-5-13　Z42 潜山带二次三维地震勘探与 2.5T 地震勘探剖面

四、2.5T 地震勘探处理技术

（一）时空域综合静校正技术

由于表层结构的时变性及新旧三维地震勘探施工方法的差异，不同时期采集的三维地震勘探数据体，静校正量差异较大，叠合处理时如采用统一的静校正量直接叠加，必将影响地震剖面的信噪比和分辨率。如图 2-5-14（a）所示，假设以往近地表结构是水平的，深层地层也是平的，其正演结果显示各个层位也是平的。但现今，如图 2-5-14（b）所示，由于后期的改造，近地表局部出现了一些漏斗，使得表层结构的高速顶起伏剧烈，其正演结果显示由此引起的各个层位都不再是平的。

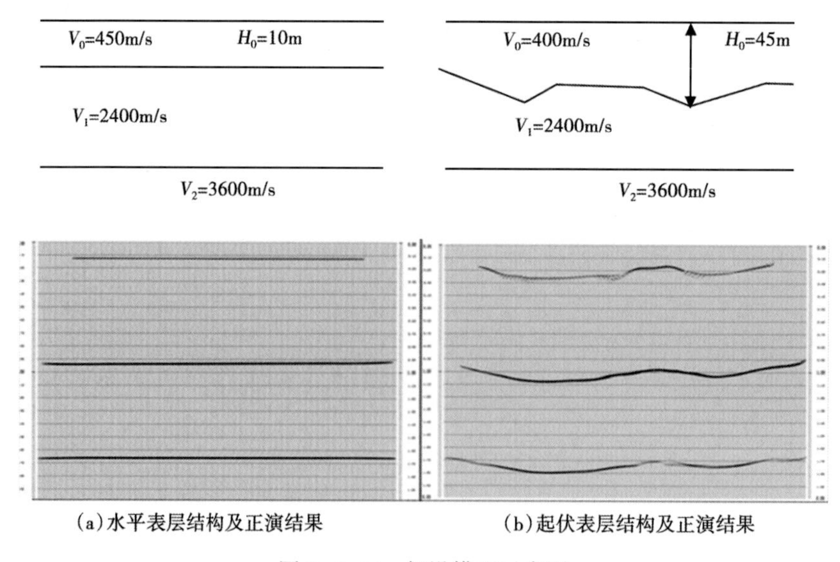

图 2-5-14　假设模型示意图

在这种情况下如采用同一静校正量将两个模型的正演数据进行融合处理，如图 2-5-15（a）所示，就不能叠加成像，反而形成假地质构造形态。准确的技术思路是：采用统一的基准面和填充速度，根据各数据体的实际表层结构模型，分别计算各自的静校正量和进行静校正处理，得到统一基准面的单炮数据，再进行融合处理，如图 2-5-15（b）所示，这就能取得良好的叠加成像效果。

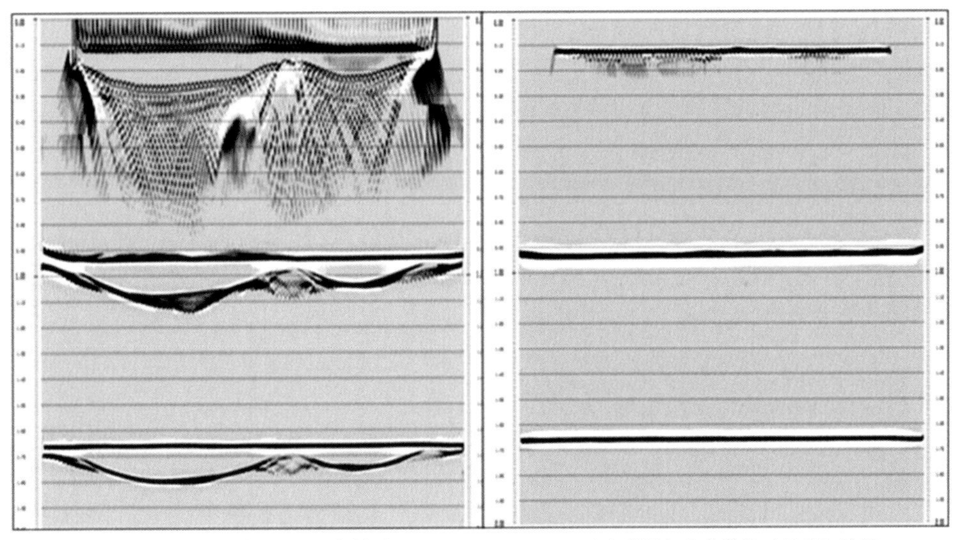

（a）采用统一的静校正量叠加结果　　（b）采用各自的静校正量叠加结果

图 2-5-15　不同静校正量叠加结果

近年来，由于工农业用水逐年增多，而地表水补给却逐年减少，造成冀中探区（尤其是南部）潜水面基本上以每年 1m 的速度下降，可见，表层结构的时变性很大，使得不同时期采集数据的静校正量差异很大。为此，采取了以下三方面的技术措施，很好地解决了由于表层结构时变性引起的静校正问题，如图 2-5-16 所示：

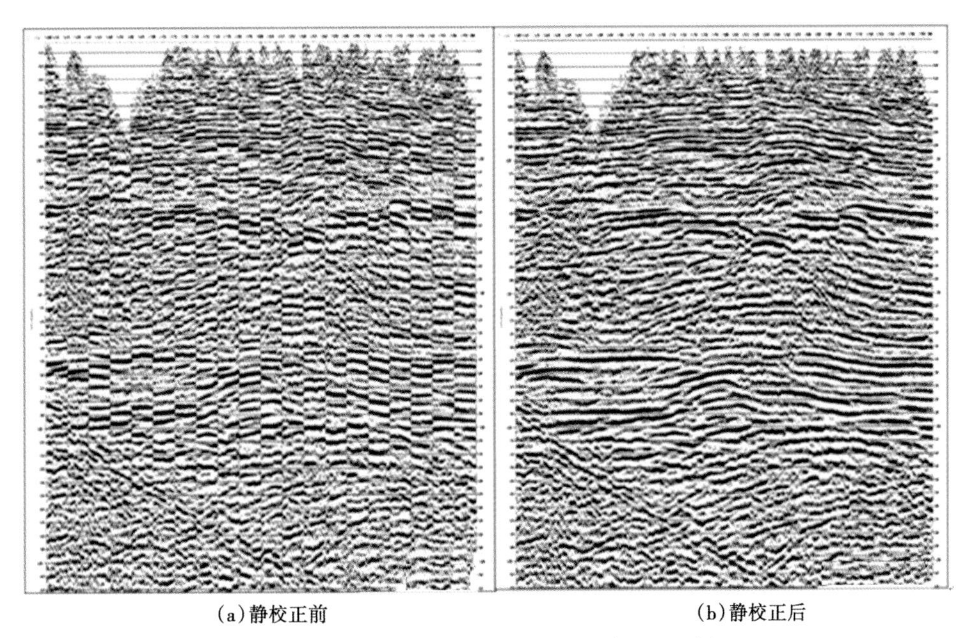

（a）静校正前　　（b）静校正后

图 2-5-16　时空域综合静校正处理前后地震剖面

（1）首先，采用统一的基准面和填充速度，分别计算各期次地震数据的静校正量，并进行静校正处理。

（2）其次，以目标采集的数据为准，将以往三维地震勘探数据进行融合时差校正，以解决由于表层结构变化引起的不同期次数据间中长波长校正量。

（3）最后，将不同期次的数据融合处理时，再采用三维地震勘探地表一致性剩余静校正和多次迭代来解决全区的剩余静校正问题。

（二）时空域的数据规则化处理技术

由于各个工区采集年代、采集参数和观测系统的不同，导致地震资料的不规则化。这些不规则容易使叠前偏移成像结果产生明显的噪声，影响后续的解释工作。

首先，对不同期次三维地震勘探数据进行振幅调查。在时间上采用时变振幅补偿，解决大地对地震波的吸收衰减和波前扩散衰减；在空间上采用地表一致性振幅补偿，将不同期次三维地震勘探数据的振幅调整到同一级别。

其次，通过对融合数据体的炮检距分组和内插，消除远近偏移距和覆盖次数分布不均的现象。基于傅里叶重构的数据规则化，分三步进行：

（1）将数据按偏移距分组；

（2）对分偏移距后的每组数据分别进行数据规则化处理；

（3）将分偏移距数据规则化处理后的数据进行整体处理。

针对 SX 凹陷不同期次三维地震勘探数据体融合后存在的远近偏移距和覆盖次数分布不均衡问题，采用数据规则化处理技术后，保证了融合数据体的覆盖次数分布均匀，而且剖面的整体能量分布均衡，为偏移成像提供了高质量的数据（图 2-5-17）。

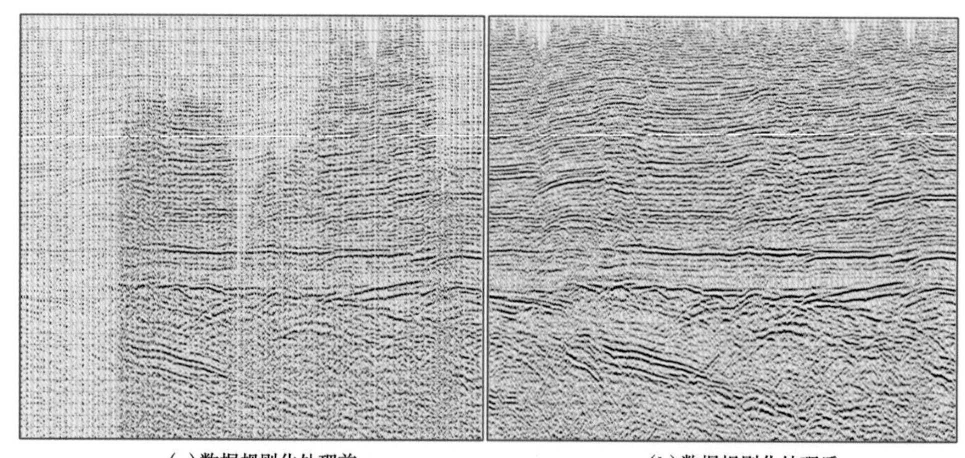

(a)数据规则化处理前　　(b)数据规则化处理后

图 2-5-17　数据规则化处理前后叠加剖面对比

（三）时空域子波整形处理技术

由于不同区块的施工年度之间跨度大，其野外施工采集仪器、检波器、炮点激发参数等变化很大，导致地震信号子波的不一致，因此在处理中必须进行整形处理，保证子波一致。

在资料处理过程中，以目标三维地震勘探采集资料的属性为主，采用整形滤波和子波匹配技术，使其他期次三维地震勘探原始数据的极性、时移和相移最大限度地接近目标三维地震勘探的子波形态，从而消除由于采集因素不同而造成的频率、相位、振幅等各方面的差异

（图 2-5-18），使地震剖面品质也得到明显改善。

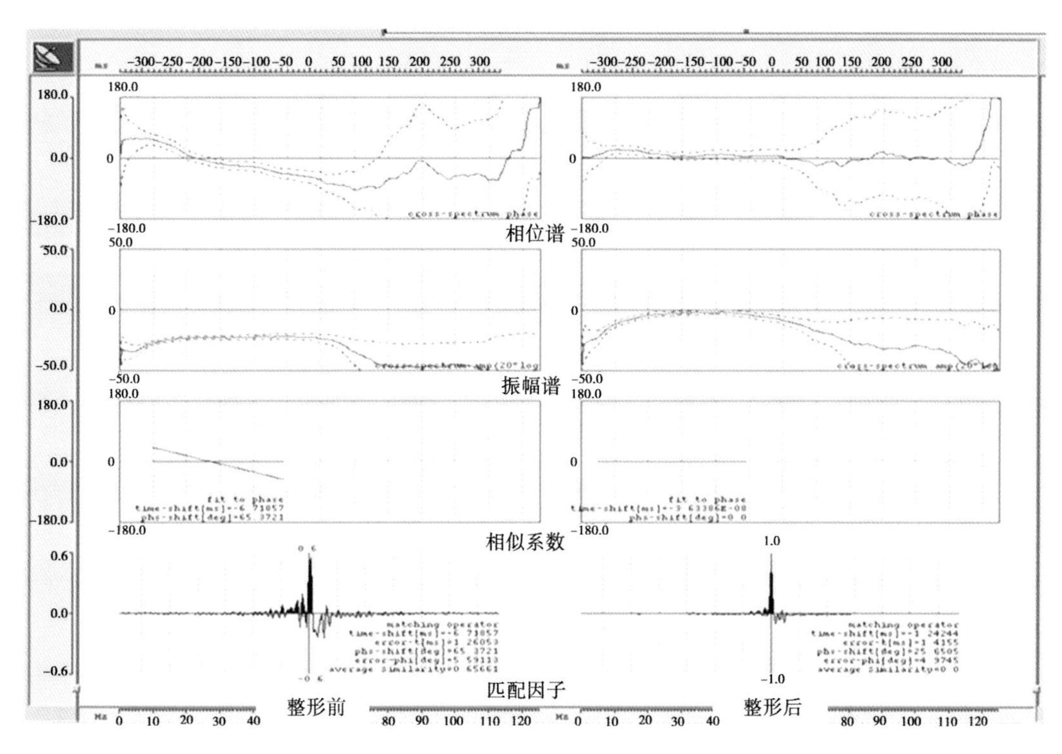

图 2-5-18　子波整形处理前后相关属性对比

参 考 文 献

［1］俞寿朋．高分辨率地震勘探．北京：石油工业出版社，1993.

［2］钱绍湖．实用高分辨率地震勘探采集技术．武汉：中国地质大学出版社，1998.

［3］李庆忠．走向精确勘探的道路．第一版．北京：石油工业出版社，1994.

［4］邓志文．复杂山地地震勘探．北京：石油工业出版社，2006.

［5］赵贤正，张玮，邓志文，等．富油凹陷精细地震勘探技术．北京：石油工业出版社，2009.

［6］华北油田分公司勘探开发研究院．冀中坳陷油气分布规律与勘探方向研究．北京：石油工业出版社，2000.

［7］王学军，于宝利，赵小辉，等．油气勘探中“两宽一高”技术问题的探讨与应用．中国石油勘探，2015，20（5）：41-53.

［8］薛海飞，董守华，陶文朋．可控震源地震勘探中的参数选择．物探与化探，2010，34（2）：185-190.

［9］徐淑合，刘怀山，童思友，等．准噶尔盆地沙漠区地震检波器耦合研究．青岛海洋大学学报，2003，33（5）：783-790.

［10］张云花，孟红星．高分辨率三维地震勘探观测系统设计研究．中国煤炭地质，2006，18（增刊）：53-55.

［11］郭磊，王宏友，吴博．高密度三维地震勘探采集参数分析．科技创新导报，2014（22）：196-197.

［12］何黄生，刘茂争，马玉生，等．浅谈煤田地震勘探中影响纵向分辨率的主要因素．中国煤炭地质，2008，20（5）：62-64.

［13］刘振武，撒利明，董世泰，等．中国石油物探技术现状及发展方向．石油勘探与开发，2010，37

(1)：1-10.

[14] 赵贤正，张玮，邓志文，等．复杂地质目标的2.5次三维地震勘探方法．石油地球物理勘探，2014，49（6）：1039-1047.

[15] 屠世杰．高精度三维地震勘探中的炮密度、道密度选择——YA高精度三维勘探实例．石油地球物理勘探，2010，45（6）：926-935.

[16] 张以明，白旭明，邱毅，等．廊固凹陷凤河营潜山带地震采集方法研究．中国石油勘探，2012，17（6）：69-72.

[17] 王喜双，谢文导，邓志文．高密度空间采样地震技术发展与展望．中国石油勘探，2007，12（1）：49-55.

[18] 赵贤正，邓志文，白旭明，等．二连盆地草原区环保地震勘探技术与应用．石油地球物理勘探，2015，50（1）14-19.

[19] 白旭明，李海东，陈敬国，等．可控震源单台高密度采集技术及应用效果．中国石油勘探，2015，20（6）：39-43.

第三章　目标三维地震勘探处理技术

石油天然气地球物理勘探技术的持续创新，地震沉积学、地震储层学、岩石物理学、油藏地球物理学、层序地层学、非常规油气资源、断层相关褶皱理论等学科和理论的不断发展与完善，为地球物理勘探开发技术体系的完善与应用奠定了坚实的基础。宽线大组合、高密度、水陆过渡带、深海拖缆、宽方位高密度、“两宽一高”（宽方位、宽频带、高密度）等针对性地震数据采集技术的应用，为油气勘探提供了高品质的地震资料。叠前时间偏移、叠前深度偏移、逆时偏移、波动方程各向异性叠前深度偏移、宽方位或全方位 OVT（Offset Vector Tile）处理、海量地震数据处理等技术的广泛应用，为油气勘探开发技术的发展提供了可靠的地震成果数据。叠前弹性参数反演、地震波动力学和运动学属性提取、地应力场建模、裂缝预测、水平钻井地震地质实时导向监控或设计、油藏监测等地震资料解释新技术新方法的研发与应用，推动了地震数据采集和处理技术的进步，同时为油气探明储量的增长和勘探领域的拓展与突破奠定了坚实基础。

宽方位宽频地震勘探处理技术是一个复杂的系统工程，本章就 Q 的求取与 Q 体建立技术（井控 Q 补偿技术、剩余 Q 分析技术）、宽频处理技术（低频补偿技术、高频拓展技术）、OVT 处理技术、速度建模和高精度成像技术进行探讨。

第一节　Q 场建立及 Q 偏移技术

地震波在地下岩石中传播时的衰减依赖于岩石的物理性质。地震波在岩石中传播的衰减机理解释主要有两种：一是骨架黏弹性引起的摩擦衰减，这包括地震波在岩石颗粒之间的界面上以及裂缝的两个表面之间的相对运动而引起的摩擦损耗；二是由孔隙内饱和流体的粘滞性及流体流动引起的衰减，这种衰减包括孔隙、孔隙可压缩性及孔隙饱和液成分，特别是孔隙中含有天然气成分时对吸收性质的影响更为明显。

衰减机理的测定主要是在实验室内用不同的技术分析得出的。对于导致吸收的原因至今没有确切的理论阐述，提出来的理论模型之间也存在一定的差异。辛可锋等对地震波在实际介质中传播的吸收性质进行了总结，认为地层岩石吸收性质首先决定于岩石的保存状态和内部结构。随埋藏深度的加大，地层静压力增大，使岩石压紧，结构致密，引起吸收性变弱，而受到破坏的岩石结构，将使它的吸收性增强。岩石对纵波和横波的吸收特性各不相同，横波的吸收衰减高于纵波的吸收衰减。在由固、液、气构成的多相介质中，对吸收性质影响最显著的是气态物质，在岩石孔隙饱和液中加入少量气态物质，可以明显提高对纵波能量的吸收。吸收特性与波的频率有关，随频率的增加而增大，接近于线性关系；地层的吸收性质与地震波在地层中的传播速度之间存在反比关系，高速的岩石，吸收性弱；低速的岩石，吸收性强；吸收性质如同地震波速一样，频散异常现象较弱。对大多数地区，泥岩的平均吸收性比砂岩强，砂岩的吸收性比页岩和灰岩的吸收性强。另外，砂岩含油气时，其吸收性显著增强。

一、Q 场的提出

由于地层介质具有吸收衰减作用，地震波穿过该介质后，接收到的地震信号频率降低，严重影响了地震资料的品质，因此必须对其衰减进行补偿。常规基于 VSP 数据的谱比法计算的 Q 值比较可靠，然而探区内的 VSP 井位数量有限，几口井的 Q 值代表不了整个区域，精度有限。近年来，Q 值的应用逐渐由点到面，然而缺乏空间的概念，因此，有必要建立区域内的三维 Q 场。

基于地震叠加剖面，本书提出 Q 场由两部分组成：表层 Q 场和中深层 Q 场。地震资料处理应用中，联合表层 Q 值与利用 VSP 计算的 Q 值资料，通过以下方法建立联合三维空变 Q 场：

（1）将数据转换成 $T—Q$ 对格式；

（2）导入层位数据文件到三维工区；

（3）建立构造模型；

（4）基于构造模型约束下建立 Q 场。

二、Q 值求取方法

（一）VSP 数据的 Q 值计算

在地震资料处理中，利用 VSP 数据求取 Q 值，通常采用的方法是谱比法。假设地震信号的振幅谱是随时间按指数衰减的，则与品质因子相关联的公式为：

$$a_2(f) = a_1(f)e^{-\frac{\pi/\tau}{Q}} \tag{3-1-1}$$

式中 $a_1(f)$ ——参考子波的振幅谱；

$a_2(f)$ ——滑动时窗内的振幅谱；

f——地震波的频率，Hz；

τ——单程旅行时间，s。

式（3-1-1）通过数学转换，得到品质因子 Q 的计算公式：

$$Q = \sqrt{-\frac{\pi}{\tau}\ln\frac{a_2(f)}{a_1(f)}} \tag{3-1-2}$$

首先在一个时窗内分析振幅谱，计算其与参考振幅谱的比值对数；然后移动时窗，保证时窗内有足够的重叠部分，分析振幅谱，并计算时窗内振幅谱与参考振幅谱比值的对数；最后由一系列的振幅谱对数比率，估算 Q 值。

（二）基于地震数据经验公式的地震波 Q 值的计算

近年来，随着油田精细勘探的不断推进，提高地震资料分辨率已深入到地震勘探的全过程。表层低降速带对地震子波的衰减是造成地震资料分辨率降低的一个重要因素。由于华北探区表层调查资料丰富，因此总结出一套计算表层 Q 值的经验公式。李庆忠 Q 值计算公式：

$$Q = 3.516 \times v^{22} \times 10^{-6} \tag{3-1-3}$$

式中 v——地层的层速度，m/s。

在地震资料处理过程中，联合表层 Q 值与利用 VSP 数据计算的 Q 值资料，通过以下步

骤建立拟合 Q 体模型：（1）转换 $T—Q$ 文件格式；（2）导入层位数据文件到三维工区；（3）建立构造模型；（4）在构造模型约束下建立 Q 模型；（5）建立全区 Q 体。

由于工区内 VSP 数据有限，联合表层 Q 与 VSP 数据计算的 Q 值也是一种近似值。因此，在地震资料处理中，表层 Q 体的应用效果并不明显。为了提高地震资料处理的精度，借鉴表层 Q 体建模方法，采用 Q 值经验公式，在资料处理时拾取高密度精确的速度谱，从而进行立体 Q 值建模。

三、Q 场建立技术

鉴于不同方法计算的表层 Q 值之间存在一定的差异（图 3-1-1），采用数学模型，寻找两者之间的相似关系，并采用以下三个步骤来建立拟合 Q 体。

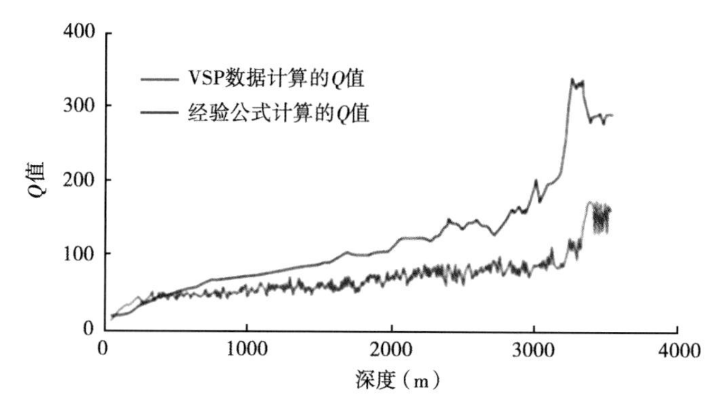

图 3-1-1　不同方法计算下的 Q 值对比图

（一）Q 值的标定技术

在同一个点依，VSP 计算的 Q 值作为约束条件，标定经验公式求取的 Q 值。根据 VSP 计算的 Q 值（Q_{vsp}）与基于经验公式计算的 Q 值（Q_{seismi}）之间的差异，建立两值的比 Q 值（M）关系，即：

$$M = \frac{Q_{vsp}}{Q_{seismic}} \tag{3-1-4}$$

依据式（3-1-4）计算的 M 数据绘制散点图（图 3-1-2）。将 M 值变化比较稳定的区域分为一段，对段内的 M 点分别进行标定，根据地层层位（系统段）分段效果较好。

（二）Q 值的拟合处理

根据标定 M 值的深度区间，进行 Q 值拟合（图 3-1-3）。对于标定后的 Q 值与 VSP 计算的 Q 值线性误差太大的点，进行人工剔除，直至拟合后的 Q 值与 VSP 计算的 Q 值非常接近为止。

（三）拟合 Q 体的计算

将上述单点的 Q 值的计算方法延拓到整个数据体 Q 的计算上。倘若一个工区内存在多口井的 VSP 数据，则可以采用分区域的方法进行区域拟合。通过抽取 CMP 线，提取精确的 $T—V$ 数据，并采用 Q 值的拟合方法，计算出工区内的拟合 Q 体（图 3-1-4）

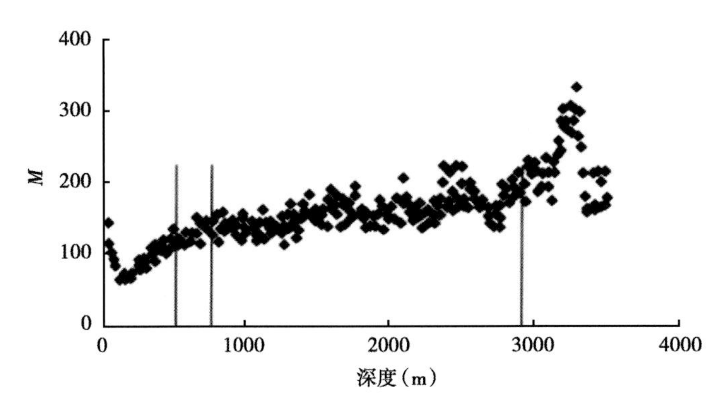

图 3-1-2　离散 Q 值分段标定示意图

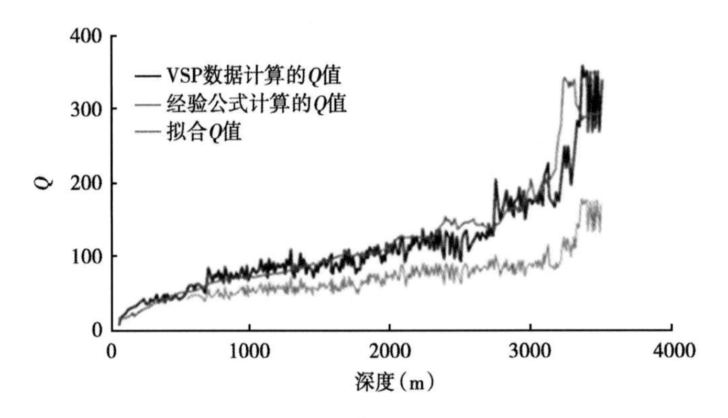

图 3-1-3　拟合前后 Q 对比图

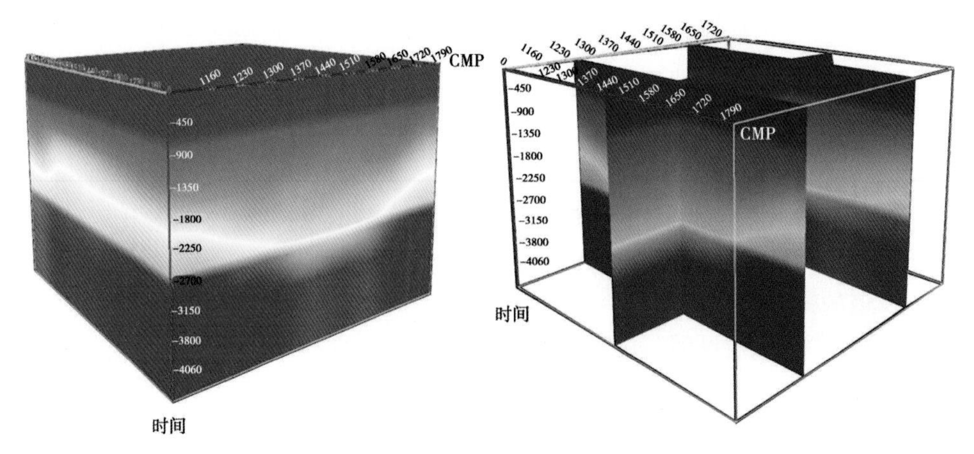

图 3-1-4　拟合求取的全区 Q 值立体显示图

四、Q 补偿处理技术

以 ST1 井低降速带厚度变化剧烈区为例，由于受表层吸收衰减的影响，地震波高频衰减严重，目的层段频率偏低，以往的中—深层地震资料主频为 15～18Hz，影响了地震资料的分辨率，因此补偿吸收衰减具有重要的意义。

地震资料处理中，采用经验公式计算的 Q 体效果不理想，同时由于工区内的 VSP 数据有限，Q 值比较单一。通过应用拟合 Q 体建模技术，并与 VSP 计算的 Q 值进行对比，结果发现剖面整体品质较好，局部分辨率有所提高（图 3-1-5）。

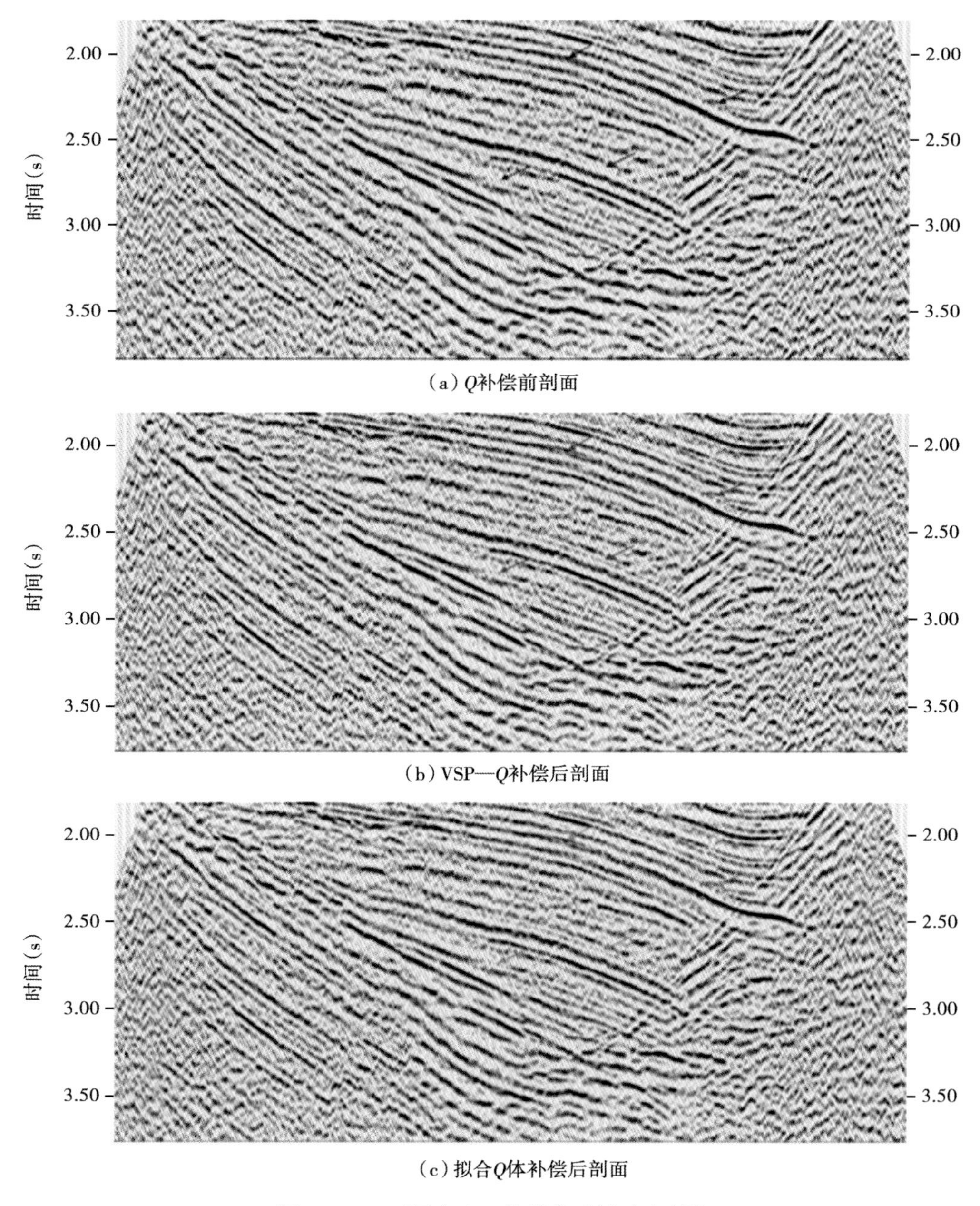

（a）Q补偿前剖面

（b）VSP—Q补偿后剖面

（c）拟合Q体补偿后剖面

图 3-1-5　不同方法 Q 补偿前后剖面对比图

分析应用不同 Q 值后地震资料的频谱，发现拟合 Q 体的频谱与 VSP—Q 补偿的频谱相似，均比原始数据的频带宽（图 3-1-6）。应用经验公式计算的 Q 值，虽然频率提高，但是高频干扰增强，剖面的品质降低。

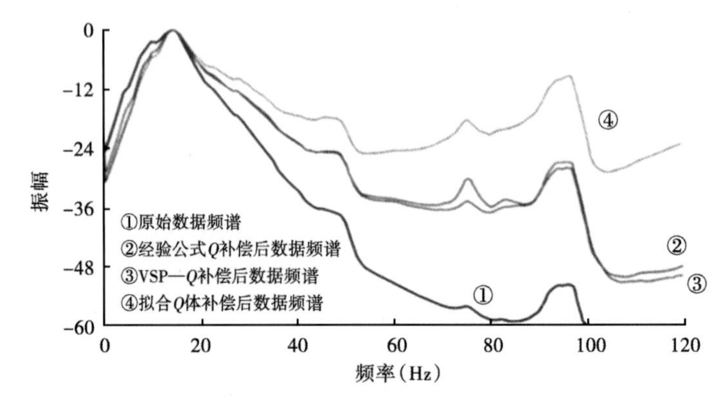

图 3-1-6　不同方法的频谱对比图

五、Q 偏移处理技术

Q 偏移正是基于反 Q 滤波的缺陷，偏移成像过程中，考虑对沿不同路径传播的波的吸收衰减进行补偿。它严格按照波场传播路径对介质非弹性吸收频散效应进行补偿与校正，多采用如下方式：在接收到的上行波场向下延拓时进行 Q 补偿，在震源下行波场向下延拓时也进行 Q 补偿，然后利用成像条件对反射波进行成像。

在每一步外推过程中，估算出对应平面波下行路径的振幅衰减量和频散量，将其加到对应的平面波上行波场的外推结果中，实现沿路径的振幅吸收衰减与频散补偿。

根据 Q 偏移原理的不同，主要分为基于射线追踪理论、单程波动方程理论和双程波动方程理论三大类。下面简单介绍基于单程波动方程理论的偏移补偿方法。

单程波动方程理论的偏移补偿方法，首先从单程波动方程开始：

$$\frac{\partial u(k_x,\ k_y,\ k_z)}{\partial z} = \mathrm{i}ku(k_x,\ k_y,\ z,\ w) \tag{3-1-5}$$

式中　k_x，k_y 和 k_z——分别表示 x，y 和 z 方向的波数；

u（k_x，k_y，z，w）——深度为 z、频率为 w 时的平面波；

k——波数；

w——角频率。

式（3-1-5）的解为：

$$u(k_x,\ k_y,\ z+\Delta z,\ w) = \exp(\mathrm{i}k_z\Delta z)u(k_x,\ k_y,\ z,\ w) \tag{3-1-6}$$

令 s 表示波传播的慢度，$k=sw$ 表示波数，则 k_z 被定义为：

$$k_z = sw\sqrt{1-(k_x^2+k_y^2)/k^2} \tag{3-1-7}$$

式（3-1-6）表示波场从深度 z 外推到 $z+\Delta z$，对于黏弹性介质来说，基于地震波衰减 kjartansson 线性模型[2]（Q 与频率无关），用与频率相关的复数慢度 $S(w)$ 替代 s，复数慢度表达式如下：

$$S(w) = s(w) - \mathrm{i}\alpha(w) \tag{3-1-8}$$

式中　w——角频率；

i——虚数单位；

α (w) ——衰减系数。

其中：

$$s(w)=s_0(\frac{w_0}{w})\gamma \quad (3-1-9)$$

$$\alpha(w)=\frac{s_0}{2Q}(\frac{w_0}{w})\gamma \quad (3-1-10)$$

$$\gamma=\frac{1}{\pi}\arctan\frac{1}{Q}\approx\frac{1}{\pi Q} \quad (3-1-11)$$

式中 s_0——参考频率 w_0 的慢度；

s (w) ——色散慢度；

Q——品质因子；

γ——无量纲参数，表示信号衰减情况；

α (w) ——衰减系数。

当 $Q^2\gg1$，式（3-1-7）中的垂直波数为：

$$k_z=[s(w)-\mathrm{i}\alpha(w)]w\sqrt{1-(k_x^2+k_y^2)/k^2} \quad (3-1-12)$$

其中，k_z 的实部与地震波色散具有相关性，虚部与频率相关的地层吸收具有相关性。

对于粘弹性介质，可以通过插值算法分步实现式（3-1-6）中的波场外推，其中调幅相移在波数域和空间域完成，各深度的频率采样点都选择很多参考慢度值 s_i 和 Q_j（等于 α_j）。首先应用式（3-1-6）和式（3-1-13）中改进的垂直波数 k'_z 得到大量的参考波场，改进算法运算结果保持水平波数平面原点不变：

$$k'_z=[s_i(w)-\mathrm{i}\alpha_j(w)]_{\mathrm{w}}(\sqrt{1-(k_x^2+k_y^2)/k^2}-1) \quad (3-1-13)$$

该结果经傅里叶变换到空间域后，可基于局部慢度 S_0（x，y，z）和 Q（x，y，z）进行插值产生一中间波场；然后利用空间波数域中的垂直波数在空间域中进行调幅相移，其中 k_{z0}为水平波数平面原点的垂直波数：

$$k_{z0}=[s(x,\ y,\ z,\ w)-\mathrm{i}\alpha(x,\ y,\ z,\ w)]w \quad (3-1-14)$$

式中 s（x，y，z，w）——实部，与地震波色散具有相关性；

α（x，y，z，w）——虚部，与频率相关的地层吸收具有相关性；

i——虚数单位。

对于有限的正值 Q 来说，比例系数是大于 1 的，因此外推算子相当于是一个放大器。由于高频噪声效应、计算机舍入误差等可以随着深度的增加呈指数增长，相当于外推算子引起了一个不稳定的问题。因此，为保持外推处理稳定，引入稳定的衰减系数，该衰减系数能对振幅的最大增益加以限制。在黏弹性介质中，振幅衰减因子可表示为如下形式：

$$W(n,\ w)=\exp[-w\Delta z\sum_{l=1}^{n}\alpha(z_l,\ w)] \quad (3-1-15)$$

式中 Δz——进行波场外推时，在深度 z 方向的增量；

α（z_l，w）——波场外推时的高频噪声和舍入误差。

稳定的振幅补偿标量可定义如下：

$$W^{-1}(n, w) = \frac{W(n, w) + \sigma^2}{W^2(n, w) + \sigma^2} \tag{3-1-16}$$

式中，稳定因子参数 σ 和用户根据经验指定的增益限制是相关的。稳定的衰减系数 $w\alpha_{st}(z_l, w)$ 可由递归关系定义如下：

$$\exp\left[w\Delta z \sum_{l=1}^{n} \alpha_{st}(z_l, w)\right] = W^{-1}(n, w) \tag{3-1-17}$$

其中：

$$\alpha_{st}(z_l, w) = \alpha(z_l, w) \tag{3-1-18}$$

将每一水平位置的所有一维衰减系数函数结合起来，就得到三维模型。稳定的衰减系数 $w\alpha_{st}(z_1, w)$ 用于波场外推时，得到结果也是稳定的。

该方法具有对地下复杂构造进行稳定、高效成像的能力，在偏移成像过程进行衰减补偿，可以准确获得深层界面的反射信息，得到高精度的成像结果。

图 3-1-7 为 SL 资料在时间域中，比例尺一致的两种剖面。图 3-1-7（a）为进行常规叠前深度偏移处理结果，图 3-1-7（b）为 Q 叠前深度偏移处理结果，从剖面效果看，Q 叠前深度偏移剖面相比常规叠前深度偏移，垂向分辨率更高，层间信息更加丰富。图 3-1-8 为常规叠前深度偏移和 Q 叠前深度偏移频谱对比，从频谱上，Q 叠前深度偏移频谱更宽；

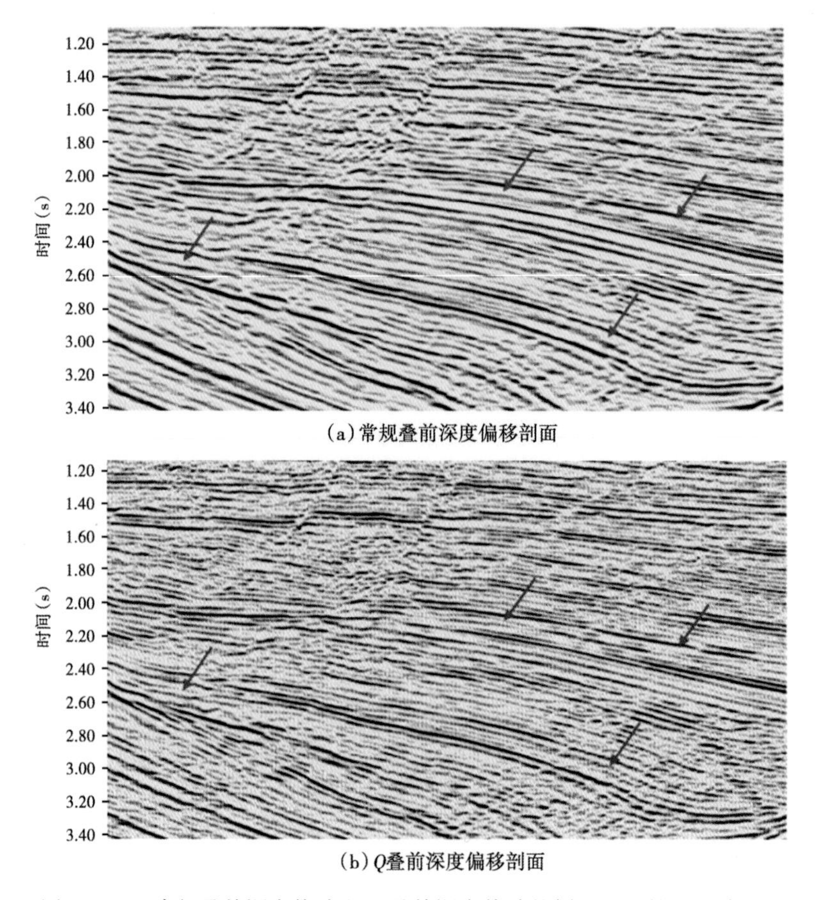

图 3-1-7　常规叠前深度偏移和 Q 叠前深度偏移的剖面及目的层子波对比

从切片上，Q 叠前深度偏移对构造刻画更为清晰。图 3-1-9 为常规叠前深度偏移和 Q 叠前深度偏移目的层段时间切片效果展示可见，Q 叠前深度偏移效果优于常规深度偏移。

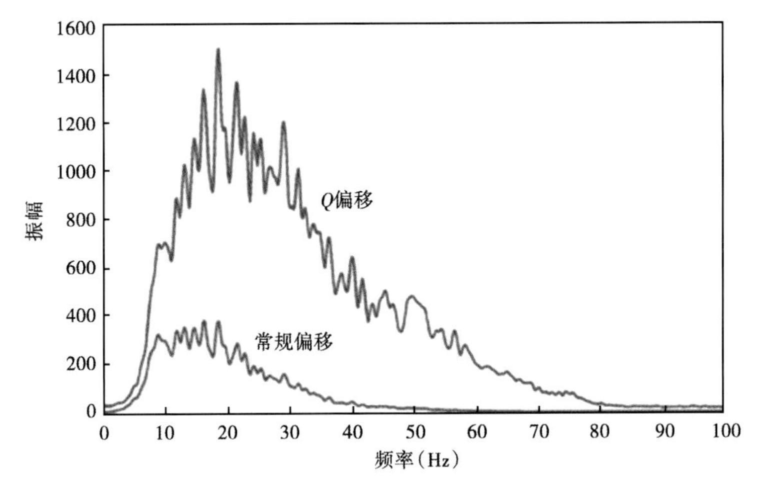

图 3-1-8　常规叠前深度偏移和 Q 叠前深度偏移目的层段频谱对比

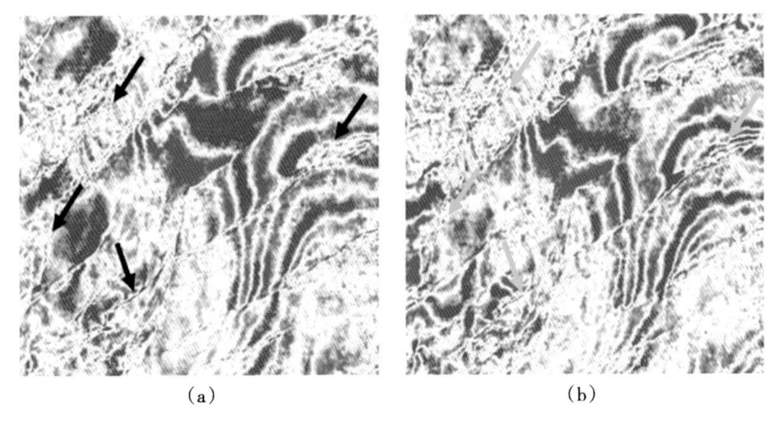

图 3-1-9　常规叠前深度偏移（a）和 Q 叠前深度偏移（b）时间切片对比

第二节　宽频处理技术

一、基于 VSP 的低频信号处理技术

地震勘探中的陆上地震波频率范围一般为 0~80Hz。由于低速层的吸收及高速地层的强反射影响，地震波在传播过程中的高、低频率成分衰减程度存在较大差异。通常，地震波的高频成分衰减严重，而低频信息保留相对较多。

由于低频信息比高频信息具有更高的抗屏蔽及吸收能力，同时，低频信号载有更多的弱反射信息，因此利用低频信息能够提高深层速度的精度和成像质量。

利用 VSP 测井提取精度更高的地震子波与实际地震资料进行匹配对比，分析地震资料中可能改善的低频信息，尽可能地把混杂在噪声中的有效低频地震信息进行提取和加强，从而改善地震资料的低频信息。图 3-2-1（a）为从 VSP 测井中提取的地震子波，图 3-2-1（b）为进行的不同幅度的匹配试验。

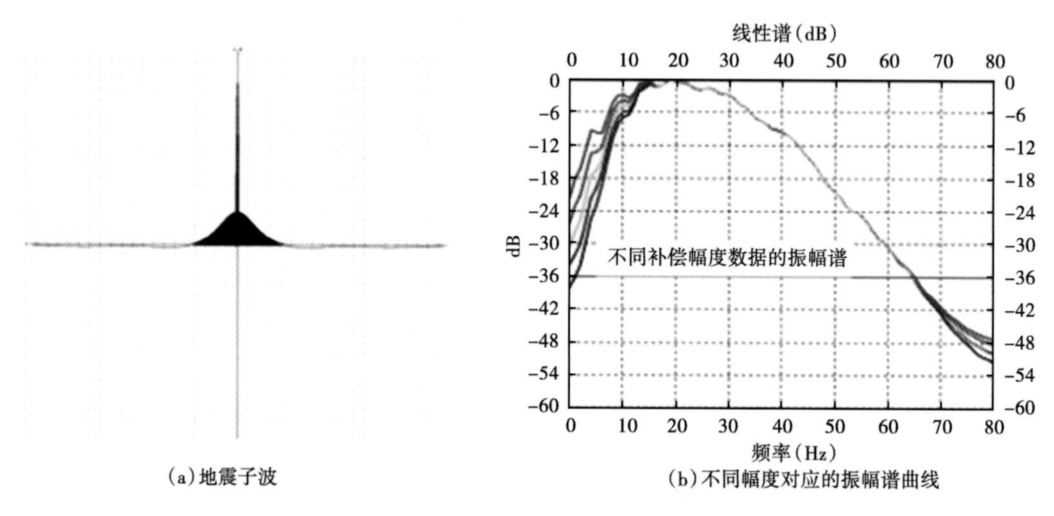

图 3-2-1　低频信息补偿试验

图 3-2-2 是试验应用效果，3-2-2（a）为浅层频谱，3-2-2（b）为目的层的潜山及内幕频谱，中间为不同幅度试验参数。通过实际应用，结合资料情况也获得较好的结果(图 3-2-3、图 3-2-4)。

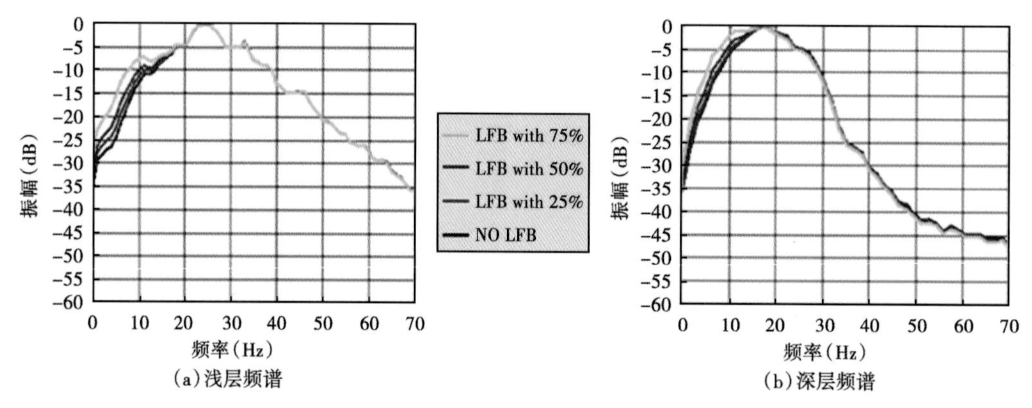

图 3-2-2　低频信息补偿试验

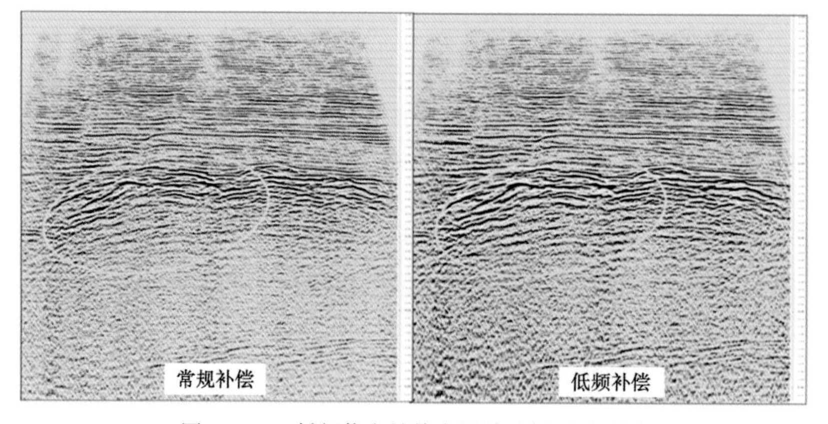

图 3-2-3　低频信息补偿应用前后剖面对比图

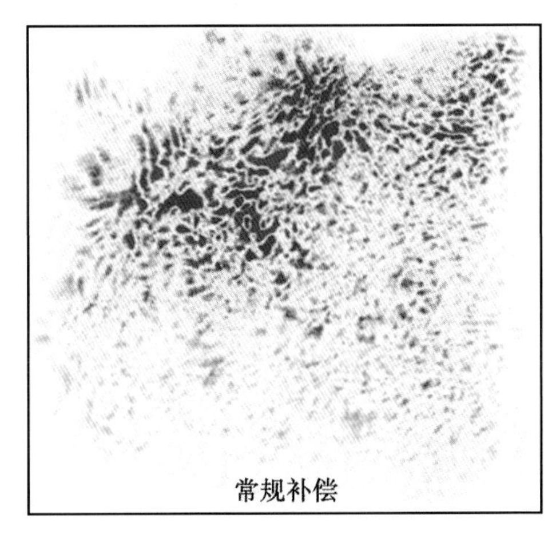

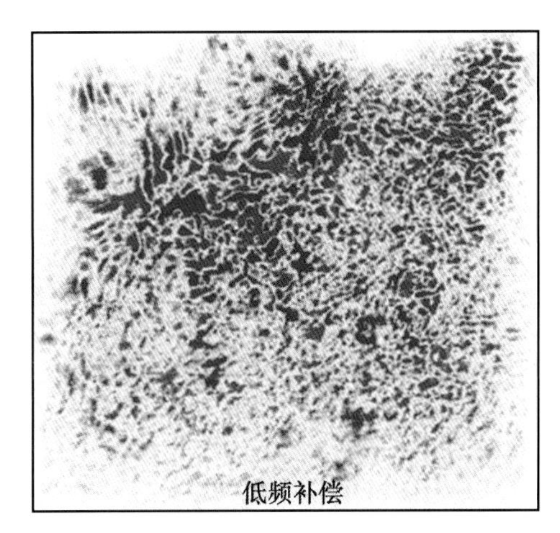

图 3-2-4 低频信息补偿应用前后时间切片对比图

二、基于 VSP 的约束反褶积处理技术

不同的激发、接收条件导致原始数据在子波振幅、频率、相位等方面存在一定的变化，地表一致性处理是消除这些差异最好的手段。应用地表一致性反褶积技术，对地震子波进行校正，消除地表条件差异对地震子波的影响，从而增强地震子波横向稳定性和一致性。

VSP 走廊叠加剖面能比较客观地反映井周围地层的反射波特征，通过与地震资料进行匹配，可以定量优选反褶积参数。选择有代表性的线束进行反褶积试验，确定出反褶积流程及参数，在其他线束进行验证，最终确定反褶积参数。

反褶积参数的常规选取主要是通过参数扫描的方法，对比不同参数在单炮和叠加剖面上的效果来确定。叠加走廊约束反褶积处理技术是将井旁地震道与合成记录或 VSP 走廊叠加进行互相关分析，生成一系列的匹配属性，包括匹配可信度（图 3-2-5）、可预测度、传递函数（图 3-2-6）等，这些属性描述了地震资料与井资料的匹配程度。该处理技术为定量

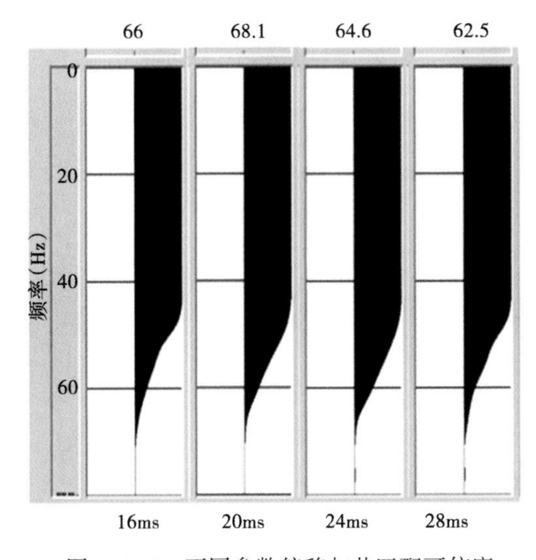

图 3-2-5 不同参数偏移与井匹配可信度

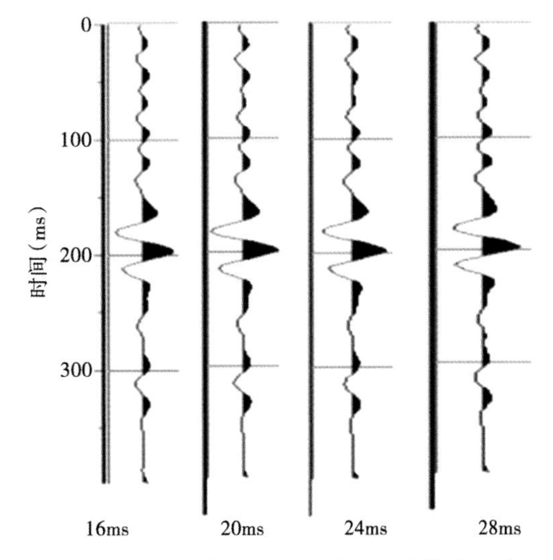

图 3-2-6 不同参数偏移与井匹配的传递函数图

分析反褶积参数提供了手段，根据不同参数偏移结果与井资料的匹配可信度、传递函数等优选最佳匹配的参数。选择反褶积预测步长 20ms，经过反褶积处理后，剖面的波组特征得到了明显改善，分辨率得到了一定程度的提高（图 3-2-7）。

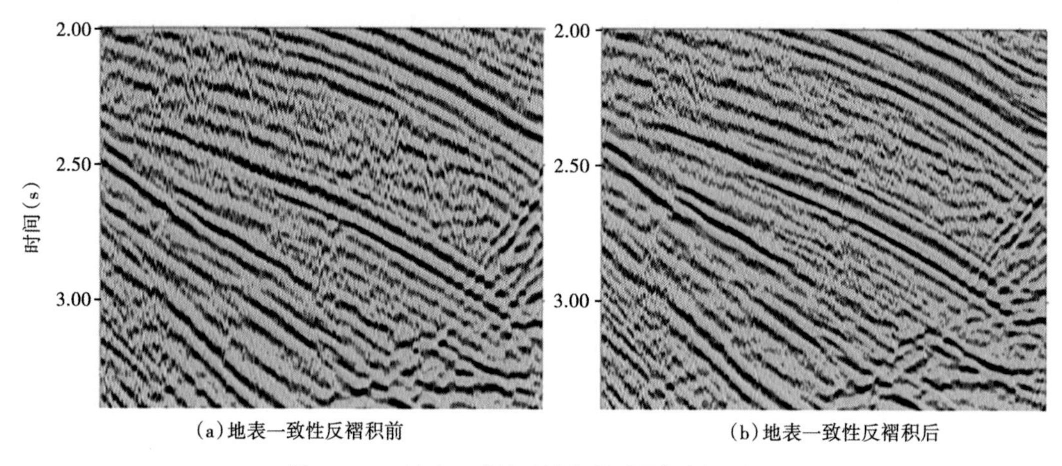

（a）地表一致性反褶积前 （b）地表一致性反褶积后

图 3-2-7 地表一致性反褶积前后叠加剖面对比

三、叠后零相位化处理技术

获得震源子波后，可以利用已知子波来求取零相位化算子，再把求取的零相位化算子应用于地震资料处理中，就可实现地震资料的零相位化处理。

在井控拓频处理中，从实际地震资料中提取震源子波，利用 VSP 资料中提取的子波求取其零相位化算子，将所求取的零相位化算子应用于实际地震资料，以期达到进一步提高资料分辨率的目的。其效果见图 3-2-8 至图 3-2-10。

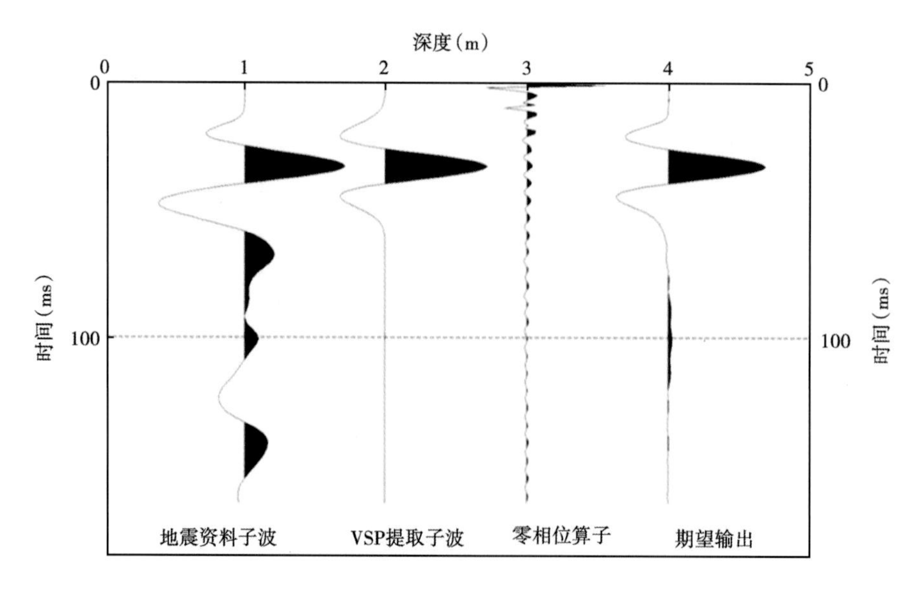

图 3-2-8 叠后零相位化处理流程示意图

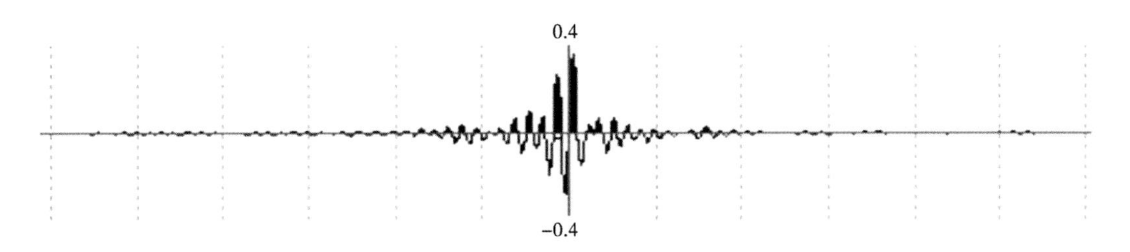

图 3-2-9　地面地震与 VSP 资料的零相位化匹配算子

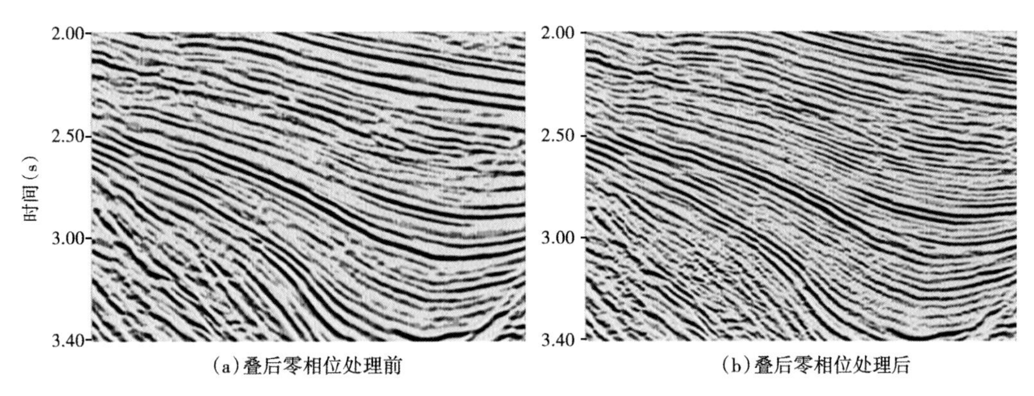

(a)叠后零相位处理前　　(b)叠后零相位处理后

图 3-2-10　叠后零相位化处理前后偏移剖面对比

第三节　宽方位 OVT 处理技术

随着地震勘探程度的不断提高以及地震勘探技术的不断进步，目前冀中探区勘探工作已逐步由区域勘探向小幅度构造和岩性油气藏勘探转变，窄方位角地震勘探也逐渐被宽方位角地震勘探所代替。

传统意义的分方位处理技术：(1) 分方位角偏移，宽方位角地震勘探能够增加采集的照明度，获得完整的地震信息；(2) 宽方位角地震勘探比窄方位角勘探的成像分辨率高；(3) 宽方位角成像的空间连续性优于窄方位角；(4) 通过研究振幅随炮检距方位角的变化，使断层、裂缝和地层岩性变化的可识别性提高；(5) 宽方位角地震勘探有利于压制近地表散射干扰，能提高资料的信噪比。通过对比实际资料的处理效果，表明根据不同的方位结果在分辨储层信息上存在差异，据此能够预测裂缝发育方向与发育密度。

OVT 是不同于常规处理方法的新技术，它不仅能保存方位角信息，而且它能提供有效而精确的数据域可用于去噪、插值、规则化、成像、各向异性、AVO/AZAVO 和岩石属性反演等常规处理。该技术大致分为四个步骤：数据准备、OVT 域处理、OVT 域偏移、OVG 道集处理，具体的实施流程如图 3-3-1 所示。

本书以束探 1 井泥灰岩攻关资料为例，对 OVT 处理技术进行阐述。束探 1 井采集参数如图 3-3-2 所示。

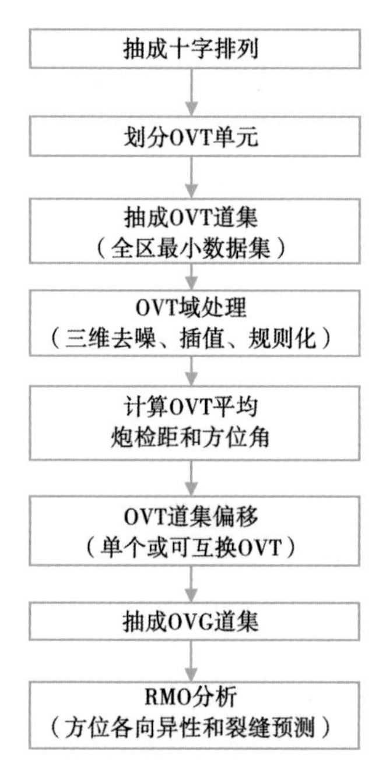

图 3-3-1　OVT 处理的流程

参数	数值
观测系统类型	32L×6S×192R正交
纵向观测系统	3820-20-40-20-3820
总道数	6144道（32线×192道）
CMP面元（m^2）	20×20
方位角（°）	105
覆盖次数（次）	256（16纵×16横）
道间距（m）	40
接收线距（m）	240
炮点距（m）	40
炮线距（m）	240
最大非纵距（m）	3820
纵向炮检距（m）	3820
最大炮检距（m）	5402
束线滚动距（m）	240
横纵比	1

图 3-3-2　束探 1 井采集参数

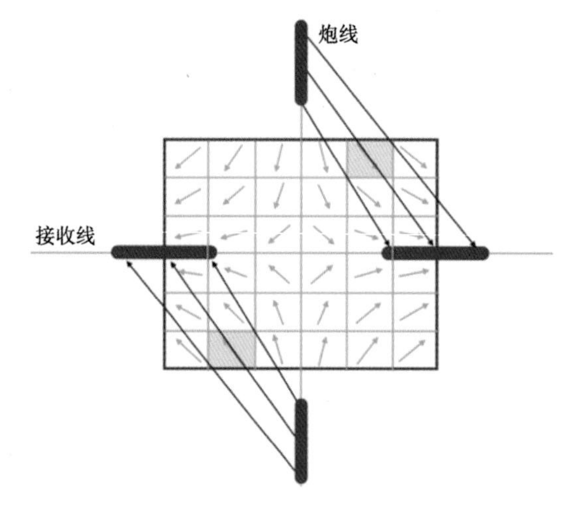

图 3-3-3　正交观测系统中的十字排列以及炮检距向量片示意图

一、数据准备

将数据分选成十字排列道集，单个十字排列的炮检距分布是一系列标准的同心圆，表明数据确为全方位采集。如图 3-3-3所示，这个十字排列按炮线距和检波线距（均为 330m）等距离划分得到许多小矩形，每一个矩形就是一个 OVT。理论上，OVT 的个数等于覆盖次数，即 16 纵×16 横，这样完整的 OVT 个数与覆盖次数相符。

二、OVT 道集抽取

图 3-3-4 为从十字排列内抽取 OVT 示意图，将单一 OVT 片按照两倍炮线距（480m）与两倍检波线距（480m）进行划分（OVT 片内偏移距跨度在 678m），方位角跨度在 10°左右，受到工区变观、加密炮的影响，部分的地区覆盖次数大于 1，大部分地区为 1 次覆盖。单一 OVT 片的偏移距 X 分量、Y 分量均为 480m，从而验证 OVT 片抽取的正确性。

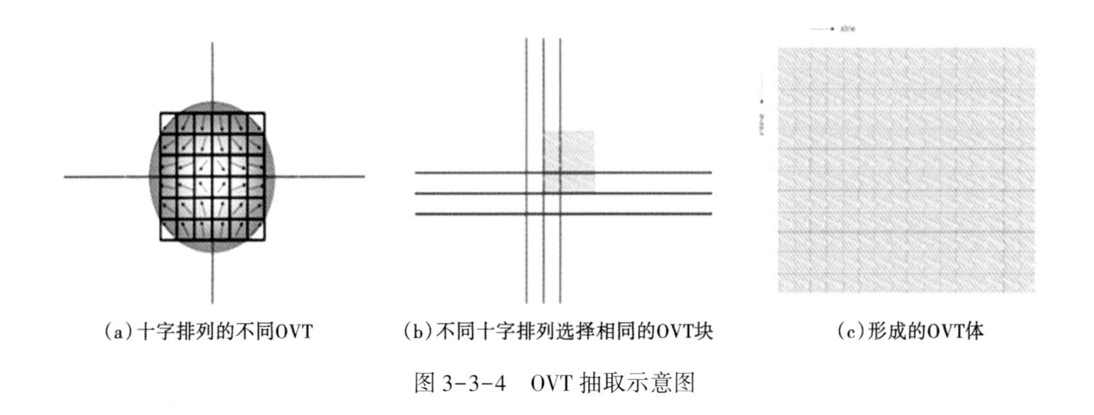

(a)十字排列的不同OVT　(b)不同十字排列选择相同的OVT块　(c)形成的OVT体

图 3-3-4　OVT 抽取示意图

三、OVT 域的处理

数据在 OVT 域和十字排列域都是单次覆盖，都可认为是三维地震勘探数据体，且可应用 3DRNA、3DFKK 等三维地震勘探去噪手段。

但数据在十字排列域是局部的，去噪后可能存在一些边界问题，而 OVT 域的去噪是全局的，能避免空间不连续性问题。特别是对方位各向异性强、构造倾角大和覆盖次数不高时，OVT 域插值显示出较大的优势。按不同的方向分组进行 OVT 域插值，能够很好地解决以往处理中存在的插值道不可靠、高频信息损失严重的问题。

在 OVT 域实现五维插值，消除由于野外变观、观测系统等因素导致偏移距分布不均和覆盖次数分布不均等影响，为偏移成像提供高质量的数据体。在 OVT 域，首先对偏移距进行插值，然后对方位角进行规则化，从而实现单一 OVT 片的偏移距、方位信息规则化及面元中心化。如图 3-3-5 所示，经过 OVT 域数据规则化处理后，资料信噪比得到提高，规则化后的覆盖次数均为 1 次，由于变观引起的覆盖次数不均问题得到很好地解决，且可以很好地保留数据规则化前的偏移距和方位信息。

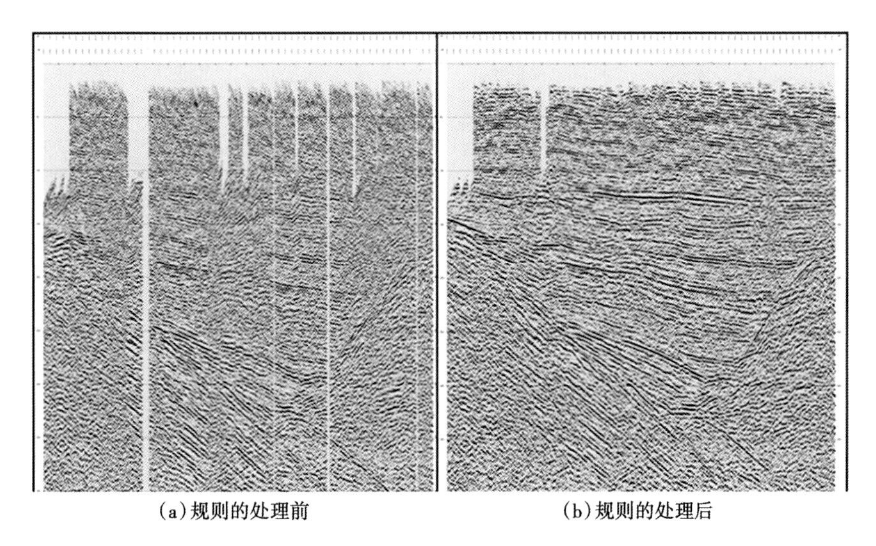

(a)规则的处理前　(b)规则的处理后

图 3-3-5　OVT 域数据规则的处理前后剖面变化

四、螺旋道集处理

方位各向异性的存在，与裂缝发育密切相关并影响成像。在螺旋道集叠加前消除抖动（图 3-3-6）或者提取有用信息是十分关键。如图 3-3-7 所示，地层切片经方位各向异性校正后由各向异性造成的耦合等现象得到了有效消除。

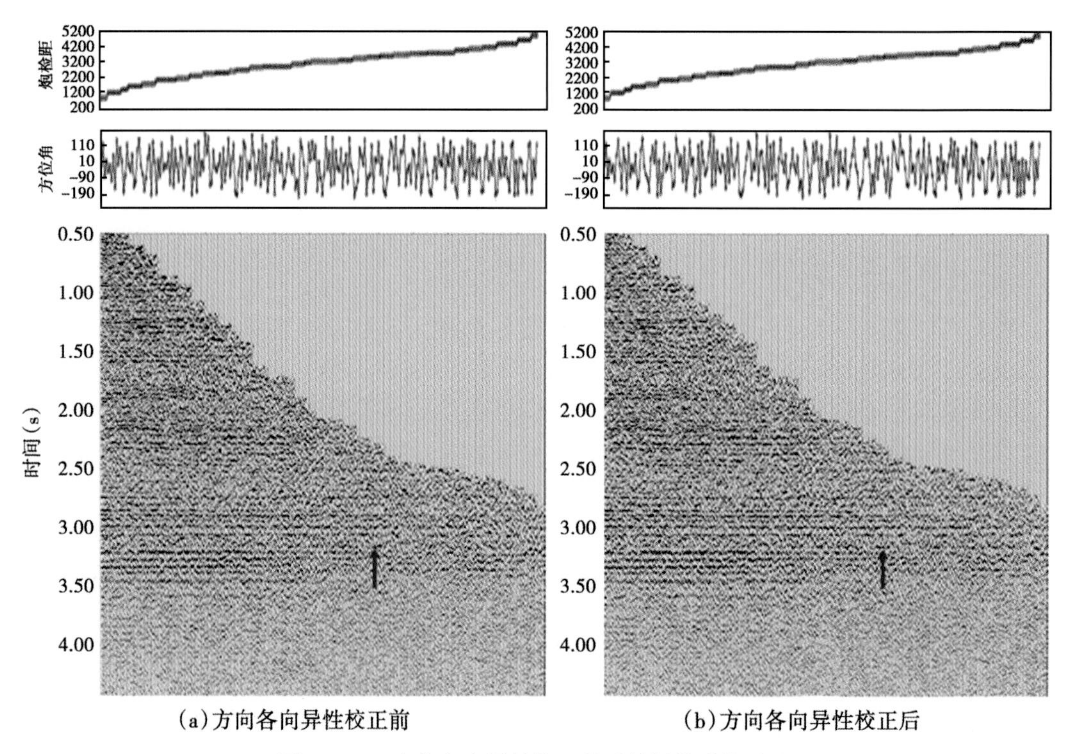

(a)方向各向异性校正前　　(b)方向各向异性校正后

图 3-3-6　方位各向异性校正前后的螺旋道集对比

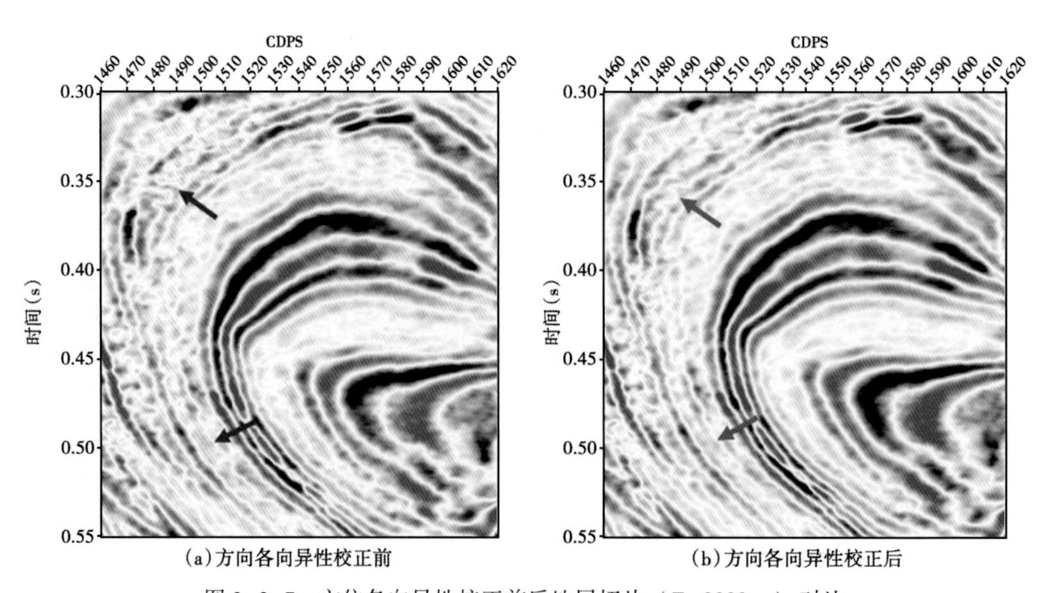

(a)方向各向异性校正前　　(b)方向各向异性校正后

图 3-3-7　方位各向异性校正前后地层切片（T=3000ms）对比

方位各向异性校正采用的是一种剩余方位动校正方法，具体实现是对测得的旅行时用最小平方法拟合方位 NMO 椭圆。从方位各向异性提取的有用信息可直接展示为各种反映储层裂缝方向分布和裂缝密度分布的信息，为钻井和提高油井产量提供重要依据。

五、OVT 域偏移

计算每个 OVT 道集的平均炮检距和方位角，作为该道集代表性的炮检距和方位角，这种方法优于常用的固定炮检距范围内分离数据的方法。偏移与常规方法没有什么差别，只是输入为 OVT 道集。

从 OVT 偏移剖面与常规叠前时间偏移处理剖面对比（图 3-3-8、图 3-3-9）可见，OVT 偏移效果较之常规叠前时间偏移处理效果信噪比高，地层接触关系合理，断面刻画清晰，下盘地层显示较清晰，层间信息丰富。

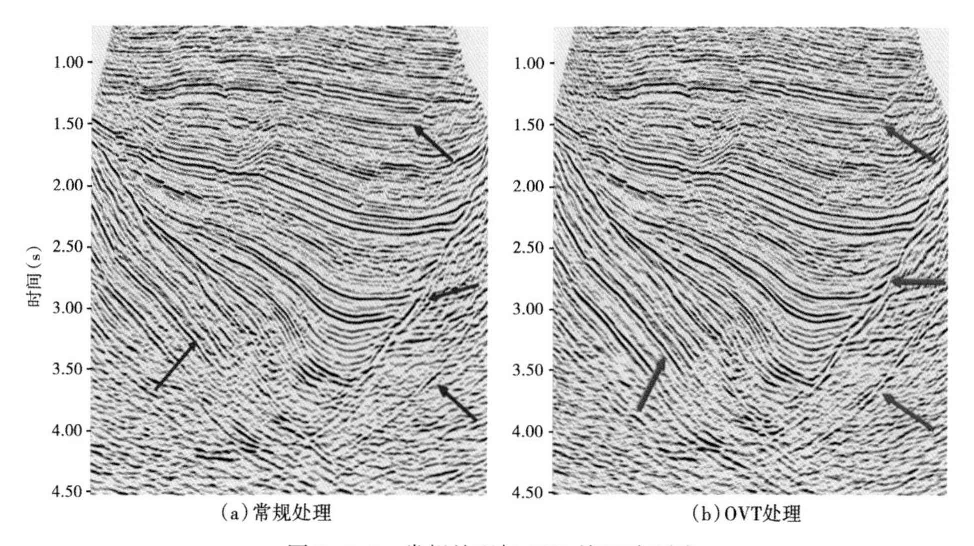

图 3-3-8　常规处理与 OVT 处理对比图

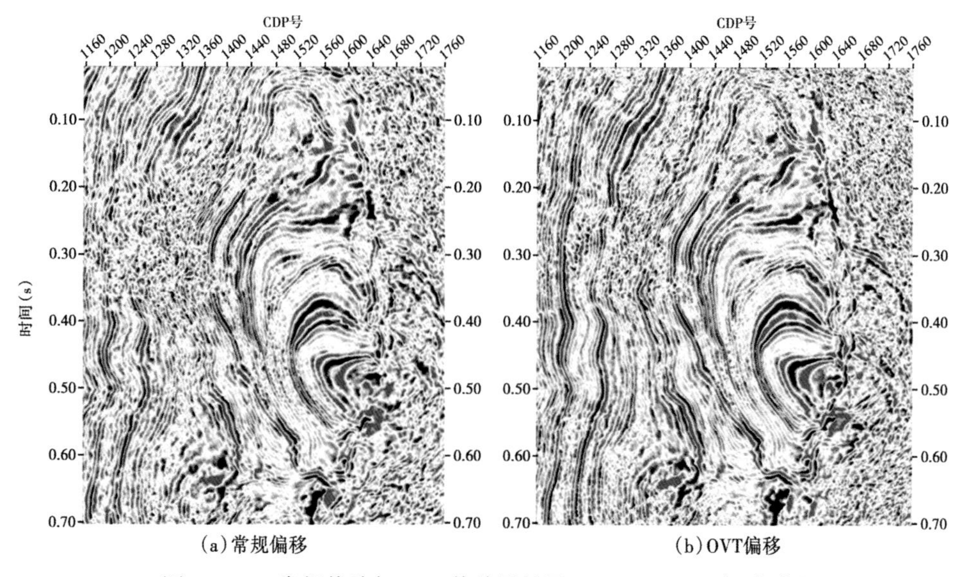

图 3-3-9　常规偏移与 OVT 偏移目的层（T=3000ms）切片对比

偏移后的螺旋道集按照解释人员的要求将其划分为 4 个方位角的叠加剖面（图 3-3-10）。OVT 偏移处理后的螺旋道集由于含有偏移距和方位信息，可以根据地质需求进行任意角度的分方位叠加处理，无需像常规处理那样先分方位再进行偏移处理。

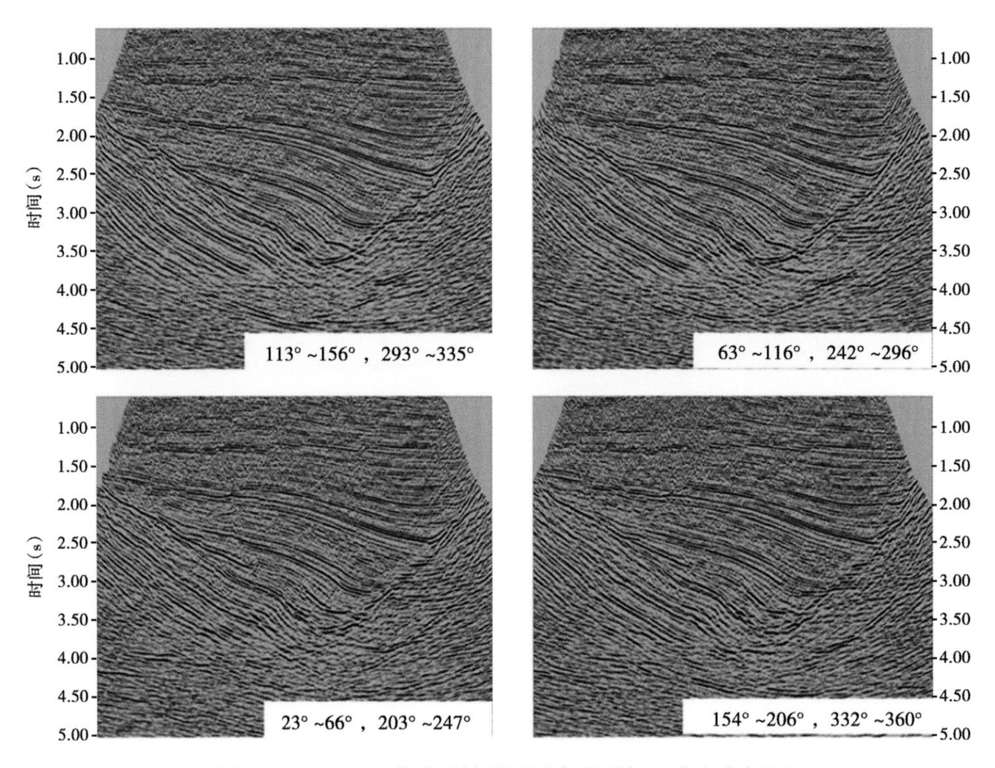

图 3-3-10　OVT 偏移后按照不同角度叠加的分方位剖面

第四节　速度建模与高精度成像技术

地震成像技术一直是地震勘探领域研究的热点和难点，其中叠前深度偏移技术是改善地震资料质量，提高复杂构造和复杂岩性反射成像精度的有效技术之一，近年来为地球物理工作者广泛关注。而高精度的偏移速度是做好叠前深度偏移的关键。由于速度建模的精度直接影响地震成像质量，因此速度分析与建模是保证地震成像获取高信噪比、高分辨率和高保真度（三高）地震剖面的关键技术。

速度建模是一个结合地质信息进行处理和解释的综合过程，速度模型的准确性直接影响到叠前深度偏移的效果。速度模型的建立概括地说，包括建立初始速度模型和修正优化速度模型。它可分为二种建模方法：第一种是网格点速度建模，建立速度模型不受构造层位的约束和控制，但需根据层位对速度模型进行调整；第二种是沿层速度建模，在构造解释的地质约束条件下建立速度模型，再对速度模型逐层进行调整。由于速度模型的构建与地质构造密切相关，以往常用第二种方法建模，即首先根据先验地质信息建立初始模型；然后在此基础上进行目标测线的叠前深度偏移，对偏移后的共成像点道集进行偏移速度分析；再采用优化方法逐步迭代，直到获得比较合理的速度—深度模型；最后利用优化后的速度模型进行整体叠前深度偏移。

一、沿层层析速度建模技术

三维叠前深度偏移的速度建模是一个地质信息综合分析的过程，因为在需要叠前深度偏移的地区一般不能从常规处理中得到足够精确的速度模型。在实际应用中，首先根据工区的常规偏移地震剖面，结合该地区地质认识，建立初始速度模型，在此基础上进行目标测线叠前深度偏移，再对偏移后的共成像点道集进行剩余延迟分析，采用模型优化方法逐步逼近，直到获得比较合理的速度—深度模型。因此，叠前深度偏移过程中所使用的速度模型建立技术分为两个过程：初始速度模型的建立和速度模型的优化。

（一）初始速度模型的建立

1. 初始构造模型的确定

建立速度模型前需要先建立该区的构造模型，以便建立相应的速度模型。在确定地下岩层的构造层位和宏观速度分界面时，要充分考虑地质分层数据、层序地层划分结果、钻井及测井曲线等相关信息，在误差最小化的标定条件下，充分利用先验信息。进行构造建模时，首先对输入的断面和层位数据进行编辑和质量控制；然后利用声波测井或密度测井资料制作合成地震记录，对地震剖面进行分析标定；再在偏移剖面上进行横向分析，拾取地层速度的分界面。

在实际处理技术上，应严格把握以下几个基本原则。

（1）时间模型的建立与时间剖面上进行构造解释既有相似之处又有自身特殊的要求。建立时间模型的关键是追踪层速度界面，而构造解释所要对比的是地质界面。时间模型要求界面上下有较大的速度差异，而不考虑地质时代与地质意义是否相同，即时间模型的建立要选择和追踪那些最能影响地震波场传播的层速度界面。

（2）层位拾取尽可能平滑，以满足该偏移算法获得较好成像效果。

（3）层位选择和追踪时应尽量避开特别复杂的构造现象和无把握解释的区段，应将这些区段包含在可靠追踪的大层间隔中，以便尽量减少人为因素，使其自然成像，在改进后的成像上再对其追踪对比，从而达到在下一迭代过程中使其更好成像的目的。

（4）浅层偏移成像对速度非常敏感，所以浅层的层速度界面应拾取的较密。深层偏移成像对速度的敏感性相对变小，层速度界面可拾取的稀疏些。

（5）选择能够控制全区的构造形态、连续性好、能量强的同相轴追踪，选择主测线对比追踪的同时，又用联络线来达到全区闭合。

（6）根据垂向剩余时差谱和偏移效果，随时修改层位或增加层位。

（7）在断层发育，断距落差比较大时，用梯度的参考深度代替梯度的参考层位，以改善深层成像。

按照以上思路建模，同时与解释人员结合，根据钻井、测井资料确定地质层位和结合深度偏移所需的速度层位，建立一套完整的速度界面模型。

2. 初始层速度的求取

确定了宏观层速度分界面之后，还需要确定相应层的初始层速度值。层速度作为重要的地层参数之一，反映了地层岩性、沉积、构造等多方面的特征，因此层速度特征与地质特征密切相关。

求取层速度的主要方法有 DIX 公式转换法和相干层速度反演法。前者求取层速度精度较低，但简单且计算速度快；后者则利用数据的相关性原理，当层速度正确时，地震道间或实际资料与其合成记录间的相关性应较好。若沉积环境相对稳定，也可以借助测井资料来确定初始层速度值。而对于层速度横向变化较大的地区，可以通过 DIX 公式转换时间偏移速度得到初始速度—深度模型，并用测井速度加以约束。

图 3-4-1 为初始深度速度模型建立流程示意图，根据时间域偏移剖面上地质解释进行层位拾取，最终建立起全区的层位体（图 3-4-2）。

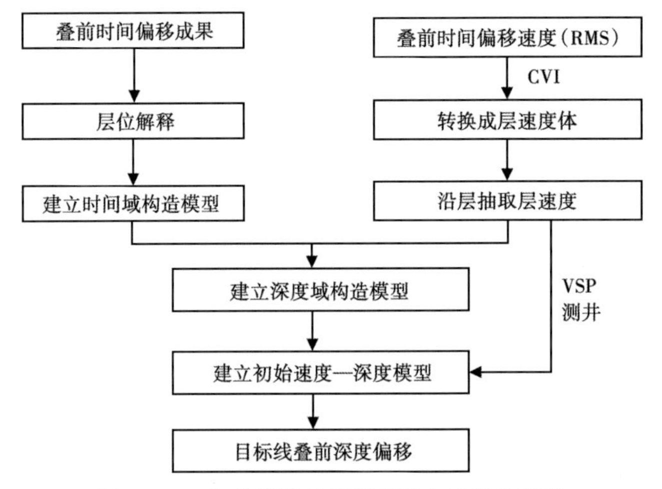

图 3-4-1　初始深度速度模型建立流程示意图

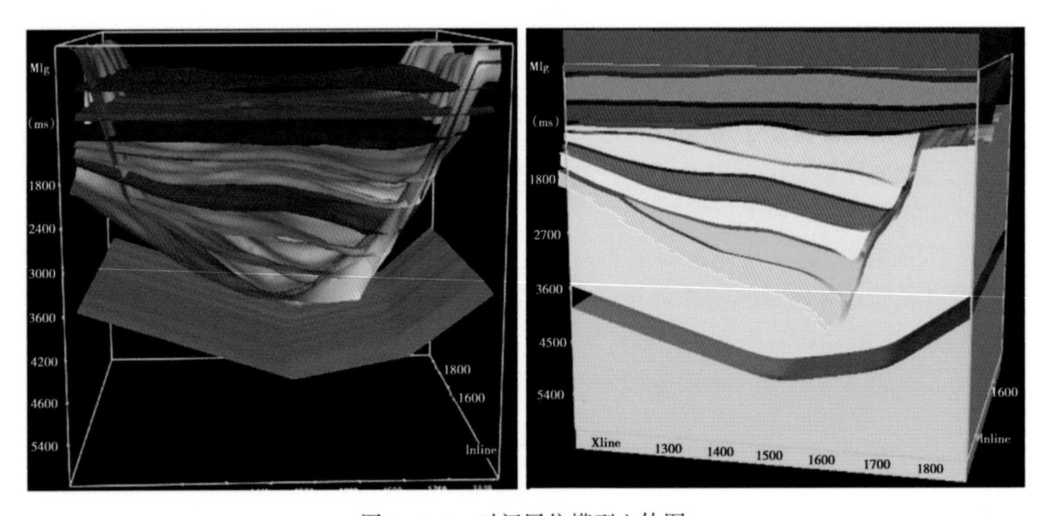

图 3-4-2　时间层位模型立体图

（二）速度模型的修正与优化

最终速度模型是在对原有速度模型的反复修改过程中实现的。在时间域对初始速度模型进行多方面的调整，使之与各种先验信息（构造、断层分布、VSP 资料及岩性分布等）一致；然后进行时深转换，沿层提取深度；再将其与测井地质数据对比，分析每一层位与测井层位的吻合程度。通过成像点道集的剩余量对速度和深度值进行修改；通过检验成像点道集上的有效反射波同相轴是否被拉平来验证速度模型，同相轴拉平时速度模型正确，可终止模型的修改过程。

由于叠前深度偏移要求的速度模型为宏观速度模型，横向速度变化不能过于剧烈，否则偏移成像后的结果较差，因此必须对获得的速度模型作适当优化处理，一般可采用滑动或加权平均、滑动中值和克立格法等光滑处理方法来实现。

初始的三维深度——层速度模型的精度往往不能满足地质要求。必须经过三维叠前深度偏移—模型优化—再次三维叠前深度偏移—再次模型优化这种形式的若干次迭代过程，同时结合软件自身提供的控制手段如检查 CRP 道集是否拉平，检查深度剖面成像是否合理，以及用钻井分层数据与深度剖面数据进行对比等等途径进行优化。

1. 做沿层的剩余速度分析

目标线叠前深度偏移后，利用 CRP 道集做沿层剩余层速度谱，然后沿层拾取剩余谱，将拾取的结果网格化得到剩余量平面图，通过层析成像对层速度进行优化，形成更新后的深度层速度体，再用新层速度体进行目标偏移，这样反复迭代，直到使某一层的剩余层速度误差趋于最小，得到该层最终的层速度平面图。在 CMP 道集信噪比较高、同相轴形态清晰可辨的情况下，用该方法效果较好。

2. 做垂向的剩余速度分析

在实际处理中，如发现因同一层内速度在深度方向上仍存在梯度变化而影响了层内波组成像，可以在时间偏移剖面的层位拾取中再增加一个层速度界面或重建部分层速度界面模型，接着用修改梯度的方法有效改进该层的偏移成像效果；如发现在同一层内速度梯度合理，在深度方向上仍存在层间能量团未趋于零，通过能量团的剩余速度函数求出速度值（图 3-4-3）。

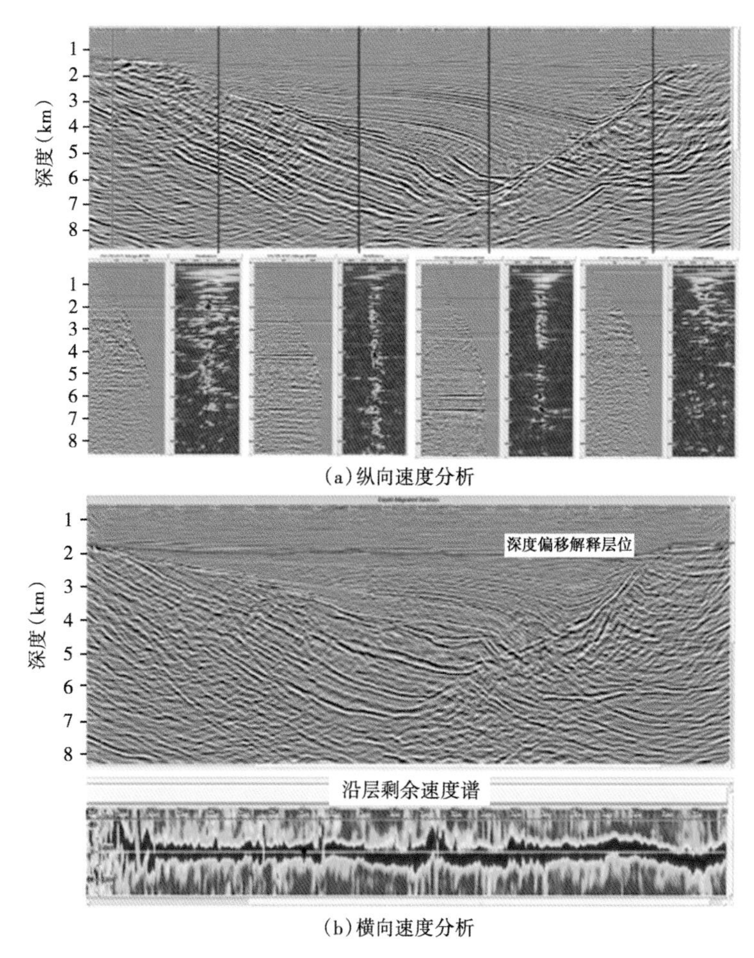

图 3-4-3　纵向、横向联合速度分析

3. 修改梯度的参考深度

通常每做一层，都用上一层作为梯度的参考深度来提取速度和梯度，建立速度—深度域模型。在叠加剖面上，断层倾角越往深层越小，因为速度一般随深度而增加，所以在偏移剖面上深层的断层由缓变陡了。但深度域偏移剖面比例到时间域后，往往在陡倾角断层及断裂发育区部位会出现同相轴弯曲，产生直立断层的假象。分析认为是由速度产生的，处理中需要通过修改梯度的参考深度，重新建立速度—深度域模型，解决该问题。

二、网格层析速度建模技术

（一）初始层速度模型的建立

当地震资料的信噪比极低，无法在常规时间偏移剖面上划分层速度界面，不能产生与地下构造相吻合的时间域构造模型。为此，提出约束层速度反演方法求取初始层速度。该方法可以从粗网格非规则拾取的叠加速度和均方根速度函数中，建立一个模型约束的瞬时速度场，可以是时间域的，也可以是深度域的。具体步骤为：建立初始的低频趋势模型速度场，对于每一个反演的垂向函数，假设局部变化是一维模型，可以使用最小二乘法基本原理求解反问题。为了减少带有噪声数据的速度反演敏感性，构建一个三分量的成本函数，包括均方根速度误差项（数据误差）、速度趋势模型误差项（趋势误差）和阻尼能量项，以改进方法的稳定性和稳健性。最优化参数值就是使成本函数达到最小化，同时避免了最小二乘法反演方法解的不唯一性问题。

（二）速度模型的优化

速度模型采用网格层析成像技术来优化。其实现步骤为（图 3-4-4）：（1）首先通过全数据体的叠前深度偏移，得到深度域数据体，也可以通过利用初始速度模型将时间偏移数据体比

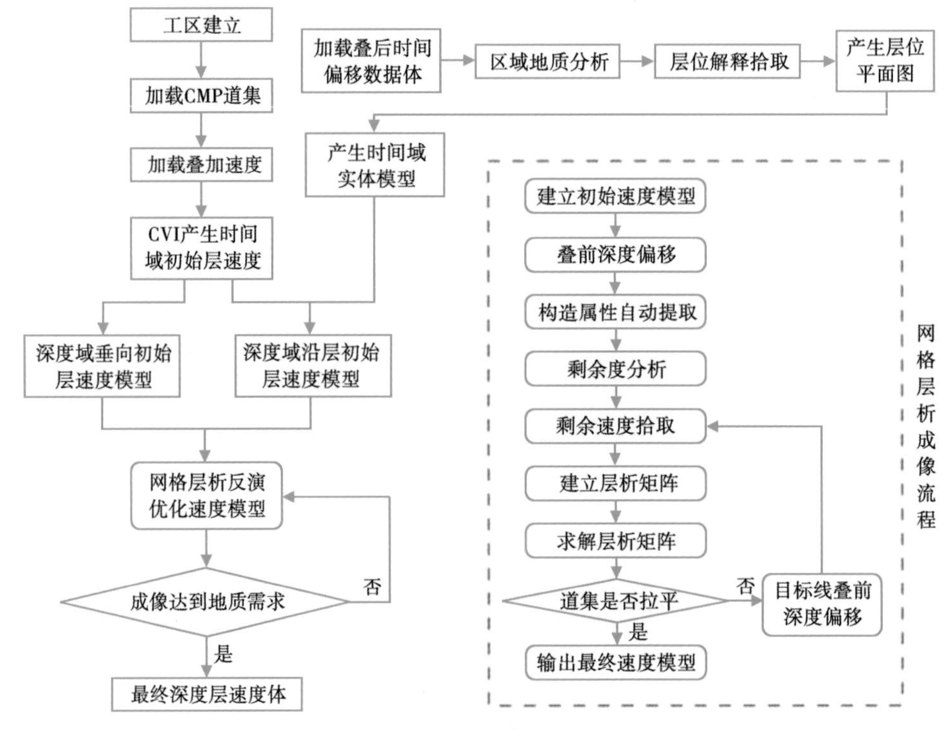

图 3-4-4　叠前深度偏移速度建模流程

例到深度域，得到深度域数据体；（2）提取深度域的数据属性体（地震资料同相轴的连续性体、地层倾角体及方位角体）（图3-4-5）；（3）根据地层连续性，自动提取地震资料的内部反射层位，形成不同区域的多个反射内部层位（以上三个步骤只需在首次速度模型优化时使用即可，可以应用于后续多次速度模型迭代过程）；（4）根据叠前深度偏移得到的共成像点道集，拾取目标测线的深度剩余速度，形成深度剩余速度体；（5）将上述的三种地震属性体、深度剩余速度体、初始层速度体，内部反射层位等（如果有实体模型或者沿层的构造模型，仍可输入）几种数据体融合创建一个Pencils数据库，使得每个地震记录，包含上述几种信息，为旅行时计算奠定基础；（6）建立包含多个层位的全局的网格层析成像矩阵（图3-4-6）；（7）利用最小二乘法，在上述几种信息的约束下，求解网格层析成像矩阵，得到优化后的深度域层速度体（图3-4-7）。重复以上各步骤，实现多次深度速度模型的优化。

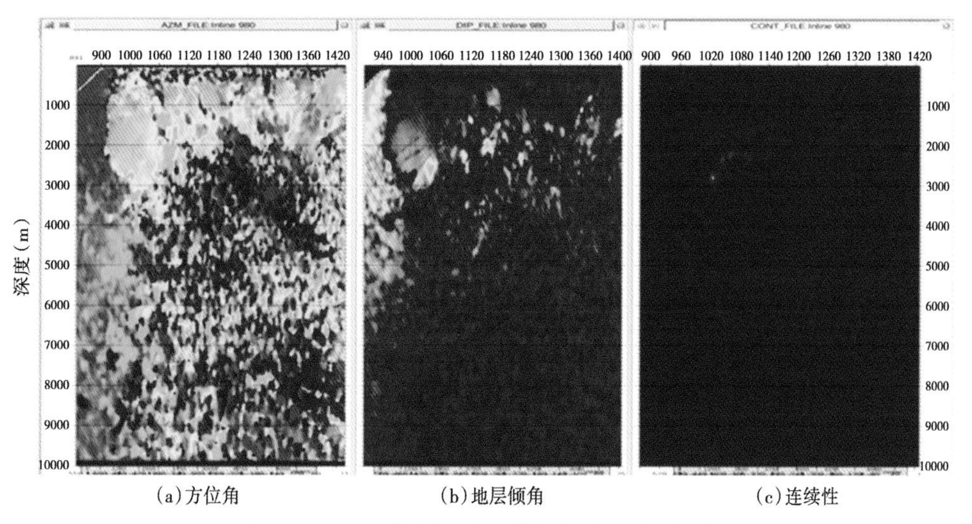

图3-4-5　网格层析拾取的深度域地震属性体

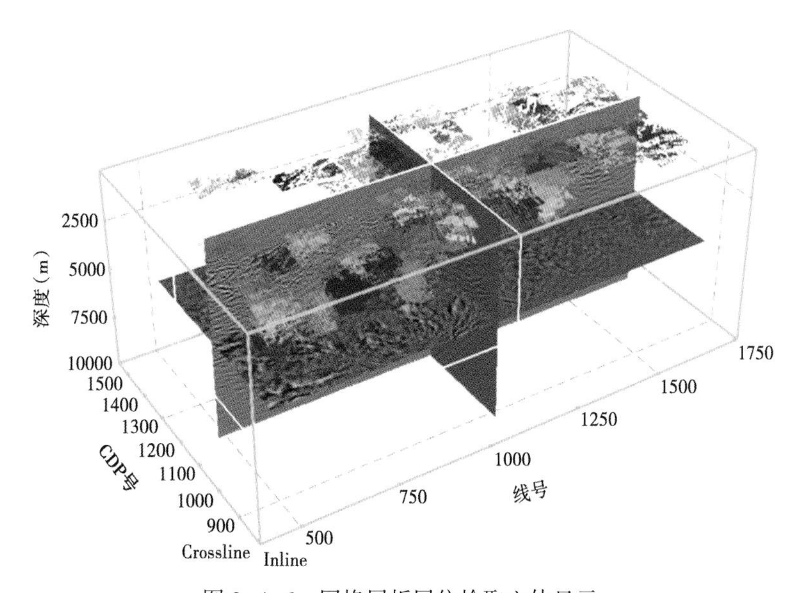

图3-4-6　网格层析层位拾取立体显示

图 3-4-7　网格层析优化后的最终速度体

三、逆时偏移处理技术

在地震勘探领域中，地震波的准确偏移是地震资料解释的基础。近年来，随着勘探程度的日益提高，勘探目标日趋复杂，对偏移算法的计算效率和精度都提出了更高的要求。目前，常用的叠前深度偏移方法主要有单程波波动方程偏移和克希霍夫积分偏移。单程波波动方程偏移基于双向波方程的单向波分解，此分解只有在常速情况下才精确成立。利用差分方法求解单向波方程，需要对单向波方程进行旁轴近似。因此对于大角度传播的波，成像误差较大。此外，单向波方程亦不适用于回转波的成像。为此，通常采用克希霍夫积分偏移方法对陡倾角地层进行成像，但克希霍夫积分偏移不能完全解决在单成像点有多个到达时情况下的成像问题。此外，克希霍夫积分法只能描述波在均匀介质中的传播过程，不能解决波的焦散问题。因此，单程波波动方程偏移和克希霍夫积分偏移都无法对复杂介质实现精确成像。

始于 20 世纪 80 年代的基于双程波方程的逆时偏移技术，受计算机计算能力的限制，因其计算量巨大而发展较为缓慢。近年来，随着计算机技术的快速发展和计算能力的大幅提高，逆时偏移愈来愈受到人们的重视。相对其他方法而言，逆时偏移（RTM）用全程波动方程对波场延拓，避免了对波动方程的近似，因此没有倾角限制，原理上可以对转换波、棱镜波或多次反射波成像，并获得更精确的振幅等动力学信息，实现保幅成像，还可以更好地对复杂速度场进行更细化更精确的估计（图 3-4-8）。成像方法不受介质速度变化的影响，能够对复杂区域进行较准确的成像。

另外，逆时偏移也可以应用于工程地质勘探，为精确工程地质勘探做出贡献。

（一）逆时偏移技术基本原理

逆时偏移是对每一个单炮剖面进行偏移，然后将各炮成像结果叠加，得到最终的成像剖面。

在单炮剖面中，两个波场独立地传播：（1）检波点波场从记录到的数据开始传播；（2）炮点波场从一假设震源子波开始传播。震源波场和记录到的波场都沿着时间轴延拓。震源波场在时间轴上正向传播，而记录到的波场在时间轴上反向传播。将两个波场互相关并在零时间上求相关值就得到了偏移成像。

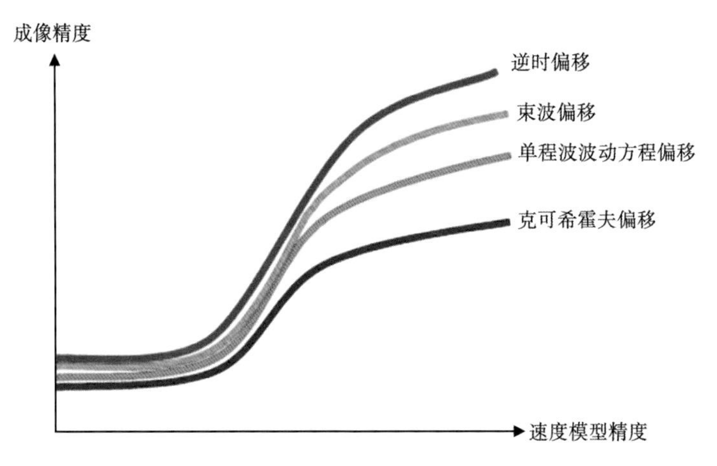

图 3-4-8　不同偏移方法成像精度与速度模型精度的关系曲线

（二）逆时偏移成像过程

正向模拟时间域的震源波场；逆时反向外推时间域的检波点波场；在地下每一个位置上，将震源与检波点波场进行互相关；对偏移的采样点求和并输出到成像体中（图 3-4-9）。

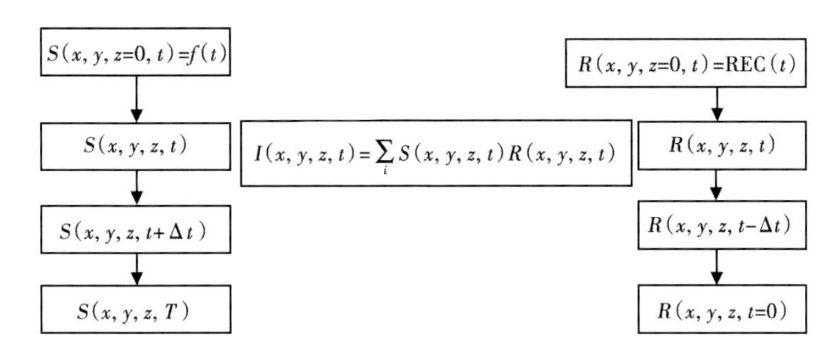

图 3-4-9　逆时偏移成像原理

（三）逆时偏移技术的特点

逆时偏移技术的特点是：双程波方程；不对方程求解；解决成像精度问题，复杂构造陡倾角成像、回转波成像；无速度近似，无倾角限制，倾角超过 90°，反转构造成像；解决振幅问题，无振幅和相位近似，通过精确的照明补偿和真振幅成像，使岩性预测成为可能。实际处理原理和流程如图 3-4-10 所示。

利用实际数据对克希霍夫积分偏移和逆时偏移方法进行了对比分析。在相同输入道集和速度的前提下，从真振幅显示图 3-4-11 可以看出：逆时偏移对小断面的刻画较克希霍夫积分偏移清晰、归位更准确。

从增益显示图 3-4-12 及其深度切片图 3-4-13 对比可以看出：逆时偏移对小断面的落实、二台阶内幕平层的成像较克希霍夫积分偏移清晰，基底低信噪比地区的成像质量有所提高。

综合以上分析认为，逆时偏移在成像精度方面较其他方法有明显的优势，随着计算机硬件的发展和 PC 集群计算能力的提高，逆时偏移正逐渐走向实用，目前大数据量的三维地震资料的逆时偏移仍然受到计算能力的限制，对速度模型精度更加敏感，随着速度模型精度的提高，逆时偏移的成像精度优势将越来越明显。

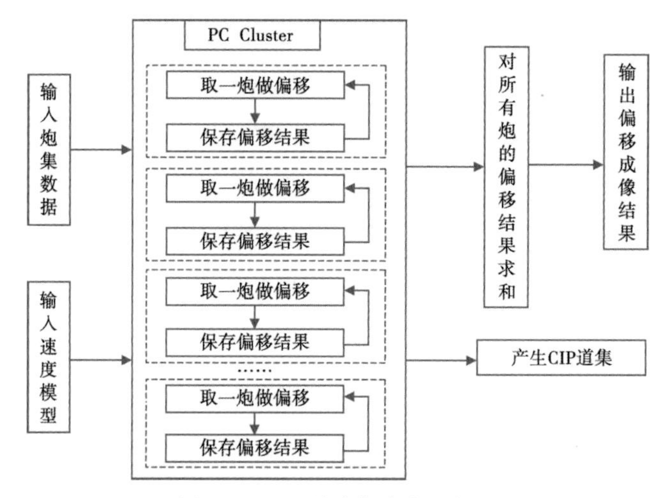

图 3-4-10 逆时偏移处理流程

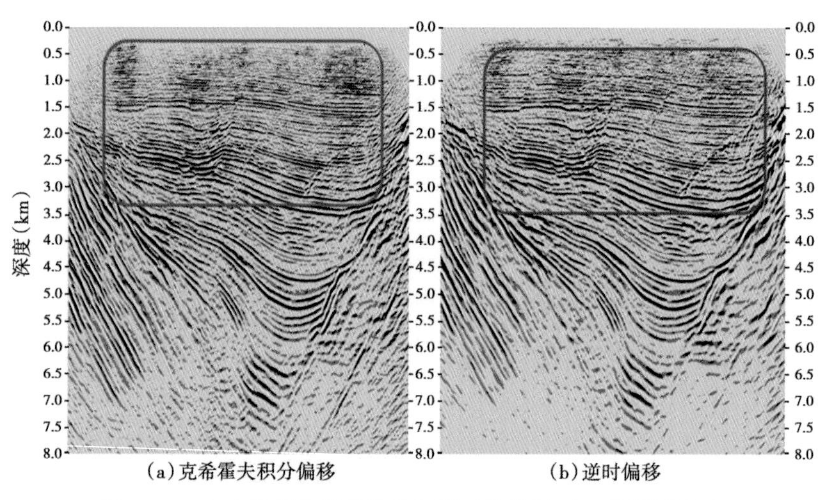

图 3-4-11 克希霍夫积分偏移与逆时偏移剖面（真振幅显示）

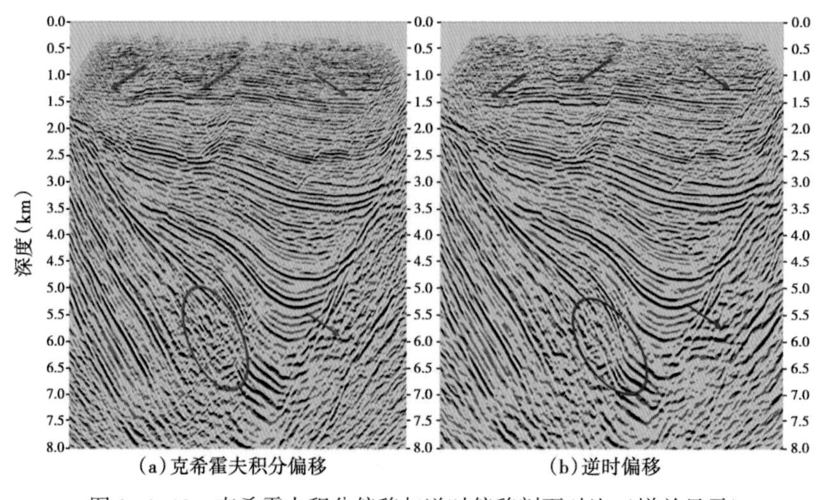

图 3-4-12 克希霍夫积分偏移与逆时偏移剖面对比（增益显示）

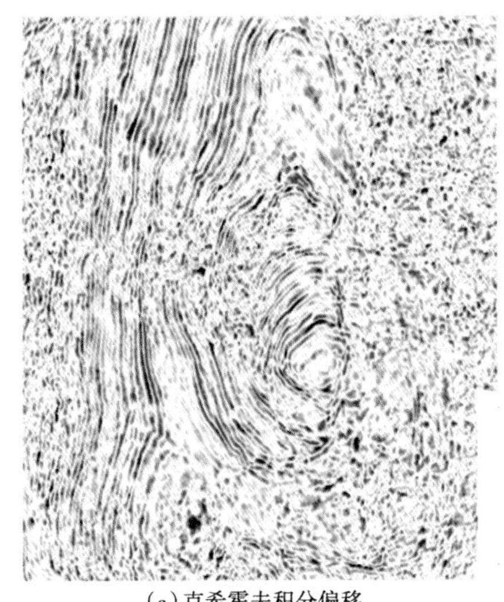
(a)克希霍夫积分偏移

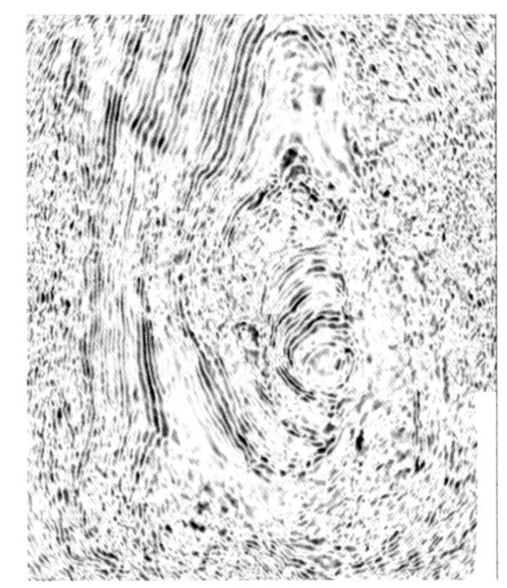
(b)逆时偏移

图 3-4-13 克希霍夫积分偏移与逆时偏移切片（深度为 6400m）对比

参 考 文 献

[1] 辛可锋，李振春，王永刚，等．地层等效吸收系数反演．石油物探，2001，40（4）：14-20.

[2] Kjartansson E. Constant Q-wave propagation and attenuation. Journal of Geophysical Research Solid Earth, 1979, 84（B9）：4737-4748.

[3] 崔宏良，刘占军，万学娟，等．拟合 Q 体建模技术及应用．岩性油气藏，2015，27（3）：94-97.

[4] 陈林．井控地震资料处理技术．中国地球物理，2009：167.

[5] 李新祥．三维地震共炮检距矢量道集．石油物探，2007，46（6）：545-549.

[6] 段文胜，李飞，王彦春，等．面向宽方位地震处理的炮检距矢量片技术．石油地球物理勘探，2013，48（2）：206-213.

[7] 渥．伊尔马滋．地震资料分析——地震资料处理、反演和解释．刘怀山，王克斌，童思友，译．北京：石油工业出版社，2006：213.

[8] 潘兴祥，秦宁，曲志鹏，等．叠前深度偏移层析速度建模及应用．地球物理学进展，2013，28（6）：3080-3085.

[9] 张敏，李振春．偏移速度分析与建模方法综述．勘探地球物理进展，2007，30（6）：421-428.

第四章　宽方位地震资料解释技术

经“两宽一高”地震采集、OVT 域偏移处理后的地震数据具有品质更高、形式多样的特征，为地震资料解释应用奠定基础。新类型地震数据的出现，也为地震资料解释新方法应用和新技术研发提供了契机。

第一节　OVT 域偏移数据类型及特征

基于“两宽一高”地震采集数据的 OVT 域偏移处理技术能够得到更丰富的地震数据。除可得到常规处理所能得到的全叠加成果数据和部分叠加数据外，还可以得到一种新的叠前道集：炮检距向量道集（Offset Vector Gather，简写为 OVG）。即使是全叠加和部分叠加数据，由于采集和处理方法的创新，其数据表现形式也发生了明显变化。

一、全叠加成果数据

经 OVT 域偏移处理后可得到时间或深度域的全叠加成果数据和与之对应的纯波或纯偏数据。通过全叠加数据与常规处理叠后数据进行分析对比后认为，全叠加数据与常规处理数据在基本构造特征上并没有太大差异，但在局部细节具有明显的效果。OVT 域偏移处理技术提升地震资料品质主要表现在以下四个方面。

（1）小断层、窄断块刻画更精细。

构造解释是地震资料解释最基础、也是最重要的环节。在构造精细解释过程中，小断层、窄断块刻画尤为重要。经 OVT 偏移处理后，断垒顶部的窄断块由层断波不断变为干脆的断点，使规模较小的断块刻画也更加精细（图 4-1-1）。

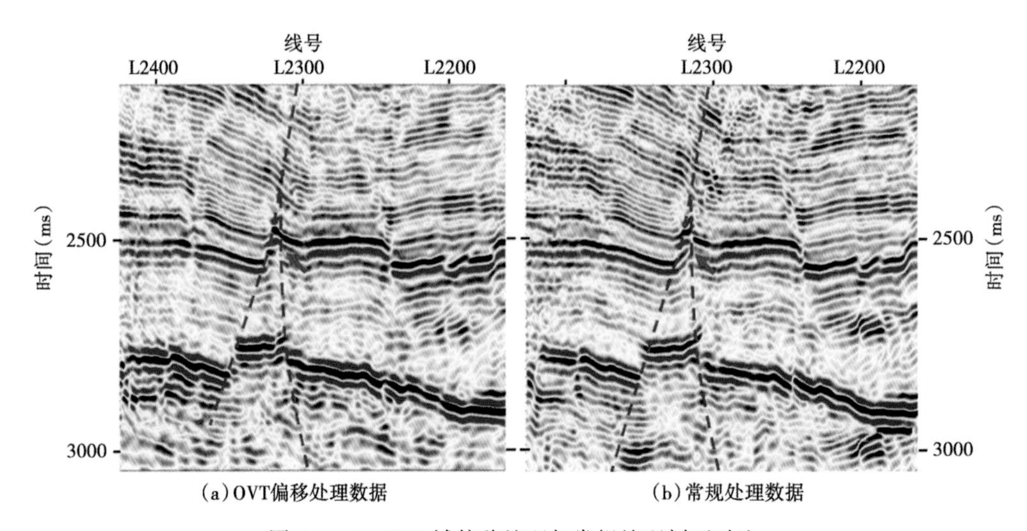

图 4-1-1　OVT 域偏移处理与常规处理剖面对比

（2）信噪比明显提高，主要表现在深层低信噪比区和低覆盖区。

在常规处理中，由于地层对地震信号能量的吸收衰减等原因，造成深层地震信号弱，信噪比偏低，影响了冀中坳陷古近系深层特别是潜山的勘探进程。OVT 域偏移处理使覆盖次数更均匀，深层地震资料品质改善明显。信噪比明显提高，反射能量更强，地层接触关系更清楚（图 4-1-2）。

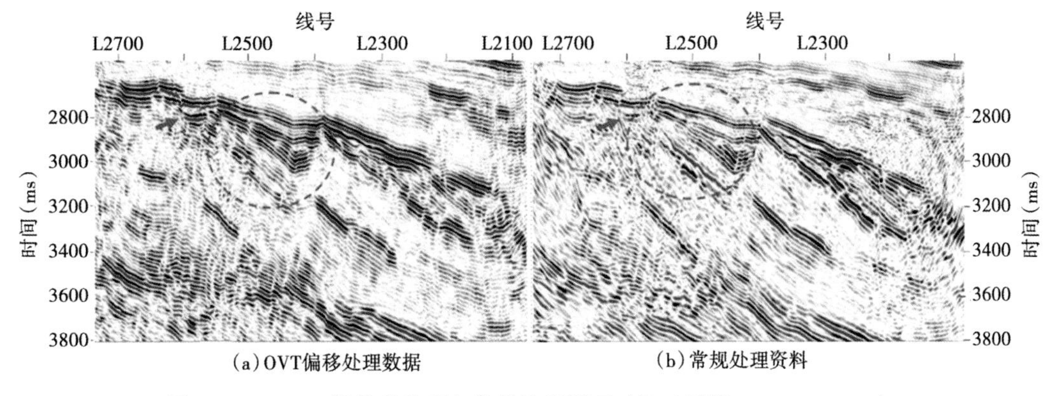

图 4-1-2　OVT 域偏移处理与常规处理剖面对比（西柳 2013—CR2155）

受断层发育、地层破碎和覆盖次数偏低等影响，地震资料往往存在局部的低信噪比区。由于 OVT 域偏移处理考虑了地下介质的各向异性，使地震信号得到了最大程度的同相叠加，从而使这类局部区域的地震数据信噪比明显提高。受低覆盖次数（80 次）影响，饶阳凹陷西柳地区经“两宽一高”采集后常规处理的剖面上，存在信噪比偏低的区域，如图 4-1-3（b）中红色圆圈范围所示。经 OVT 域偏移处理后，该区域的信噪比明显提高。同时蓝色箭头指向的小断层处由常规资料中的层断波不断，在 OVT 域偏移处理资料中表现为明显的同相轴错断，断层解释更为可靠［图 4-1-3（a）］。

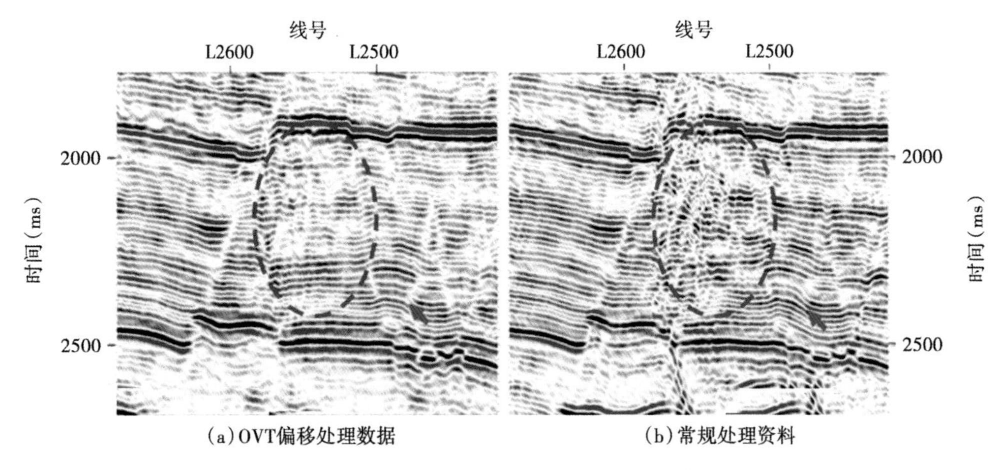

图 4-1-3　OVT 域偏移处理与常规处理剖面对比（西柳 2013—CR2720）

（3）波组特征更清楚，复杂构造带的成像效果更好。

经 OVT 域偏移处理后，断层断点更干脆，地震反射同相轴波组特征更明显，使复杂断裂带解释更为客观。如图 4-1-4 所示，复杂断裂带断层数量增多且相互交切关系明显，小断块刻画更清楚，断层间的组合关系更为客观、合理。

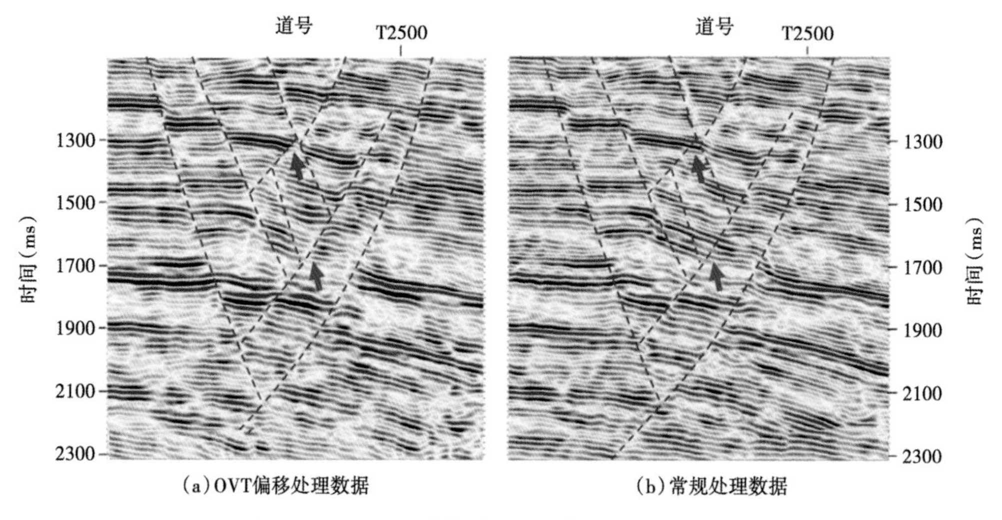

图 4-1-4　OVT 域偏移处理与常规处理剖面对比

（4）扩大了地震资料的可利用范围。

由于 OVT 域偏移以一个 OVT 为基础，偏移孔径限制在一个 OVT 中，消除了地震资料边界偏移孔径不足造成的画弧现象，增大了地震资料的可利用范围。即使在一次覆盖的区域内，成果数据依然可用于解释，从而扩大了地震资料的可利用范围。在常规处理的地震剖面上，受边界效应影响，约有 60 道数据地震反射同相轴出现画弧现象，不能用于解释。在 OVT 域偏移处理后的剖面中，该现象得以消除，以道距 20m 计，在资料边界扩展了 1200m 有效资料范围。

由于在采集、处理过程中，经过保护低频、拓宽高频处理，地震成果资料的高、低频都得以拓展，频带明显拓宽。饶阳凹陷蠡县斜坡西柳地区常规处理数据频带 10～48Hz，OVT 域偏移处理后资料频带拓展为 5～65Hz（4-1-5）。高频提高，频带展宽，提高了地震资料的分辨能力，为构造解释和储层预测提供了更多信息；低频能量增强，倾角较大的地层和断层成像更清楚，稳定的低频也提高了地震反演结果的精度。

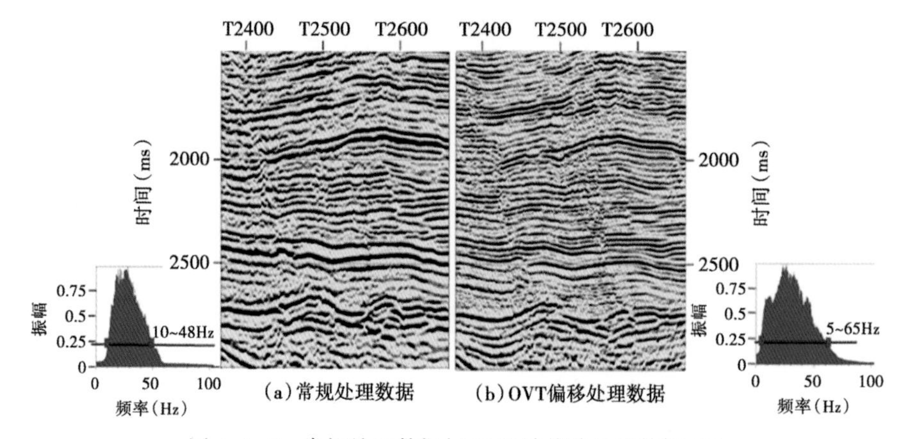

图 4-1-5　常规处理数据与 OVT 域偏移处理数据对比

二、部分叠加数据

OVT 域偏移处理技术使地震数据部分叠加更为灵活、便捷。目前常用的部分叠加数据包括分方位角部分叠加数据和分入射角部分叠加数据，以及分方位角后再分入射角叠加的数据。即使在部分叠加数据数量较多的情况下，“两宽一高”采集数据的高密度特征仍能保障每个部分叠加数据有一定的信噪比。

分方位叠加数据可以用来预测具有方位各向异性的地下介质。在方位各向异性介质条件下，与窄方位角采集相比，宽方位角观测更具有优势。宽方位角数据的振幅随炮检距和方位角的变化明显，识别各向异性地质特征的能力更强。分方位角部分叠加数据可以用来识别平面走向不同的断层，具有各向异性特征的储层和流体等。

目前，分入射角的部分叠加数据体一般用于叠前反演和 AVO 特征分析。经 OVT 域偏移处理后，分入射角叠加更便捷，能够划分的数据体数量也大大增加。

随着各向异性预测技术的发展，对分方位角后再分入射角的部分叠加数据需求正在逐步增加。高密度采集的地震数据特征使数量众多的部分叠加数据依然能够保持一定的信噪比，为各向异性相关的技术发展和应用奠定了基础。如在束鹿凹陷中洼槽，在炮密度 104/km^2，道密度 64 万道/km^2、横纵比为 1 的情况下，将 OVT 域偏移处理后的地震资料划分为 7 个方位叠加数据，再将每一个部分叠加数据划分为大、中、小三个分入射角叠加数据进行叠加，数据总体被划分为 21 个数据体，OVT 域偏移处理保障了每一个部分叠加数据都具有一定的信噪比（图 4-1-6），可以依据此数据进行方位各向异性预测。两个红色层位之间为研究区的主力目的层段：沙三中泥灰岩储层，其反射特征清楚。在不同方位的部分叠加数据上可以看到：其反射特征各不相同，证明该区存在方位各向异性，这种分方位角后再分入射角部分叠加的数据也是进行各向异性预测基础。

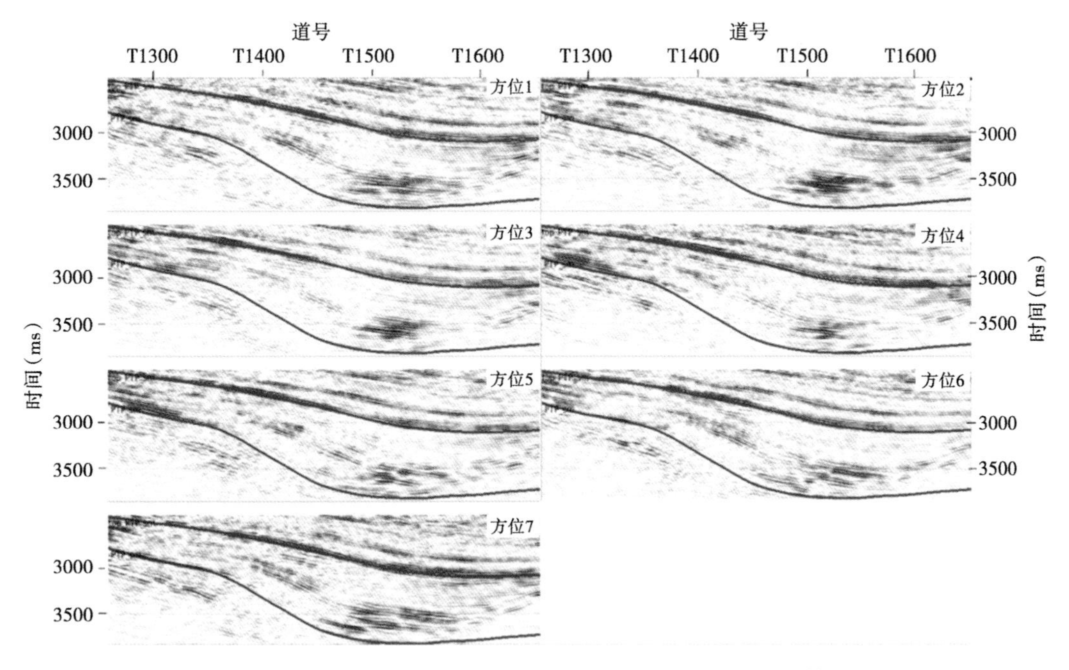

图 4-1-6　束鹿凹陷中洼槽分入射角叠加的 7 个分方位数据体剖面

三、OVG 道集

OVT 域偏移处理可得到共成像点的叠前道集，该道集被称为 OVG。OVG 经数据规则化处理之后，按 CMP 和 OVT_ number 进行分选，可得到“蜗牛”道集（图 4-1-7）。OVG 表征了方位角、反射角、X、Y 和时间（深度）信息，为各向异性特征表征提供了更多信息。

在常规的 CRP 道集中，由于地震资料采集观测系统的限制，偏移之前的 CMP 道集内偏移距分布不均，近偏移距和远偏移距道集的覆盖次数少、中偏移距的覆盖次数多，造成 CRP 道集出现中间能量强、两边能量弱的“纺锤形”现象［图 4-1-7（a）］，这种现象掩盖了叠前道集的 AVO 特征，不利于含油气性检测。在 OVG 上，由于进行了数据规则化，使远中近偏移距的数据量均等，从而消除了叠前道集中的“纺锤形”现象，为 AVO 属性分析提供了更为保真的基础资料。

图 4-1-7（b）OVG 道集中的绿色线表示偏移距，该共成像点以 500m 为步长进行显示；红色线表示不断变化的方位角，值域在 0°~360°变化。可以看到，在相同的偏移距范围内，随着方位角不断变化，OVG 上的同相轴存在时差和振幅变化现象，说明具有方位各向异性。在 OVG 中也可以看到，近中偏移距道集资料品质较好，但近偏移距的各向异性特征不明显，中偏移距各项异性特征最清楚。远偏移距道集资料品质较差，但同相轴的时差现象更明显。利用 OVG 的这种特征，可以用来预测地层的各向异性。

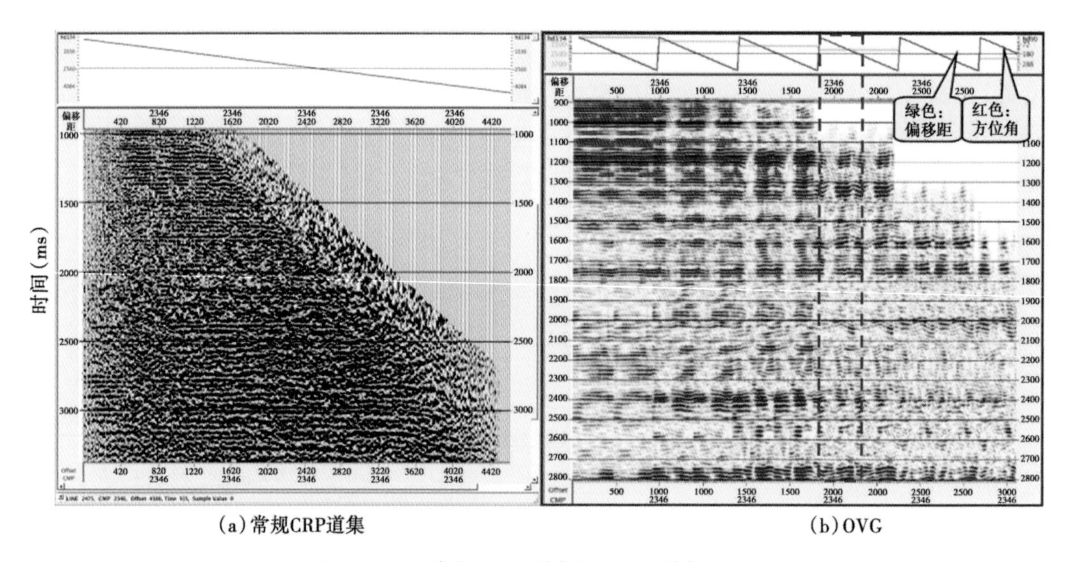

图 4-1-7　常规 CRP 道集和 OVG 道集对比

第二节　基于宽方位地震资料的构造解释技术

OVT 域偏移处理得到了类型更丰富、品质更高的地震成果数据，为构造解释提供了更为可靠的数据基础，也为构造解释方法创新提供了契机。

一、基于优势频带的断层识别方法

通常情况下，提高分辨率意味着要以牺牲信噪比为代价。但是通过 OVT 域偏移处理资料与常规资料对比发现，在分辨能力相近的情况下，OVT 域处理的全叠加数据较常规资料信噪比明显提高，为利用地震属性识别断层提供了更好的资料基础，地层埋藏越深，变化越明显。在饶阳凹陷西柳地区利用全叠加数据得到的2600ms相干属性切片显示（图4-2-1）：OVT域处理资料背景更干净，断裂特征更清楚。

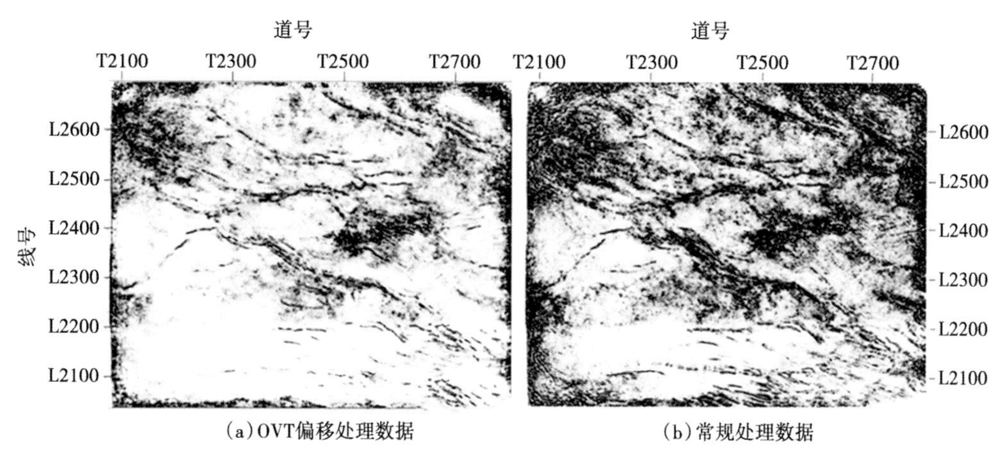

(a) OVT偏移处理数据　(b) 常规处理数据

图4-2-1　饶阳凹陷西柳地区2600ms相干切片

断层级别不同，在地震资料中的表现形式也各不相同。由于断层在空间往往以高角度形态存在，视频率较低，因此低频信息对突出大中型断层效果更明显。饶阳凹陷同口地区OVT域偏移处理数据经低通滤波处理后（图4-2-2），地震剖面上的大中型断层更清楚；在1600ms相干切片上，OVT域偏移处理数据背景噪声小，断层的平面组合关系更明显。例如在红色虚线圈内，北西走向的一组断层被北东走向的断层切割，断层间的组合关系更加明确。

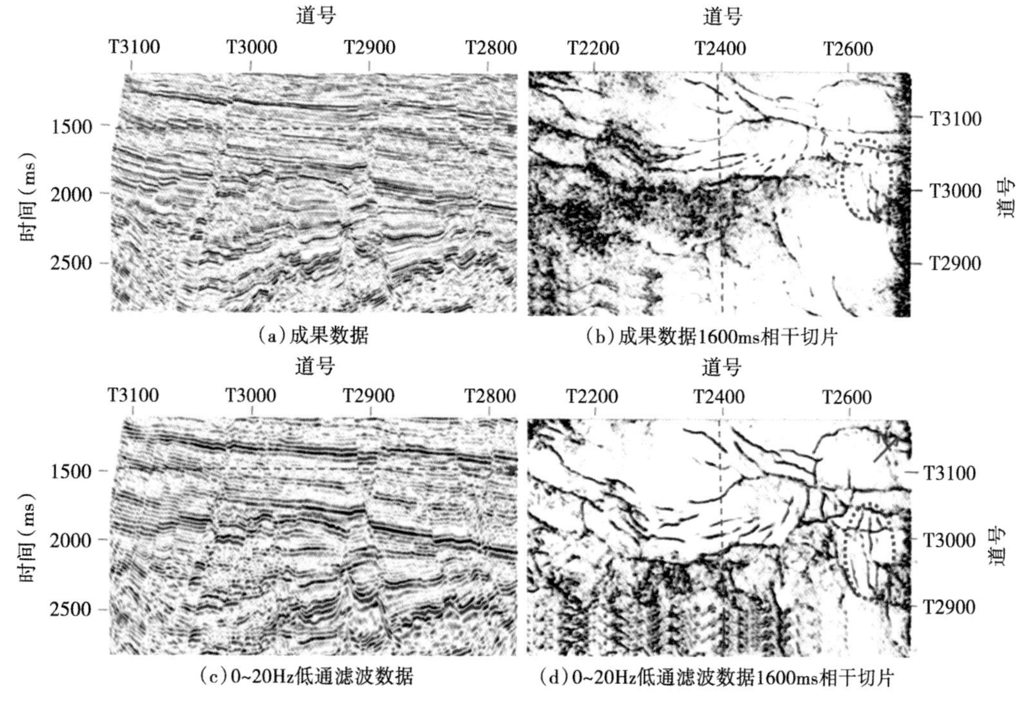

(a) 成果数据　(b) 成果数据1600ms相干切片

(c) 0~20Hz低通滤波数据　(d) 0~20Hz低通滤波数据1600ms相干切片

图4-2-2　饶阳凹陷西柳地区1600ms相干切片

在地震子波未知的理想情况下，无论采用哪一种反褶积方法，最佳的结果就是得到白噪的振幅谱。但目前更广泛的认识是：一次波反射系数序列不是白噪的（功率谱不是平的），而是蓝色的，即低频弱高频强（在极罕见的情况下也可能是红色）。当反射系数序列不是白噪声时，常规的白噪反褶积方法（脉冲反褶积、预测反褶积）都有一定的缺陷。因为此时地震道的自相关不是所期望的子波自相关，而是子波的自相关和反射系数非白噪成分自相关的褶积。这样估算出的白噪反褶积算子与地震道褶积后，得到的只是反射系数序列的白噪序列部分，而有色部分被反褶积处理掉了。宽频地震数据由于兼顾了低频成分，反射系数序列可能是红色的，高频成分相对被压制。

以构造解释为目的，通过蓝色滤波处理，可在一定程度上补充地震数据的高频分量，使小断层解释更精细。蓝色滤波是针对反褶积后反射系数序列的有色成分进行补偿，以期得到符合反射系数序列真实特征的处理结果。首先用自回归移动平均系数计算蓝色滤波器，然后用该滤波器对常规反褶积后的结果进行滤波，补偿反射系数序列的蓝色（高频）部分，从而使处理后的地震数据更接近反射系数序列的真实特征，地震剖面的分辨率也得到改善。

同口西地区宽频成果地震资料局部断层比较模糊。经蓝色滤波处理后，地震资料的视频率明显提高，小断层的断点更清楚，复杂断裂带的小断层交切关系更明确（图 4-2-3）。

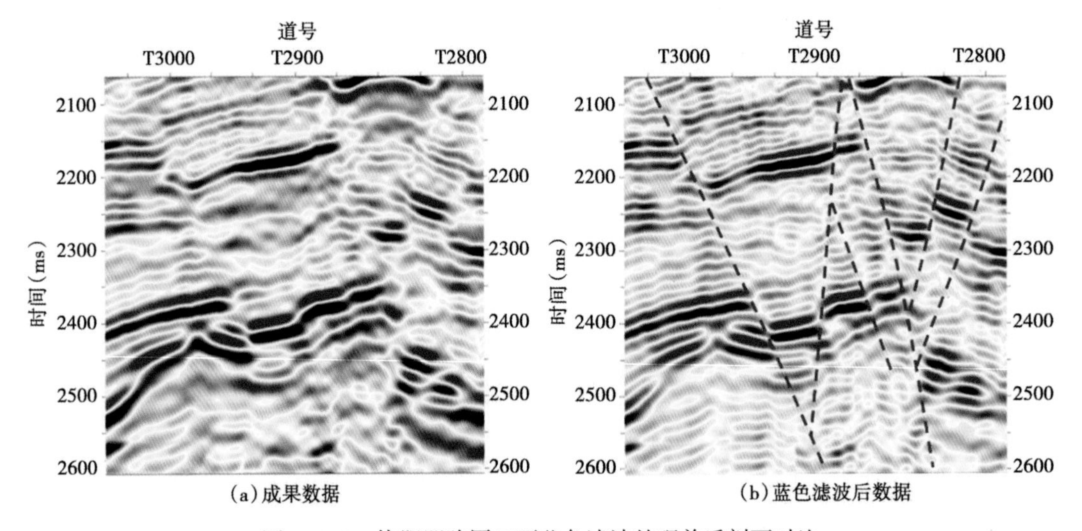

图 4-2-3　饶阳凹陷同口西蓝色滤波处理前后剖面对比

二、基于宽方位高密度地震数据的断层解释技术

断层是地层中各向异性最强的地质体。受断层活动期次控制，在漫长的历史时期内，几组走向不同的断裂体系往往相互切割。当某一走向的断裂体系活动较弱时，在地震成果资料中不易识别。宽方位地震数据的出现，为不同走向的各向异性体识别提供了更广阔空间。当方位异向性存在时，窄方位观测只能测量出某一方向上的各向异性响应，不能在全方位上进行分析。而宽方位观测可进行全方位的各向异性响应分析，以识别在空间展布不同方向的各组断裂体系。为保障分方位角叠加后的地震数据具有可解释性，每个方位角叠加的地震数据都应有一定的覆盖次数，因此在宽方位采集时，一般需要有更高的覆盖次数。

分方位部分叠加的地震数据用于构造精细解释时，首先要根据研究区内的断裂发育特征，经充分地质论证确定方位划分方案。当观测方向平行于断裂体系时，各向异性响应最弱；当观测方向垂直于断裂体系时，各向异性响应最强。因此方位角划分的基本原则是要保证每一组走向不同的断裂体系都有一个方位的地震数据与之垂直，同时每一个分方位数据要具有一定的信噪比。

饶阳凹陷西柳工区为“两宽一高”采集数据，横纵比为 1，256 次覆盖，且经过了 OVT 域偏移处理。研究区主要断裂走向为北偏东 16.5°~43°，平均为 30°。为了保证有一组到两组数据垂直于主要断裂走向，按照 36°间隔，划分为 12°~48°、48°~84°、84°~120°、120°~156°、156°~192°共五个方位进行分方位叠加（图 4-2-4）。

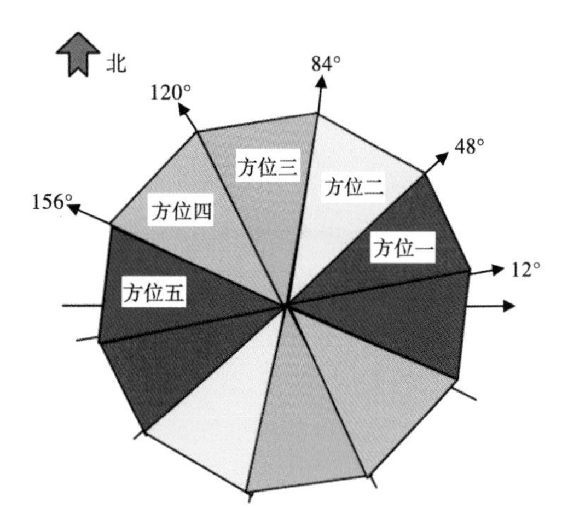

图 4-2-4 饶阳凹陷西柳地区分方位叠加划分图

西柳地区地处箕状断陷的缓坡带，构造活动弱，断裂相对不发育，以岩性油藏和构造岩性油藏为主。在油气成藏过程中，断层起着油气运移、侧向封堵等作用，是油气成藏的关键因素。因此小断层精细识别尤为重要。不同方位角的叠加数据识别走向不同的小断层的能力存在差异。垂直于断裂走向的方位叠加数据体对该方向断裂的识别效果最好；当数据体的方位角与断裂走向大角度斜交时，识别断层的能力效果好；当方位与断裂走向平行时识别效果最差。在断层识别过程中，利用分方位数据的这种特征对各方位角的叠加数据进行综合解释，可充分识别走向不同的断裂。

在西柳地区的分方位叠加剖面上，选取与断裂走向大角度斜交的方位四的部分叠加数据体和与断裂走向基本垂直的方位一的部分叠加数据体。在方位四的部分叠加地震剖面上可见：红色箭头所指处同相轴有明显中断现象（图 4-2-5），可以解释为小断层，在与方位四

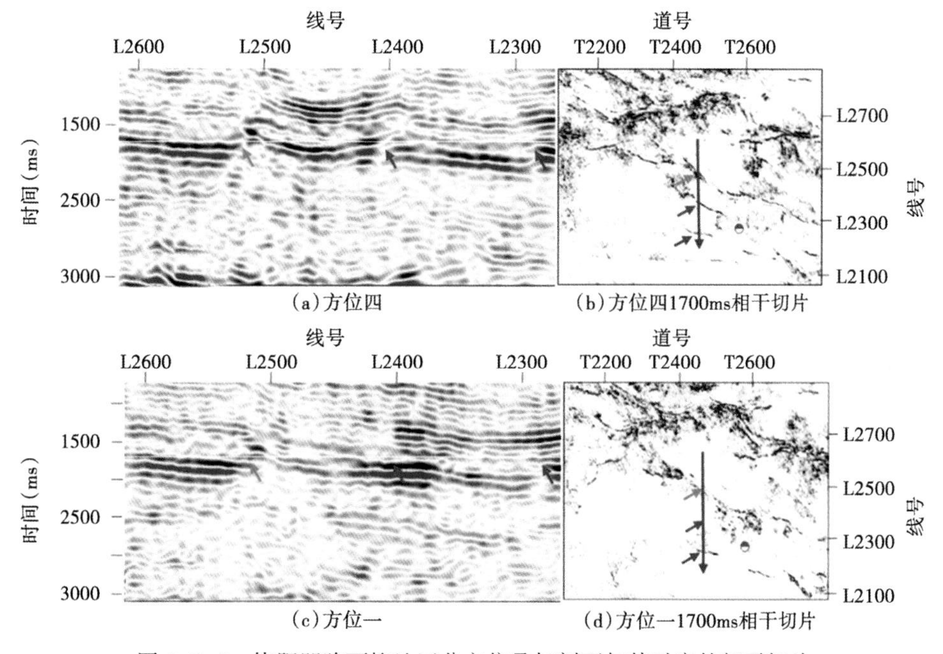

图 4-2-5 饶阳凹陷西柳地区分方位叠加剖面与其对应的相干切片

近乎垂直的方位一剖面上，同相轴连续性好，无中断现象。在方位一对应的1700ms相干切片上，绿色和蓝色断层虽可见，但不及方位四对应的断层影像清晰；红色箭头所指处的断层在方位一切片上不可见。

由于不同方位数据对走向不同的断层识别能力存在差异，为了充分突出各个方位数据体在断层识别方面的优势，解释过程中需将所有分方位数据的相干数据体进行融合处理。融合数据体包含了各个方位数据中能够识别出来的不同走向的小断层，因此通过分方位数据体地震属性融合，可充分识别走向不同的各组断裂体系。

三、基于快慢波速度的断层识别技术

在资料处理过程中，由于HTI介质具有方位各向异性特征，在OVG（螺旋道集）同相轴上会存在小时差，出现同相轴扭曲的现象（图4-1-7）。在不同偏移距段上，随着方位角的循环往复，道集扭曲呈现规律性变化。在不同偏移距相同的方位角上，地震反射同相轴扭曲呈现出一致的趋势。OVG的周期性不扭曲是方位各向异性的表现，说明地震波速度与方位角相关。由于这种地震反射同相轴扭曲是由于地震波在不同方位传播引起的，其产生的时差被称为方位时差。

由于方位各向异性的影响，即使使用相当准确的偏移速度和适用的偏移方法，OVG也不能完全校平，这使得偏移后很难做到同相叠加，给成像效果造成很大影响。因此校平OVG的方位时差校正是OVT域偏移处理中必不可少的工作。

为解决该问题，需要在方位角道集内进行时差拾取，计算快方向和慢方向的纵波速度，用原偏移速度反动校正，用方位速度进行动校正叠加，最终得到符合要求的道集数据。平行于各向异性走向的地震波速度最大，求取的速度为快速度；垂直于各向异性走向的地震波速度最小，求取的速度为慢速度（图4-2-6）。两者的差异反映了地质体的各向异性强度。尺度越大的地质体产生的各向异性强度越大，当地层为各向同性介质时，快慢速度应该是一致的。

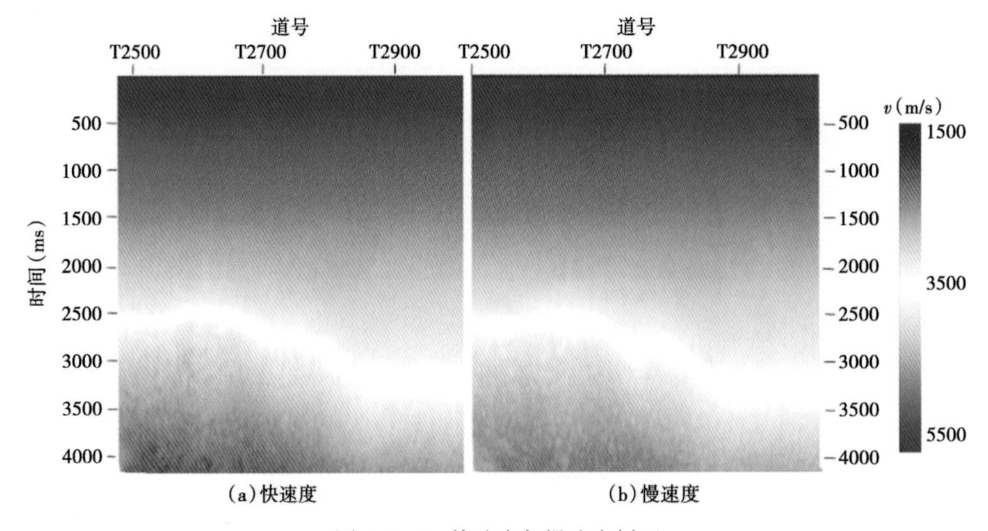

图4-2-6 快速度与慢速度剖面

虽然快波速度、慢波速度在剖面上看没有明显差别，由于其反应了地质体的各向异性，因此两者间应存在差异。断层是地层中各向异性强度最为明显的异常体，其各向异性特征应最为明显。将快波速度与慢波速度相减，得到速度差。速度差剖面上的纵向强异常条带与地震剖面上的断层有极强的相关性（图 4-2-7），经对比分析认为：这种纵向的强异常条带就是断层的反应。当地震资料信噪比较高时（2500ms 以上），断层表现清楚；当地震资料信噪比偏低时（2500ms 以下），各向异性特征并不明显。

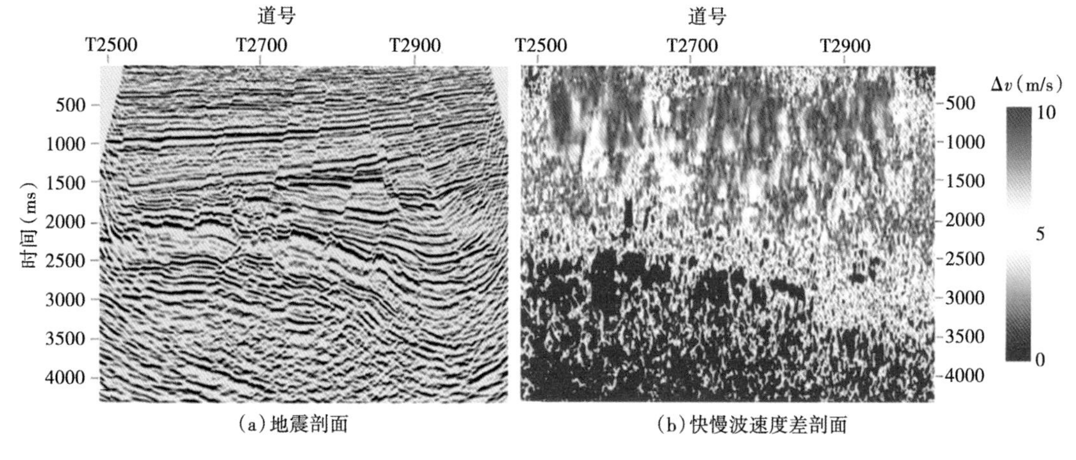

图 4-2-7　地震剖面与其对应的快慢波速度差剖面

利用快慢波速度差可辅助识别断层，特别是在识别层间断层、早盛晚衰型断层等微小断层方面有优势。在图 4-2-8（a）地震剖面中，发育红色和绿色两条较大规模的断层。沿绿色层位提取相干［图 4-2-8（b）］和曲率属性平面图［图 4-2-8（c）］，只有绿色断层有明显表现。在沿绿色层位提取的快慢波速度差平面图上［图 4-2-8（d）］，规模较

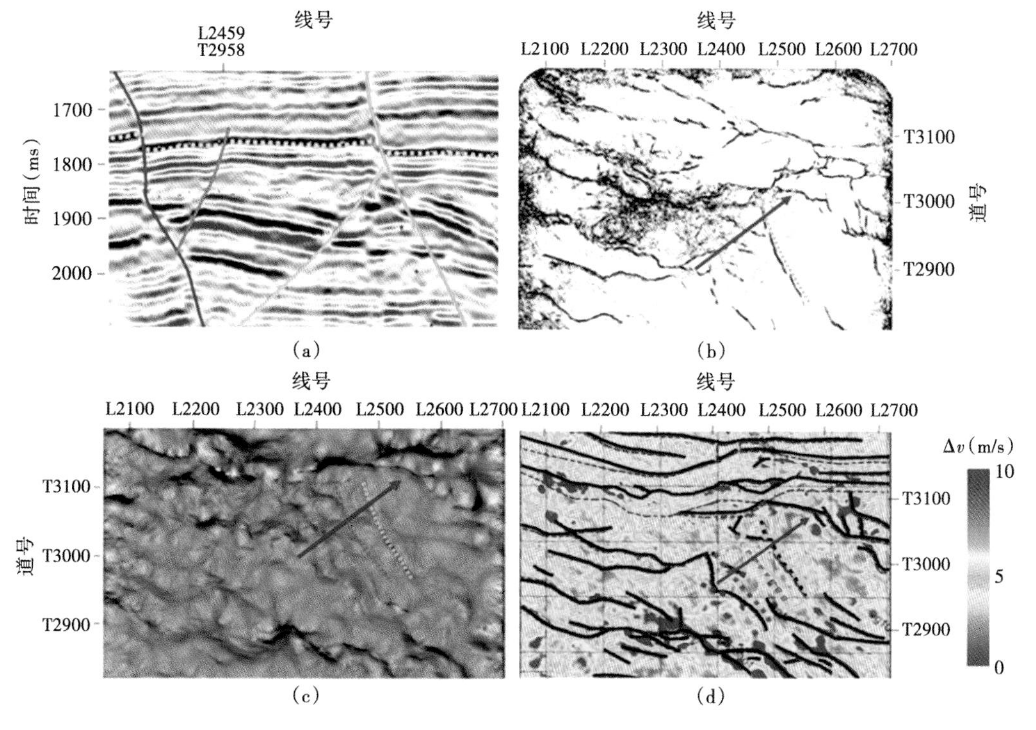

图 4-2-8　层间断层识别效果对比图

大的红色层位和微小的粉色层间断层也都被刻画出来。因此利用快慢波速度差可以辅助进行断层识别与刻画。

四、基于无原子库自适应波形匹配追踪小断层识别技术

断层解释在油气勘探领域占据非常重要的地位，因此针对断层识别的技术一直在不断发展。以地震体属性为基础的断层识别方法在判断反射同相轴的连续性时，可能会引入同相轴振幅横向变化、同相轴倾角横向变化、时窗选择不合适、多组同相轴干涉以及偏移画弧、绕射波归位不够以及斜干扰等相干干扰，造成当地震反射同相轴扭曲时相干技术难以识别，一些线性相干干扰增大了相干值，影响了断层判别。为了尽量消除此类影响，创新了基于无原子库自适应波形匹配追踪小断层识别技术。

基于无原子库自适应波形匹配追踪小断层识别技术与相干体属性技术等检测断层的出发点有本质区别。基本原理是假定地质体界面表现为面状、线状和点状，其中面状又可分为阻抗横向不变和阻抗横向变化两种，阻抗横向不变的面状地质体界面占主导地位。因此分离出阻抗横向不变的面状地质体界面并进行压制，有利于突出阻抗横向变化的面状地质体和线状地质体。该技术基于地震数据，可以表示成多组局部平面波（连续反射信息）与不连续信息以及随机噪声的和，从地震数据中分离出连续反射信息，有利于刻画不连续地质信息。首先用相干扫描的方式确定同相轴的组数、各组同相轴的两个方向的视倾角、到达时以及延迟时等初始信息，然后建立目标函数，反演出各组连续同相轴的波形，因此不需要提前设定原子库，反演出的波形物理意义更加明确，该方法可视为多道正交匹配追踪技术。

地震数据可表示成多组局部平面波（连续反射信息）与不连续信息及随机噪声的和。某条相对主测线的到达时 t_k 可分解为延迟时 τ_k 和同相轴联络测线的视倾角 p_{kx}（图 4-2-9）。

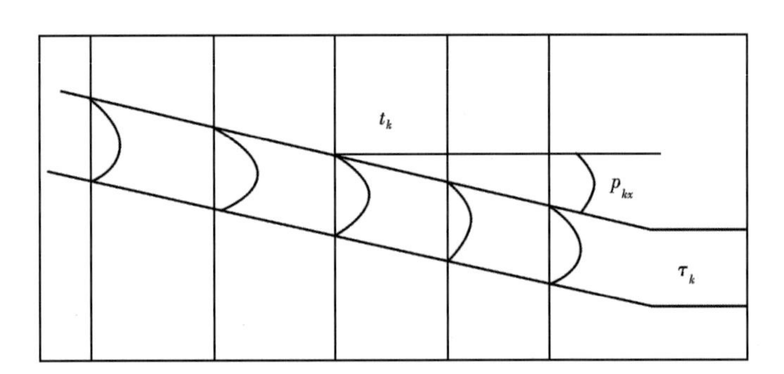

图 4-2-9　地震数据分解原理示意图

则地震记录可按下式进行表示：

$$d(i,\ j,\ t) = \sum_{k} \sum_{\tau_k} s_k * \delta[p_{ky} * (y_i - y) + p_{kx}(x_j - x) + t_k + \tau_k - t] + n(i,\ j,\ t) \tag{4-2-1}$$

式中　$d(i,\ j,\ t)$——第 i 条相对主测线（参考计算道），第 j 条相对联络线；

$s_k(p_{ky},\ p_{kx},\ t_k;\ \tau_k)$——第 k 组同相轴，其延迟时为 τ_k，到达时为 t_k；

p_{ky}，p_{kx}——分别为该同相轴主测线和联络线方向的视倾角（视倾角的正切值）；

$n(i, j, t)$——噪声。

若已知各组同相轴的主测线和联络测线方向的视倾角 p_{ky} 和 p_{kx}，到达时 t_k，以及延迟时 τ_k，则可采用最小二乘法拟合误差最小，得到各组同相轴的波形 s_k：

$$\mathrm{Obj} = \min \sum_i \sum_j \left\{ d(i, j, t) - \sum_k \sum_{\tau_k} s_k * \delta[p_{ky} * (y_i - y) + p_{kx}(x_j - x) + t_k + \tau_k - t] \right\}^2 \tag{4-2-2}$$

则由 $\frac{\partial \mathrm{Obj}}{\partial s_k(\tau_k(n))} = 0$ 求解方程组，可得到波形 s_k。

由式（4-2-1）可知：同相轴的组数、各组同相轴两个方向的视倾角、到达时以及延迟时的初始信息的确定是该技术的关键。在实际操作中，利用相干扫描的方式确定多道匹配追踪技术中的初始信息。

以中国东部复杂断裂带研究区为例，通过无原子库自适应波形匹配追踪技术，将地震数据体分解为连续数据体和残差数据体，并提取同一时间点的相干和时间切片（图 4-2-10）。图 4-2-10（a）为原始数据沿层切片，主要反映了横向稳定的地质现象和大的断裂现象；图 4-2-10（b）为连续数据的沿层切片，断层的断面更加清楚。图 4-2-10（c）为残差数据的沿层切片，图 4-2-10（d）为相干数据体沿层切片。残差数据的沿层切片突出了弱的线状地质特征，与相干体沿层切片相比，残差数据体的沿层切片反映弱的线状地质特征更加丰富，如红色箭头处，残差数据体有明显的反映，而相干体上完全没有反映，在原始数据体上对应了同相轴褶曲现象［图 4-2-10（e）］，因此残差数据体有利于刻画地震反射同相轴仅表现为褶曲的微小断裂特征。

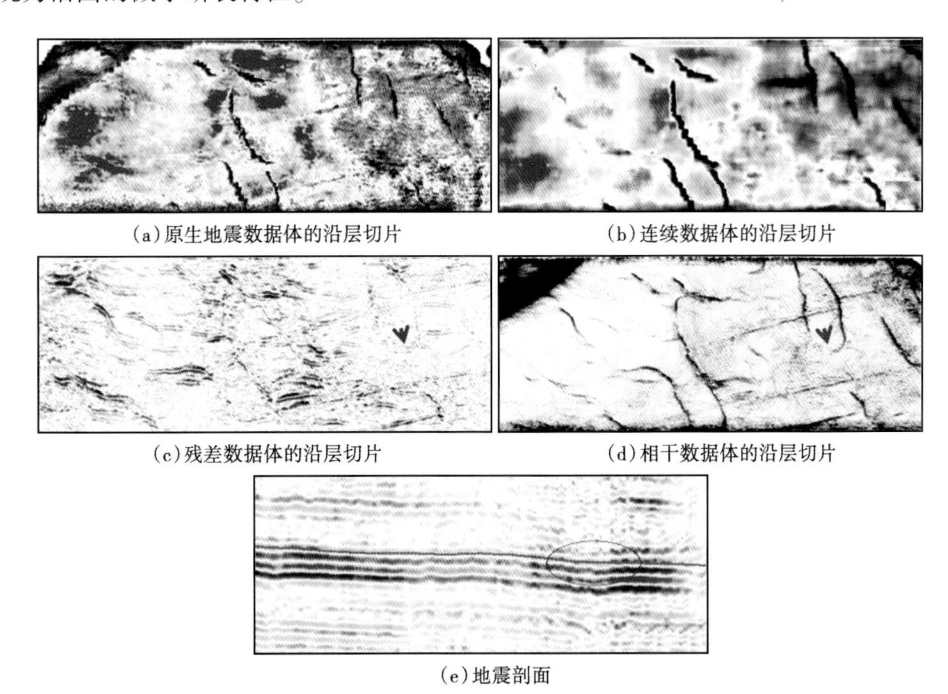

（a）原生地震数据体的沿层切片

（b）连续数据体的沿层切片

（c）残差数据体的沿层切片

（d）相干数据体的沿层切片

（e）地震剖面

图 4-2-10　地震数据体分解切片对比图

第三节　孔隙型储层地震预测技术

孔隙型储层以岩石颗粒内和颗粒间的孔隙（洞）为主要储集空间，互相连通的粒间孔隙既是油气聚集的有利场所，又是油气流动的通道。广义的孔洞型储（集）层还包括喀斯特洞穴等大孔洞。

储层预测技术是一种综合运用地震、地质、测井等资料在勘探开发不同阶段来揭示地下目的层（储层、油气层等）空间的几何形态（包括储层厚度、储层顶底构造形态、延伸方向和尖灭位置等）和储层微观储集性能参数特征的一门技术。这一项综合应用技术在很大程度上提高了石油地质学家对石油资源的预测能力。地震资料在纵横向上具有较强的连续性，钻井资料在纵向上有分辨率高的特点。储层地震预测技术便是以地震勘探信息为主要研究对象，综合测井、试油、地质、采油及分析化验等各种资料来分析研究油气的赋存条件，包括储集层的分布、岩性变化、厚度变化、物性特征、所含流体的特征等。应用地震资料进行储层预测在油气勘探开发中发挥着非常重要的作用。

一、岩石物理研究

地球物理勘探（重力、磁力、电法、地震、放射性等）是研究地层及地下矿藏的勘探方法。地震勘探是物探方法中勘探精度最高且资金投入较大的物探方法之一。它通过地震波所包含的地层信息（速度、频率、相位、振幅等）对地下岩石物理进行研究，以达到找油、气及其他矿藏的目的。岩石物理的研究与地震正演及反演之间密切相关（图 4-3-1）。

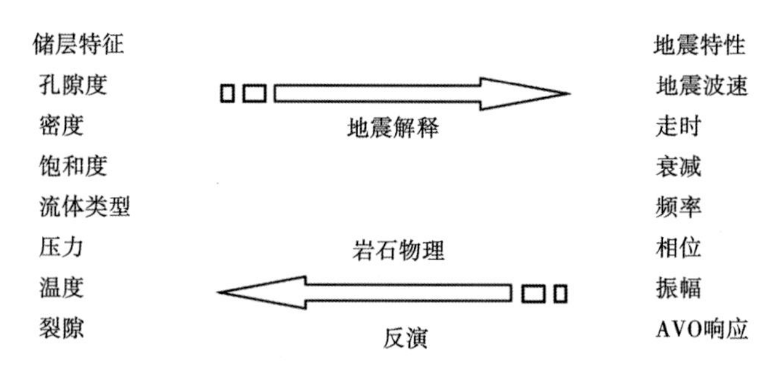

图 4-3-1　岩石物理架起储层特性与地震特性的桥梁

岩石物理在储层特性与地震特性之间的联系主要表现为如下三个方面。

（1）岩性、孔隙度、流体类型：岩石物理是建立预测工具及解释反演结果的物理基础。地震性质及反射率受控于岩性、流体类型、孔隙度、压力、温度、矿物、孔隙形状等。

（2）地震属性：岩石物理帮助理解各种属性的关系，因为岩石、流体的物理及地质特性影响地震属性。

（3）依赖于角度的反射系数：非零度入射的地震反射系数并非只受纵波阻抗差的控制，R. T. Shuey（1985）给出了反射系数与泊松比的关系式为

$$R(\theta) \approx R_0 + \left[A_0 R_0 + \frac{\Delta\sigma}{(1-\sigma)^2}\right]\sin^2\theta + \frac{1}{2}\frac{\Delta v_p}{v_p}(\tan^2\theta - \sin^2\theta) \qquad (4-3-1)$$

式中 A_0——垂直入射时的振幅值；

R_0——垂直入射时的反射系数；

v_p——纵波速度，m/s；

Δv_p——纵波速度差；

σ——泊松比；

$\Delta\sigma$——泊松比差；

θ——入射角。

式（4-3-1）说明反射系数随入射角的变化和岩石的泊松比有着密切的关系。岩石的特性影响了地震反射特性，也影响了依赖于角度的反射系数（AVO）。AVO效应是反射地震测到的各种影响的综合，岩石物理可以对这些因素进行分析定性。

因此岩石物理特性对地震的正演模拟和反演解释起着举足轻重的作用，是连接地震属性（纵、横波速度等）以及储层参数（孔隙度、饱和度、泥质含量等）的重要桥梁。

影响岩石地震特性的因素很多，岩石骨架自身的性质、矿物颗粒之间相互组合的几何细节、孔隙中流体的性质以及岩石在形成时和形成后所处的环境（表4-3-1），这些都影响了定性解释结果的可靠性。

表4-3-1　影响岩石地震因素

岩石本身特性	饱和流体特征	所处环境
岩性 压实程度 强固史 黏结度 密度 孔隙度 空隙形状 年代 黏土含量 各向异性	流体类型 流体成分 黏度 可湿性 相态 密度	深度 覆盖压 孔隙压 温度 饱和度 频率 油藏过程 生产史 沉积环境 压力史 裂隙

从建模的角度来看，地下饱含流体孔隙岩石由岩石骨架、骨架间孔隙胶结物和孔隙中的流体组成（图4-3-2），骨架、胶结物、孔隙和流体的混合过程（图4-3-3）即是岩石物理建模。

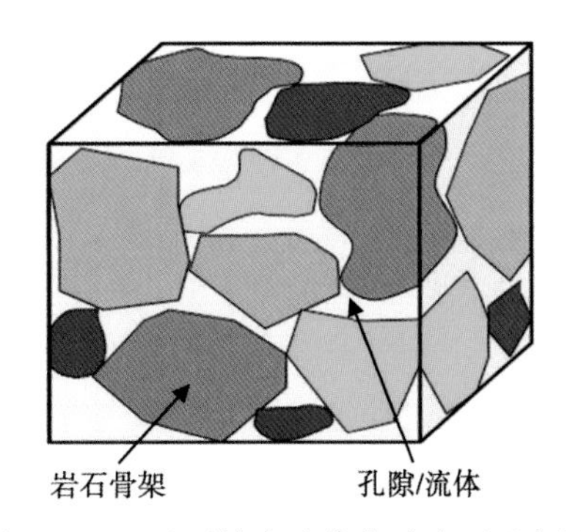

图4-3-2　地下饱含流体孔隙岩石示意图

（一）岩石骨架

岩石和矿物的弹性参数前人都做过精确的测量，表4-3-2为部分常见矿物的弹性参数整理结果。

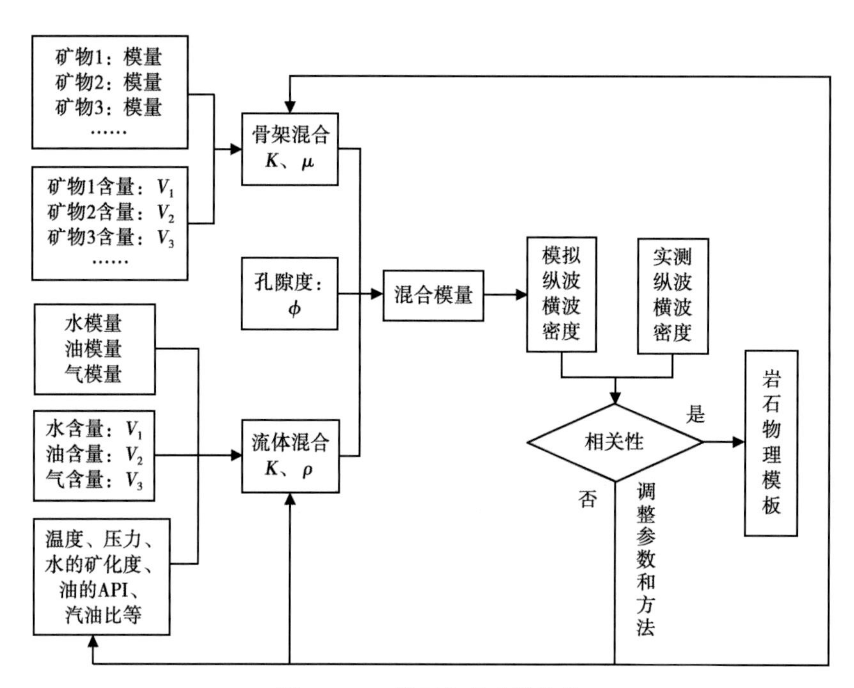

图 4-3-3　岩石物理建模流程

表 4-3-2　岩石和矿物的弹性参数表

矿物	体积模量（GPa）	剪切模量（GPa）	密度（g/cm^3）	纵波速度（km/s）	横波速度（km/s）	泊松比
镁橄榄石	129.80	84.40	3.32	8.54	5.04	0.23
橄榄石	130.0	80.00	3.32	8.45	4.91	0.24
铝铁石榴石	176.30	95.20	4.18	8.51	4.77	0.27
锆石	19.80	19.70	4.56	3.18	2.08	0.13
绿帘石	106.50	61.10	3.40	7.43	4.24	0.26
镁电气石	102.10	78.70	3.05	8.24	5.08	0.19
透辉石	111.20	63.70	3.31	7.70	4.39	0.26
辉石	13.50~94.10	24.10~57.00	3.26	3.74~7.22	2.72~4.18	0.06~0.25
白云母	42.90~61.50	22.20~41.10	2.79	5.1~6.46	2.82~3.84	0.23~0.28
金云母	40.40~58.50	13.40~40.10	2.80	4.56~6.33	2.19~3.79	0.22~0.35
黑云母	41.10~59.70	12.40~42.30	3.05	4.35~6.17	2.02~3.73	0.21~0.36
高岭石	1.50	1.40	1.58	1.44	0.93	0.14
墨西哥湾黏土	21.00~25.00	7.00~9.00	2.55~2.60	3.41~3.81	1.64~1.88	0.34~0.35
伊利石			2.90	4.32	2.54	0.24
条文长石	46.70	23.63	2.54	5.55	3.05	0.28
斜长石—钠长石	75.60	25.60	2.63	6.46	3.12	0.35
长石	37.50	15.00	2.62	4.68	2.39	0.32
石英	36.50~37.90	44.00~45.60	2.65	6.04~6.06	4.09~4.15	0.06~0.08

续表

矿物	体积模量（GPa）	剪切模量（GPa）	密度（g/cm^3）	纵波速度（km/s）	横波速度（km/s）	泊松比
含黏土的石英	39.00	33.00	2.65	5.59	3.52	0.17
金刚砂	25.29	162.10	3.99	10.84	6.37	0.24
赤铁矿	100.20~154.10	77.40~95.20	5.24	6.58~7.01	3.51~3.84	0.14~0.28
金红石	217.10	108.10	4.26	9.21	5.04	0.29
尖晶石	203.10	116.10	3.63	9.93	5.65	0.26
磁铁矿	59.00~161.40	18.70~91.40	4.81~5.20	4.18~8.38	1.97~4.19	0.26~0.36
褐铁矿	60.10	31.30	3.55	5.36	2.97	0.28
黄铁矿	147.40~138.60	109.80~132.50	4.81~4.93	7.7~8.1	4.78~5.18	0.15~0.19
磁黄铁矿	53.80	34.70	4.55	4.69	2.76	0.23
闪锌矿	75.20	32.30	4.08	5.38	2.81	0.31
重晶石	53.00~58.90	22.30~23.80	4.43~4.51	4.29~4.49	2.22~2.3	0.31~0.33
天青石	81.90~82.50	12.90~21.40	3.95~3.96	5.02~5.28	1.81~2.33	0.38~0.43
硬石膏	56.10~62.00	29.10~33.60	2.96~2.98	5.64~6.01	3.13~3.37	0.27~0.28
石膏			2.35	5.80		
杂卤石			2.78	5.30		
方解石	63.70~76.80	28.40~32.00	2.71	6.26~6.64	3.24~3.44	0.29~0.32
菱铁矿	123.70	51.00	3.96	6.96	3.59	0.32
白云石	69.40~94.90	45.00~51.60	2.87~2.88	6.93~7.34	3.96~4.23	0.2~0.3
散石	44.80	38.80	2.92	5.75	3.64	0.16
钠沸石	52.60	31.60	2.54	6.11	3.53	0.26
氟石	86.40	41.80	3.18	6.68	3.62	0.29
盐岩	24.80	14.90	2.16	4.5~4.55	2.59~2.63	0.25
钾盐	17.40	9.40	1.99	3.88	2.18	0.27
干酪根	2.90	2.70	1.30	2.25	1.45	0.14
陨石	46.60	28.00	2.25	6.11	3.53	0.25

对于岩石来说，其物理性质并不是仅由它们的矿物组分所决定的，还同它们的结构构造特点、孔隙空间充填物的类型有关。

如果要用理论方法来预测矿物颗粒和孔隙混合物的等效弹性模量，一般需要知道：（1）各构成成分的体积含量；（2）各构成成分的弹性模量；（3）各构成成分如何相互组合在一起的细节。如果只知道（1）和（2），Voigt 给出了最简单的模量上限 M_V 计算方法：

$$M_V = \sum_{i=1}^{N} f_i M_i \tag{4-3-2}$$

Reuss（1929）给出了模量下限 M_R 的公式：

$$\frac{1}{M_R} = \sum_{i=1}^{N} \frac{f_i}{M_i} \tag{4-3-3}$$

式中　f_i——第 i 个成分的体积分量；

　　M_i——第 i 个成分的弹性模量。

Voigt 和 Reuss 给出的模量界限算法是一种简单的平均，Voigt 界限相当于各成分有相等的应变时，平均应力与平均应变的比，被称为等应变平均；Reuss 的界限为各成分有相等的应力时，平均应力与平均应变的比，被称为等应力平均。

Hill（1952）论证了骨架矿物之间的模量差别不大，在给定岩石的含量和孔隙空间时，Voigt 和 Reuss 的平均可以用来估算骨架的等效弹性模量：

$$M_{\mathrm{VRH}}=\frac{M_{\mathrm{V}}+M_{\mathrm{R}}}{2} \tag{4-3-4}$$

式中　M_{VRH}——骨架的等效弹性模型；

　　M_{V}——N 个成分的等效弹性模量上限值；

　　M_{R}——N 个成分的等效弹性模量下限值。

在已知岩性成分和含量的情况下，应用 Voigt—Reuss—Hill 平均计算骨架混合后的模量，得到建模所需要的骨架参数。

（二）孔隙度

在结晶岩中，也就是在侵入岩、变质岩、固相喷出岩中，矿物组分是决定大部分岩石物理性质的主要因素。对于孔隙构造岩石来说，矿物组分不是决定物理性质的主要因素。岩石的孔隙是组成岩石的固相颗粒之间的空间的总和。孔隙大小取决于岩石颗粒的均匀性、堆集密度、形状、大小及胶结物含量。

岩石物理建模中的总孔隙包括张开孔隙（有效孔隙）和封闭孔隙（无效孔隙）。张开孔隙是彼此连通并与岩样表面连通的孔隙，封闭孔隙是被封隔开的与张开的孔隙系统不连通的孔隙。

有效孔隙可理解为总孔隙与封闭孔隙之差。只有有效储层才存在有效孔隙，围岩段不存在有效孔隙。而岩石的物理性质是与总孔隙度（并非有效孔隙）之间存在着密切的关系。

Wyllie（1956）提出了反应速度与流体、骨架和孔隙关系的时间平均公式：

$$\frac{1}{v}=\frac{\phi}{v_{\mathrm{f}}}+\frac{1-\phi}{v_{\mathrm{ma}}} \tag{4-3-5}$$

式中　v——含流体岩石的速度，m/s；

　　v_{f}—— 孔隙流体速度，m/s；

　　v_{ma}——岩石骨架速度，m/s；

　　ϕ——总孔隙度。

用密度计算总孔隙度是实用而精确的方法如下：

$$\phi=\frac{\rho_{\mathrm{ma}}-\rho_{\mathrm{b}}}{\rho_{\mathrm{ma}}-\rho_{\mathrm{f}}} \tag{4-3-6}$$

式中　ρ_{ma}——骨架密度，g/cm^3；

　　ρ_{b}——平均密度，g/cm^3；

　　ρ_{f}——流体密度，g/cm^3。

实际测井中，密度的测量精度远小于声波的测量精度，用声波数据计算总孔隙度的公式为：

$$\phi = \frac{\Delta T_{ma} - \Delta T}{\Delta T_{ma} - \Delta T_f} \tag{4-3-7}$$

式中 ΔT_{ma}——骨架声波时差；

ΔT——总声波时差；

ΔT_f——流体声波时差。

另外，中子伽马测井反映总孔隙度。在实际应用中，综合中子孔隙度和声波孔隙度（或密度孔隙度），有如下求取总孔隙度的方法：

砂岩部分：

$$\phi = \frac{\phi_{\rho} + \frac{1}{3}\phi_{cnl}}{2} \tag{4-3-8}$$

泥岩部分：

$$\phi = \frac{\phi_{\rho} + \phi_{cnl}}{2} \tag{4-3-9}$$

式中 ϕ_{ρ}——密度孔隙度；

ϕ_{cnl}——中子孔隙度。

（三）储层的流体

储层的流体性质对储层的泊松比有一定的影响，在某种特定的条件下，可使地震反射波的反射特征发生突变。理论模型和实际测量数据表明，在一般情况下，石油和天然气对于穿过其储层及覆盖层的地震波的波速及其吸收系数有一定影响。万明浩等（1994）指出："油气层引起波速的降低""油气层的波速要比含水层的波速低，平均低500m/s或低17%。"

在整个含油气储层中，充满气、油、水的这部分孔隙体积被看成一个整体，饱和度表征着孔隙中所含气、油、水的含量：

$$S_o + S_g + S_w = 1 \tag{4-3-10}$$

式中 S_w——含水饱和度；

S_o——含油饱和度；

S_g——含气饱和度。

流体模量的混合主要是指气、油、水的混合。

流体的模量受温度和压力的影响最为明显。图4-3-4是孔隙度为18%的石英砂岩在不同温度条件下的测量结果。随着温度的升高，含不同流体的砂岩的纵波和横波速度均降低，与纵波相比较，横波变化比纵波大。横波速度的迅速降低，使 v_p/v_s 增大，泊松比增大。

图4-3-5是Berea砂岩饱含油时纵波和横波速度随围压的变化情况。从图中可以看出，随着围压的增大，纵波速度和横波速度均提高。横波的变化比纵波大，横波速度的迅速提高，使 v_p/v_s 降低，泊松比变小。

温度、压力与深度存在着很好的线性关系，即一个地区在一定的深度范围内温度梯度和压力梯度一般是个常数。

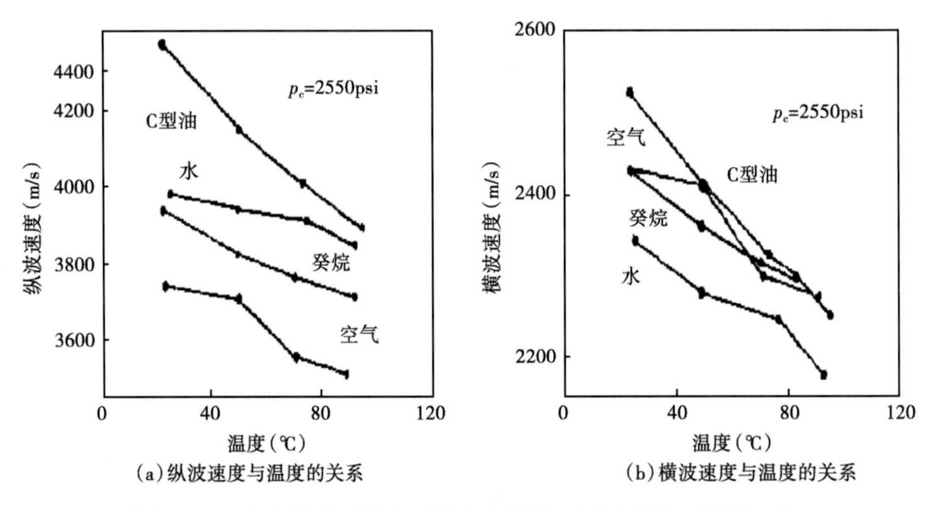

（a）纵波速度与温度的关系　　（b）横波速度与温度的关系

图 4-3-4　包含不同流体砂岩的纵波速度、横波速度与温度的关系

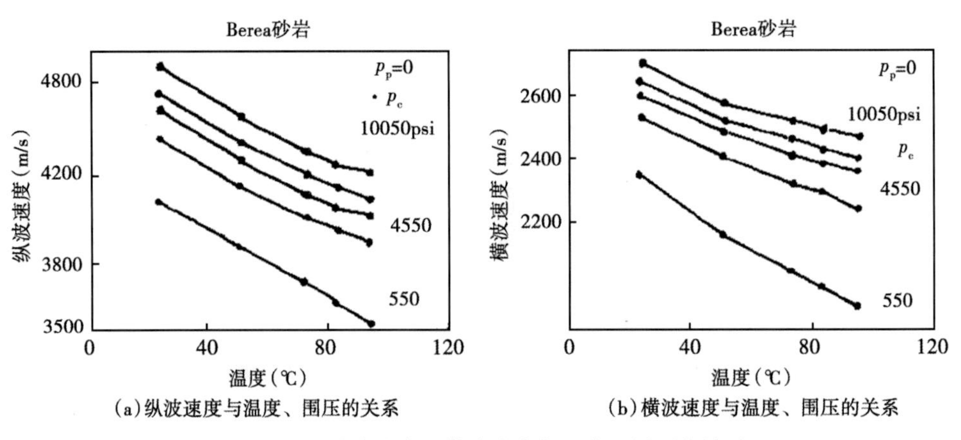

（a）纵波速度与温度、围压的关系　　（b）横波速度与温度、围压的关系

图 4-3-5　纵波速度、横波速度与温度、围压的关系

1. 气体与温度、压力的关系

气体的密度可以近似表示为：

$$\rho \approx \frac{28.8Gp}{ZRT_{a}} \tag{4-3-11}$$

式中　Z——压缩系数；

G——气体密度与空气密度在 15.6℃大气压下的比；

p——压力；

R——气体常量；

T——绝对温度。

气体的体积模量可以近似表示为：

$$K_{s} = \frac{p}{\left(1 - \dfrac{p_{pr}}{Z}\dfrac{\partial Z}{\partial P_{pr}}\right)T_{a}} \tag{4-3-12}$$

式中　K_s——气体体积模量；

p_{pr}——准压力。

2. 油与温度、压力的关系

根据不同的压力和温度，油可以从极轻的液态变化到接近固态的沥青或干酪根，并且轻油还可以吸收大量的有机气体。从而其呈现的速度和密度也有很大变化（如在常温常压下，油的密度为 $0.5 \sim 1 g/cm^3$）。

为了适应如此大的变化范围，Dodson、Standing（1945）和 McCain（1973）经不断改进，提出如下计算密度的公式：

$$\rho = \rho_p / [0.972 + 3.81 \times 10^{-4}(T + 17.78)^{1.175}] \tag{4-3-13}$$

其中：

$$\rho_p = \rho_0 + (0.00277p - 1.71 \times 10^{-7}p^3)(\rho_0 - 1.15)^2 + 3.49 \times 10^{-4}p$$

式中　ρ_p——压力为 p 时的油密度；

ρ_0——温度为 15.6℃和一个大气压条件下的油密度。

Wand（1988）提出速度与温度、压力关系的简单表达式：

$$v = 2096\left(\frac{\rho_0}{2.6 - \rho_0}\right)^{\frac{1}{2}} - 3.7T + 4.64p + 0.0115[4.12(1.08\rho_0^{-1} - 1)^{\frac{1}{2}} - 1]Tp \tag{4-3-14}$$

其 API 形式：

$$v = 15450(77.1 + \text{API})^{\frac{1}{2}} - 3.7T + 4.64p + 0.0115(0.36\text{API}^{\frac{1}{2}} - 1)Tp \tag{4-3-15}$$

式中

$$\text{API} = \frac{141.5}{\rho_0} - 131.5$$

T——温度；

p——围压；

ρ_0——15.6℃温度和正常气压下油的密度值。

3. 地层水与温度压力的关系

地层矿化水的密度、速度与温度压力的公式如下：

$$\rho_B = \rho_w + S\{0.668 + 0.44S + 1 \times 10^{-6}[300p - 2400pS + T(80 + 3T - 3300S - 13p + 47pS)]\} \tag{4-3-16}$$

$$v_B = v_W + S(1170 - 9.6T + 0.055T^2 - 8.5 \times 10^{-5}T^3 + 2.6p - 0.0029Tp - 0.0476p^2) + S^{1.5}(780 - 10p + 0.16p^2) - 820S^2 \tag{4-3-17}$$

其中　ρ_B——地层水密度，g/cm^3；

v_B——地层水速度；

p——压力；

T——温度；

S——氯化钠的含量。

已知气、油、水的模量，Wood（1955）精确地给出了混合流体的声波速度计算公式：

$$V = \sqrt{\frac{K_R}{\rho}} \tag{4-3-18}$$

式中，K_R 与式（4-3-3）给出的 M_R 等价。

（四）骨架和流体的混合

根据 Gassmann（1951）—Biot（1956）给出的关系式解决了骨架和流体的混合问题：

$$K_{sat} = K_{dry} + \frac{\left(1 - \frac{K_{dry}}{K_m}\right)^2}{\frac{\phi}{K_{fl}} + \frac{1-\phi}{K_m} - \frac{K_{dry}}{K_m^2}} \text{或} \frac{K_{sat}}{K_m - K_{sat}} = \frac{K_{dry}}{K_m - K_{dry}} + \frac{K_{fl}}{\phi(K_m - K_{fl})} \tag{4-3-19}$$

式中　K_m，K_{dry}，K_{fl}——分别为岩石骨架体变模量、干骨架体变模量和流体体变模量；
ϕ——总孔隙度。

二、地震属性预测技术

地震属性分析是从地震资料中提取有用信息，结合钻井资料，从不同角度分析各种地震信息在纵向和横向上的变化，以揭示出特定的地质异常现象或含油气情况，在研究区井资料缺乏的情况下，地震属性分析是一种行之有效的方法。

（一）属性分类

根据地震波运动学和动力学特征，地震属性可分为几何属性、动力属性、时频属性，每个属性下面又包含多种参数。

1. 几何属性

几何属性或反射结构属性，用于地震地层学、层序地层学及断层与构造解释。如旅行

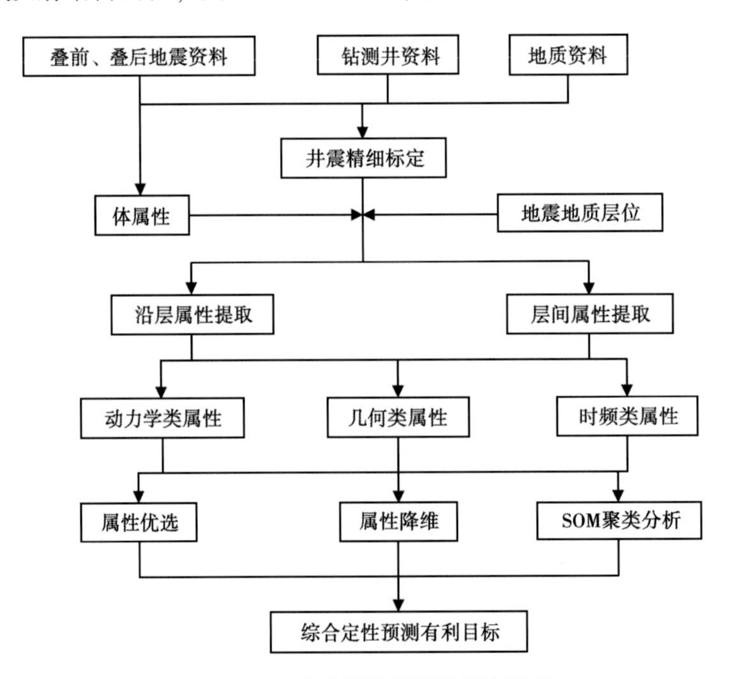

图 4-3-6　地震属性预测储层流程图

时、同相轴倾角、横向相干性等。这些属性提供地震属性同相轴的几何特征，确定反射层的中断、连续、曲率、整一、杂乱、不整合、斜交、平行、发散、收敛以及断层等各种特征，用于确定地震相、体系域等。

2. 动力学属性

动力学属性反映地震资料的振幅变化以及由振幅（能量）延伸出来的方差、梯度及能量曲率等。

3. 时频属性

时频分析作为一种新兴的信号处理方法，提供了从时间域到时间频率域的变换，能在特定时刻指示信号在瞬时频率附近的能量聚集情况。时频属性在时间域地震资料储层预测及油气检测中，已得到广泛应用，它是与频率有关的属性，包括流体活动性属性、高亮体属性等预测储层的属性以及与油气检测相关的属性等。

（二）地震属性预测储层

1. 属性提取

地震属性是从地震数据里推导出来的几何学、运动学、动力学或统计学特征的物理量。近年来，因其在油气勘探和开发中发挥着越来越重要的作用，因此有关地震属性的提取、标定、分析等技术得到了飞速的发展，地震属性技术正在成为油藏地球物理的核心以及连接勘探与开发地震的桥梁。目前的地震属性基本上是由叠后资料获得，但是，随着地震处理的改进和解释性处理比重的增加，今天许多从叠后数据中提取的地震属性也开始从叠前数据中提取。

属性提取是在原始地震数据体或者属性数据体上，沿地震地质层位开时窗提取属性，或者在两个地震地质层位间提取层间属性。

2. 属性分析

由于在用作储层预测时，通常会引入与储层相关的各种地震属性，但要提高地震储层预测精度，就必须对地震属性进行优选优化，针对具体问题，从全体地震属性集中挑选出最好的地震属性子集。地震属性优化方法主要可分为地震属性降维映射与地震属性选择两大类。地震属性降维映射常用的方法是 K-L 变换，它是从大量原始地震属性出发，构造少数有效的新属性，原始地震属性的物理意义已明确。地震属性选择在实际工作中普遍采用，最简单的地震属性选择方法是根据专家的知识，挑选那些对储层预测最有影响的属性；另一种则是用数学的方法进行筛选比较，找出带有最多储层信息的属性。通过地震属性分析，可以提供研究区储层的岩性、厚度、含油性等定性信息。

自组织映射算法（Self Organizing Map，简写为 SOM）作为一种有效的多属性聚类分析方法，是芬兰学者、国际著名网络专家 Teuvo Kohonen 教授提出的一种无监督自组织自学习的神经网络，可以实现对输入模式的特征进行拓扑逻辑映射，目前被广泛应用于模式识别、联想储层、组合优化和机器人控制等方面。

SOM 的基本原理是：当某类模式输入时，其输出层某一节点得到最大刺激而获胜，同时该获胜节点周围一些节点因侧向相互作用也受到较大的刺激。这时，与这些节点连接的权值矢量向输入模式的方向作相应的修正。当输入模式类别发生变化时，网络通过自组织方式用大量的训练样本数据来调整网络的权值，使得网络输出层特征图能够反映样本数据的分布情况。因此，根据 SOM 的输出状况，不但能判断输入模式所属的类别，并使输出节点代表某一类模式，还能够得到整个区域的大体分布情况，即从样本数据中抓到所有数据分布的大体本质特征。

SOM 试图找出数据中存在的某种结构，用任何地震属性的组合作为某一数据组，那么 SOM 将产生一种拓扑意义上的相关聚类。假如被选的属性是具有几何性质的，那么聚类结果也将在几何上发生变化。要把聚类结果和物理参数或油藏描述联系起来需要在标定阶段来完成。用 SOM 对地震属性进行聚类时有两种实现方式：一是对每一采样点的诸多属性进行聚类分析，找出特征属性相近的点聚为一类；二是在目的层段内，取一固定时窗，将该时窗内的采样点定义为一个输入样本，时窗内的每个点都作为这个样本的一个属性，这样进行聚类分析。

三、地震反演技术

地震反演是根据各种位场、地震波等地球物理观测数据去推测地球内部的结构形态及物质成分，定量计算有关的物理参数。

地震反演技术是在 1972 年由 Lindseth 首先提出的，当时对地震反演的研究是以基于褶积模型的叠后一维波阻抗反演为主。20 世纪 80 年代反演技术得到蓬勃发展。1983 年，Cooke 介绍了地震资料广义线性反演方法，从而揭开了波阻抗反演技术的新篇章。90 年代初期，人们提出了综合利用地质，地震和测井资料进行约束反演，可以克服单一线性反演方法的缺陷。90 年代至今围绕一维波阻抗反演的各类算法以及应用成果层出不穷，随着研究的深入，在 1997 年左右开始出现了一些反思的文章，指出了波阻抗反演中存在的一些缺陷，并提出了一些解决方案。Connolly 在 1999 年正式发表了弹性波阻抗反演方法的论文，随后在 2000 年的国际勘探地球物理学家学会（SEG）年会上同时出现了 4 篇论文对弹性波阻抗反演进行研究。

地震反演的分类方法有以下多种。

（1）依据所利用的资料的差异可划分为两种：叠前反演和叠后反演；其中，叠前反演主要包括传统的 AVO 反演、弹性阻抗反演和叠前弹性反演等。

（2）依据所用到理论的差异可划分为两种：基于褶积模型的反演和基于波动理论的波动方程反演。其中，前者可以进一步划分为基于地质统计学的反演、基于模型的反演等。

（3）依据测井资料在反演中所起作用的差异可划分为四种：无井约束的地震直接反演、测井控制下的地震反演、测井—地震联合反演和地震控制下的测井内插外推。

下面主要介绍一些使用最多也非常成熟的三种反演技术：叠后反演即测井约束稀疏脉冲反演、地质统计学反演、叠前弹性反演。

（一）测井约束稀疏脉冲反演

测井约束稀疏脉冲反演是在地质模型框架控制和测井资料约束下，通过稀疏脉冲算法，把地震信息转化为声波阻抗信息。通常情况下，地震资料的低频信息是不准确的，因此反演结果要用地质模型的低频信息和约束脉冲反演生成的带限阻抗数据体，进行融合得到绝对波阻抗数据体，以此结果作为储层分析的成果数据资料。

约束稀疏脉冲反演是一种在稀疏脉冲反褶积基础上进行的递推反演方法，其最重要的假设条件是地下地质层位的反射系数是稀疏的而不是稠密的，简言之地层反射系数是由一连串基于高斯背景的强轴组合而成。这种反演方法有一个很大的优点就是得到的反射系数序列是宽频带的，这在无形中大大缩小了测井资料和地震资料的频率差异较大、匹配不佳的问题，获得了更好反应地下地质真实状况的更宽频带的波阻抗数据体。约束稀疏脉冲反演方法主要是通过如下两个环节来实现的：（1）在最大似然反褶积基础上求取一个稀疏的反射系数序列；（2）在最大似然反演方法的基础上进一步求出宽带波阻抗反演数据体。而稀疏约束脉冲反演中涉及到的约束条件主要为：其一是“软趋势”约束方式，这是对附加信息的一种充分利用，通过线性加权的方式把初始假设的波阻抗信息加到地震道集上，这是一种随机性的方法；其二是“硬趋势”的约束，即常说的约束反演，把初始模型反演得到的结果作为其绝对约束边界。

（二）地质统计学反演

地质统计学是20世纪60年代中后期发展起来的一门新兴的数学地质学科的分支，从广义上讲，地质统计学的基础是区域化变量理论，基本工具是变差函数，研究对象是那些在空间分布上既有随机性又有结构性的自然现象。在自然界，地质变量既有随机性又有结构性，地质变量间并不相互独立，往往具有空间相关性。而地质统计学就是一种既能保持概率统计有效性，又考虑到地质变量特点的方法。地质统计学分为两个方向，一派是以马特隆教授为代表的，致力于克里金估计的研究，他提出了区域化变量的概念，并提出地质特征可以用区域化变量的空间分布特征来表征，而研究区域化变量的空间分布特征的主要数学工具是变差函数（Variogram）；另一派以马特隆教授的学生 Jourenl 为代表，致力于随机模拟方法的研究，他认为某些地质变量并不是一成不变的，而是有一定波动的，克里金法不能很好再现地质变量的分布特征，因此他们采用模拟的手段，将克里金估计的离散方差的波动性展现出来。

近年来，在石油勘探开发领域日益重视地质统计学方法的应用和研究，取得了令人满意的效果。

1. 地质统计学的基本原理

总的来说，地质统计学是以变差函数为研究工具，在分析研究区变量的空间分布结构特征规律的基础上，以克里金方法为手段，综合分析空间变量的随机性和结构性的一种统计方法。

地质统计学反演从井点开始，利用井中数据从井点处开始模拟，井之间则依靠原始地震数据约束，这样就构建了一个定量的 H 维波阻抗体。常规的反演方法得到的是一个具有一定分辨率的单一最佳的阻抗体，而地质统计学反演产生的是多个等概率的 H 维反演实现。这样就能利用多个结果定量评价反演结果的不确定性。地质统计学的前提条件是必须具有充足的井资料（样本），且在研究工区内能较均匀分布。地质统计学反演还考虑了模拟过程中结果并非唯一，因此增加了结果的误差分析。采用自定义的方式在三维地质模型的每一个网格节点上都计算出概率密度函数。地质统计学方法的实现步骤如下：（1）利用变差函数分析数据；（2）通过相关性分析找出地震和测井资料之间的关系和变化规律；（3）利用对已知数据分析获得的规律来确定控制点的空间分布情况。

和常规反演相比，地质统计学反演具有以下优势：

（1）小井距间的精细非线性内插；

（2）能够进行误差分析，从而评价风险；

（3）提高了常规反演结果的分辨率；

（4）能够同时生成岩性数据体，如泥灰岩和泥质灰岩；

（5）利用波阻抗进行基于岩性的孔隙度模拟；

（6）能够直接生成输入到油藏数值模拟软件的参数文件。

2. 随机模拟的基本思想

地下储层是客观存在的，其特性在每个位置都是唯一的。地下储层又是复杂的，具有储层空间分布多样及局部的随机性和变异性等特点，是构造、沉积和成岩等地质作用综合影响的结果，因此在油气勘探开发中储层问题也一直是困惑人们的难题。对于任何储层参数来说，非均质性才是其固有属性，任何一个储层参数的空间分布特征或参数间的关系描述是很难用一个确切的数学或物理模型来展示的。

从地质学角度分析，储层的空间几何特征、物性等参数的空间分布特征是在一系列地质成因规律影响下形成的。空间上相邻的两个位置上储层参数具有一定的相关性，但其在不同方向又具有一定的相异性，具有明显的结构性特征。在20世纪很长的一段时间内，受制于当时的技术条件和人们的认知水平，只是能获得单个井点处的孤立的信息，这些信息相对于整个地下储层来说具有太大的随机性，利用这些零碎的信息很难准确揭示地下储层的准确展布特征，只能朝着精确描述的方向努力，永远无法完全精准。地质统计学方法是解决地下储层分布不确定性问题的一个十分有效的手段，当前广泛应用于生产实际的是以地质统计学为基础的随机模拟反演方法，在刻画储层参数空间分布非均质性和不确定性方面取得了较好的效果。

随机模拟是一个概率抽样过程，这个过程是用一个随机函数来实现的，即人工获得储层参数空间分布的联合实现，这些实现应该是等概率的、高分辨的并且来自于随机模型的各个部分，对于这一系列的实现，模拟参数的统计学分布和已知样点数据的统计学分布特征的差别正是对储层参数空间分布特征的真实反映。差别的大小反应了模型中不确定性的强弱。

随机模拟可分为两类：基于目标的随机模拟和基于像元的随机模拟，代表了对连续性和离散性数据的表征。后者常用到的是序贯高斯模拟和马尔科夫域模拟两种方法。

通常情况下，对储层参数模拟次数越多，结果越接近地下储层的真实状况，而这种结果的出现是以牺牲计算时间为代价的。因此在生产过程要结合实际生产的需求选择合适的模拟次数来提高效率并保证效果。模拟实现次数的选择有两个因素是要优先考虑的：（1）不确定性及其精度的要求，如果是评价平均特性如饱和度、渗透率时，模拟实现只需要较少的6~9次即可满足要求，如果不确定性精度要求较高，则需要较多的实现次数；（2）每次模拟实现之间的相关程度，相关程度较高时需要对结果进行较多次的实现，若相关程度较差，则无需多次实现。

对随机模拟的结果实现优选的原则主要是：（1）对多次的模拟结果进行一个平均计算，以平滑掉其中随机性的影响，得到较符合统计规律的平均结果；（2）盲点验证，去掉数个采样点数据，然后用其他点对其进行模拟，比较估计值与真实值的差别，已验证结果与原始数据的符合程度；（3）模拟结果的地质含义是否明确，是否符合储层参数分布规律。

对于钻井资料丰富、储集层相对较薄的研究区，随机模拟反演是一种不错的选择。

3. 基于相控的非线性地质统计学反演

相控非线性地质统计学反演和以往反演的最大不同之处，由于反演过程中考虑了地震相控思想，综合运用了相建模时“相”的定义。

相控反演先是利用基于目标的方法构建出各微相的空间分布，然后将其和基于马尔科夫链-蒙特卡罗算法反演出的富分辨率储集相合并，使得最终的地震相模型既满足平面上沉积相约束的属性模型趋势，也能提高纵向分辨能力，在此基础上，依照地震储集微相内储层物性具有不同变差函数的分析思想，在相模型约束下，分地震相统计各微相中岩石物性的变差函数，最后增加地震权重，得到反演结果，其反演过程中遵循了定量地质知识库与变差函数相结合、概率一致和相序指导这三个基本约束条件。

在地质统计学模拟过程中，所需要求取的关键参数主要是概率密度分布函数和变差函数，其中变差函数很显然它是一个空间云维的函数，描述不同岩相的空间。通过测试分析可得到纵向 Z 和横向 X、Y 三个方向的变程及拟合参数。应用已经构建了精细的地震相模型，再分岩性进行地质统计学反演中关键参数的求取。因为地质统计学反演中几乎所有的参数都需要分岩相进行分析。概率密度分布函数是在之前相模型的基础上，结合井上分岩性统计出的样点，产生不同岩性的概率分布直方图。变差函数的求取同样需要分地震相分岩性进行，在对样本点分析中，要使得分析曲线尽量光滑。

地质统计学模拟就是根据前面求取的参数得到不同属性的空间分布，验证之前的两个重要参数：空间概率分布函数与变差函数。统计学模拟的结果需要通过多种方法来实现质控，主要包括两种手段：第一是通过井上的输入输出参数进行对比统计，误差小则说明参数合理；第二是将模拟的阻抗剖面和叠后反演的结果进行比较，如果其在反映储层的展布、地质体规模、岩性比例等方面大体比较一致，则结果合适。

（三）叠前弹性反演

弹性阻抗反演是声波波阻抗的推广，它是纵波速度、横波速度、密度以及入射角的函数。叠前弹性反演技术是利用叠前 CRP 道集数据（或部分叠加数据）和井数据（横波速度、纵波速度、密度及其他弹性参数资料），通过使用不同的近似式、反演求解得到与岩性含油气性相关的多种弹性参数，并进一步用来预测储层岩性储层物性及含油气性的一种反演技术。

叠前弹性反演技术考察不同入射角的地震反射系数的变化，利用反演技术求取各角度的弹性波阻抗。再利用 Connolly 公式：

$$\mathrm{EI}(\theta)=v_{\mathrm{p}}\left(v_{\mathrm{p}}^{\tan^{2}\theta}v_{\mathrm{s}}^{-8\frac{v_{\mathrm{s}}^{2}}{v_{\mathrm{p}}^{2}}\sin^{2}\theta}\rho^{1-4\frac{v_{\mathrm{s}}^{2}}{v_{\mathrm{p}}^{2}}\sin^{2}\theta}\right) \tag{4-3-20}$$

式中 EI——弹性波阻抗；

v_{p}——纵波速度，m/s；

v_{s}——横波速度，m/s；

ρ——密度，g/cm^3；

θ——入射角，°。

拟和出纵横波阻抗及密度，该技术在信噪比较高地区使用，效果很好。实际应用中叠前或叠前部分叠加数据信噪比和分辨率很难保证，只能得到较为粗略的油气预测成果。可直接利用 Richard 公式拟和纵横波阻抗及密度：

$$R(\theta)\approx(1+\tan^{2}\theta)\frac{\Delta I_{\mathrm{p}}}{2I_{\mathrm{p}}}-8\left(\frac{v_{\mathrm{s}}}{v_{\mathrm{p}}}\right)^{2}\sin^{2}\theta\frac{\Delta I_{\mathrm{s}}}{2I_{\mathrm{s}}}-\left[\tan^{2}\theta-4\left(\frac{v_{\mathrm{s}}}{v_{\mathrm{p}}}\right)^{2}\sin^{2}\theta\right]\frac{\Delta\rho}{2\rho} \tag{4-3-21}$$

式中 I_{p}——纵波阻抗，g/cm^3 · m/s；

I_{s}——横波阻抗，g/cm^3 · m/s；

ΔI_{p}——纵波阻抗差；

ΔI_{s}——横波阻抗差；

$\Delta\rho$——密度差。

由于叠前地震资料比叠后地震资料包含了更丰富的地下地质、岩性和油气信息，叠前反演包含横波信息，既能预测砂岩，又能把有利储层从砂岩中区分开来，当纵波阻抗不能反映岩性及有利储层，或者地震剖面含油气层为弱反射时，采用叠前反演具有很大的优势。纵波是岩石骨架成分和流体成分的综合响应，当骨架刚性成分多、流体成分少，纵波阻抗就高。同样地，岩性纵波阻抗随孔隙度和含油气饱和度增大而减小。横波不能在流体内传播，因此横波阻抗受孔隙流体影响较小，它与岩石骨架成分关系密切。

叠前同时反演的主要流程如图 4-3-7 所示，依据测井分析得到的岩性划分，流体识别的敏感弹性参数及参数的分布特征，参考目标工区构造沉积背景，对叠前同时反演结果进行综合解释，通过测井建立岩石弹性参数与岩石物理属性（如孔隙度、饱和度等）之间的相互关系，在此基础上进行岩石物理属性的定量化研究，如图 4-3-8 所示，泊松比与纵波速度共同交汇就能较好区分不同岩性。

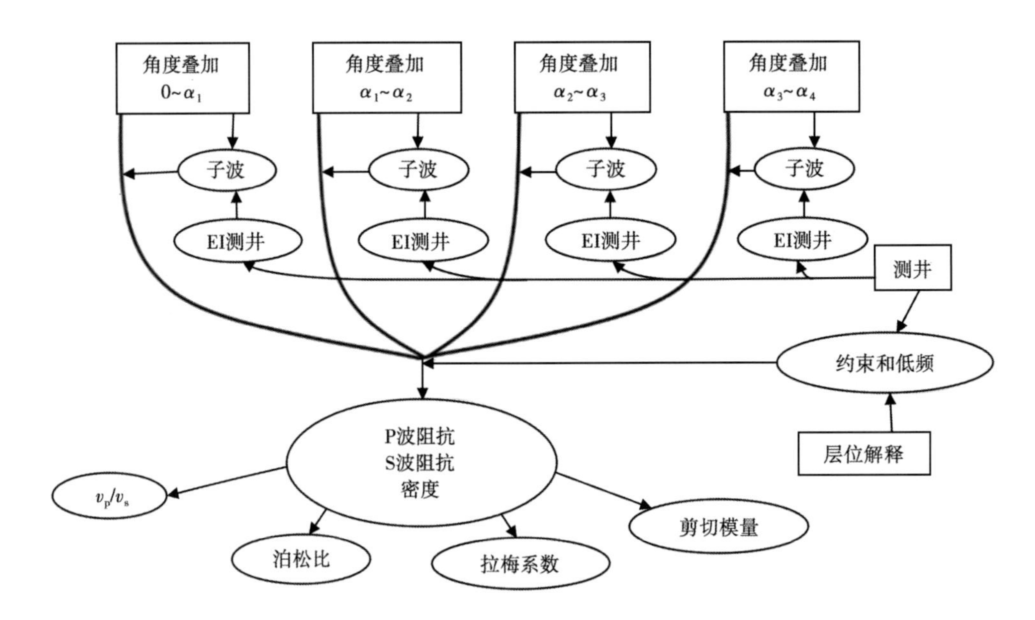

图 4-3-7 叠前同时反演流程图

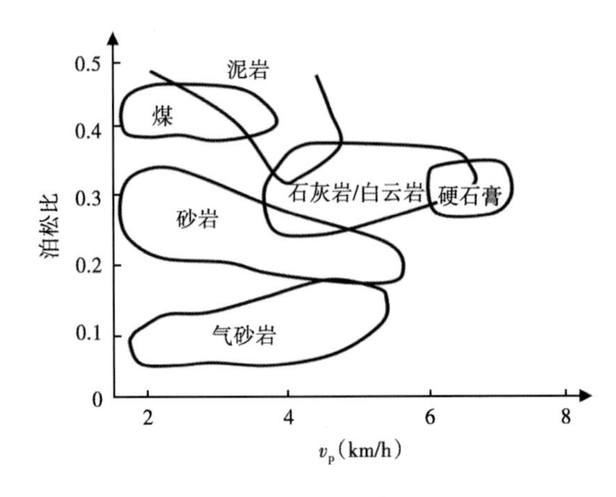

图 4-3-8 纵波速度与泊松比交汇图

四、真厚度恢复技术

（1）建立常见地层近真厚度计算方法。

通过对常见地层进行分析可知，按地层顶、底产状，可将地层分为顶底平行地层、顶底不平行地层两种情况。在这两种情况下，地层真厚度均可以利用地层视厚度乘以地层真倾角余弦加以校正得到（图 4-3-9）。当地层沉积平行于顶面时，可利用顶面地层倾角余弦校正，沉积地层平行于底面时可以利用底面倾角余弦加以校正。

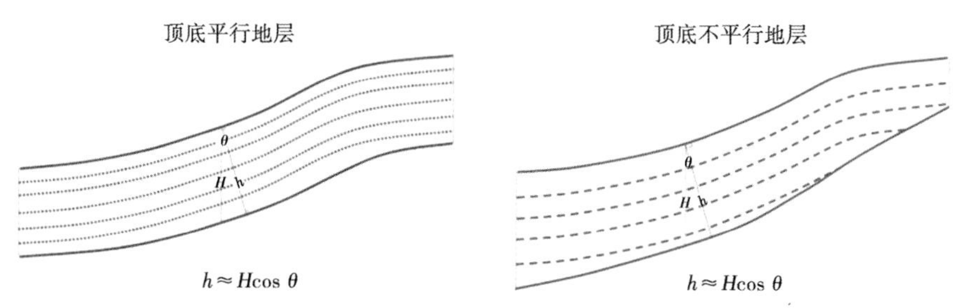

图 4-3-9　不同顶底产状地层真厚度计算示意图

H—地层视厚度；h—地层真厚度；θ—地层真倾角

（2）分析地震层位数据特征，建立基于地震层位的地层近真厚度计算流程图（图 4-3-10）。

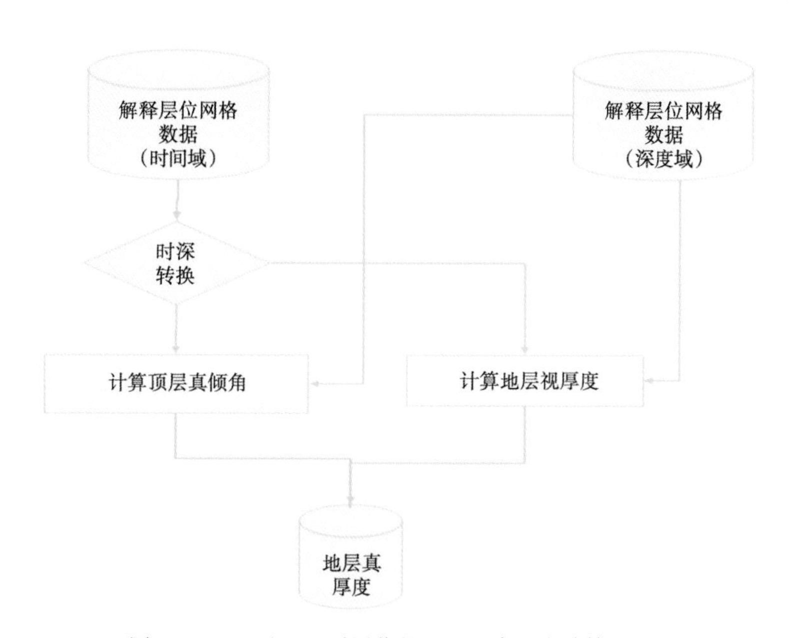

图 4-3-10　基于地震层位的地层近真厚度计算流程图

（3）采取基于空间二次曲面拟合算法计算地层真倾角。

地层是处于三维空间中的地质体，为由顶面、底面限定的一套沉积，其顶、底面可看做三维空间曲面（图 4-3-11）。通常情况下，可以利用空间二次曲面近似逼近地质体顶、底面，求取地层真倾角于是变成求取空间二次曲面上某点的切平面的倾角。鉴于地震解释层位数据为空间离散点数据，无法预知地震层位上点的曲面表达式，为得到空间某点的曲面方程，必须利用目标点周围的点（图 4-3-12）来进行空间二次曲面拟合，从而得到该点处的空间曲面方程式（4-3-22）。在研究过程中，主要利用以目标点为中心的3×3的网格单元为研究单位，进行空间二次曲面拟合求取曲面方程，进而求取曲面倾角。为了求取曲面方程，需要求取二次曲面方程的各项系数。通过分析可知方程的各项系数可由3×3的网格单元点的z值给出［式（4-3-23）、式（4-3-24）］，地层倾角由式（4-3-25）进行求取。

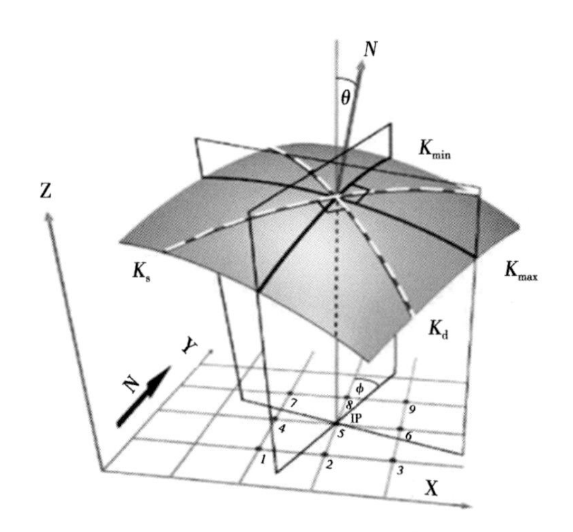

图4-3-11　地质体顶面示意图

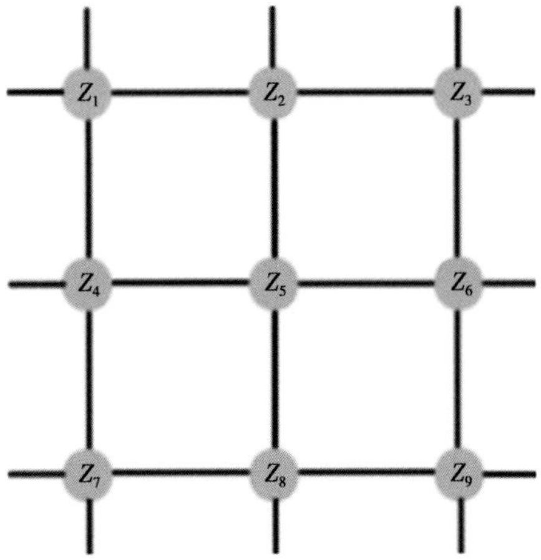

图4-3-12　不同顶底产状地层真厚度计算示意图

$$z = ax^2 + by^2 + cxy + dx + ey + f \tag{4-3-22}$$

$$d = \frac{fz}{fx} = \frac{Z_3 + Z_6 + Z_9 - Z_1 - Z_4 - Z_7}{6\Delta x} \tag{4-3-23}$$

$$e = \frac{fz}{fy} = \frac{Z_1 + Z_2 + Z_3 - Z_7 - Z_8 - Z_9}{6\Delta x} \tag{4-3-24}$$

式中　a，b，c，d，e，f——系数；

z_i——网格节点值，i=1，2，……，9；

Δx——网格步长。

$$\text{Dip} = \arctan\sqrt{d^2 + e^2} \tag{4-3-25}$$

$$\text{Azim} = \arctan\frac{e}{d} \tag{4-3-26}$$

（4）利用模型数据及实际数据进行测试。

在程序编写完成后，为了了解软件的可靠性，利用模型进行了软件测试。

①模型1：单斜模型（图4-3-13）。

按照饶阳凹陷蠡县斜坡西柳工区实际工区尺寸建立了西抬东倾，倾角18.56°单斜模型，主要用于测试软件地层真倾角计算精度。通过计算，地层真倾角为18.56°（图4-3-14），与理论倾角一致。

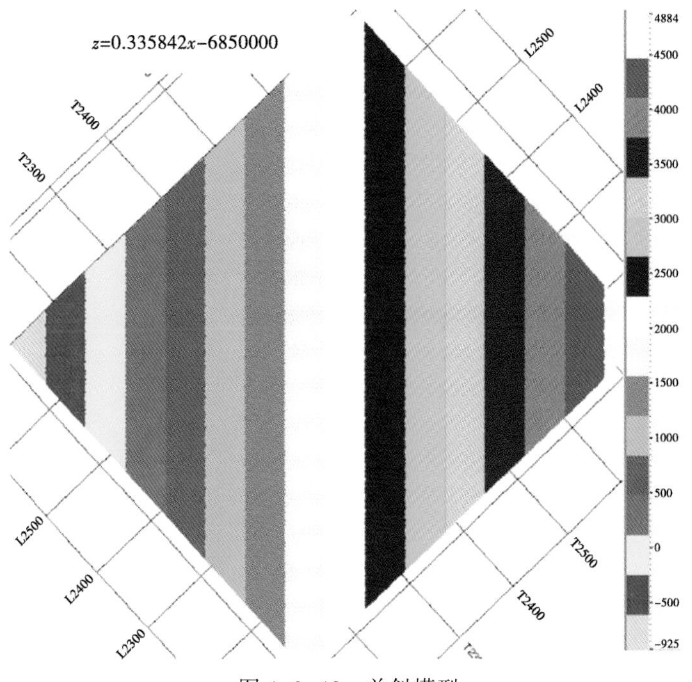

图 4-3-13　单斜模型

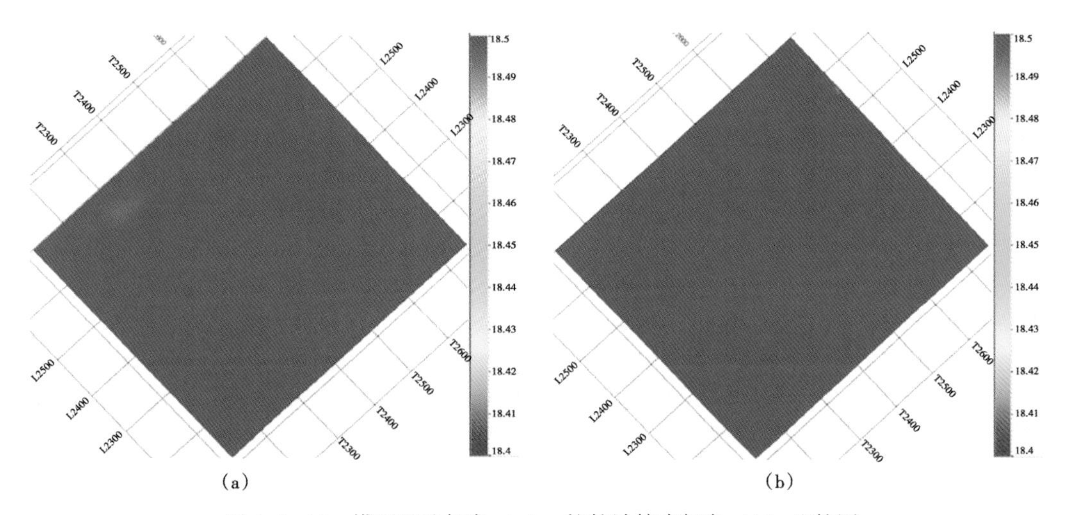

图 4-3-14　模型理论倾角（a）、软件计算真倾角（b）比较图

②模型 2：坡折模型。

按照饶阳凹陷蠡县斜坡西柳工区实际尺寸建立了西抬东倾，地层倾角由 80°渐变至 10°，地层视厚度为 1000m 的坡折模型（图 4-3-15），用于测试软件地层真倾角及地层真厚度。通过计算，该模型地层真厚度为 174～985m，理论真厚度 173.65～984.81m（图 4-3-16、图 4-3-17）与理论模型吻合。

③模型 3：穹窿模型。

利用球面模拟穹窿模型，按照饶阳凹陷蠡县斜坡西柳工区实际尺寸，建立球半径为 20000m、地层真厚度为 100m 的穹窿模型（图 4-3-18），用于检查软件及算法的可靠性。通过计算，该模型地层真倾角为0°~25.5°，与理论值0°~24.3°一致（图4-3-19）；地层真厚度为100~101m（图4-3-20），与模型真厚度100m基本一致，计算表明，软件计算误差较小，可以满足地质需求。

图4-3-15 坡折模型

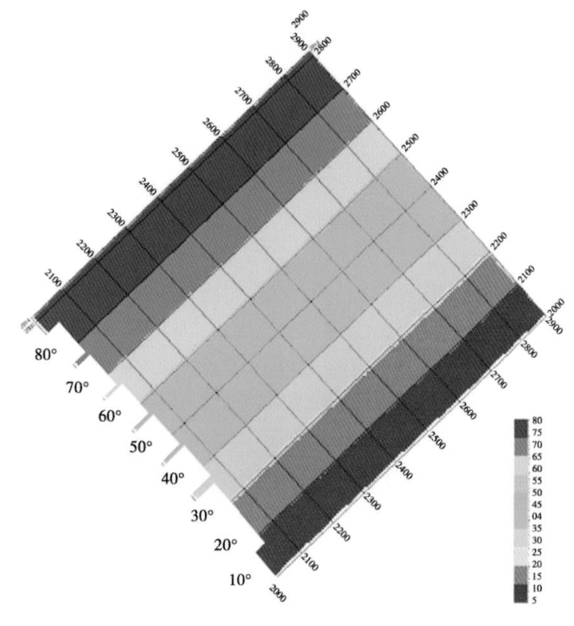

图4-3-16 计算地层真倾角

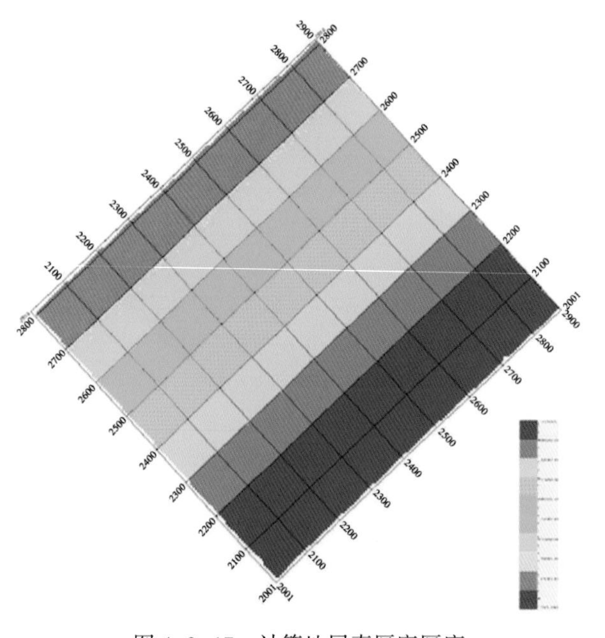

图4-3-17 计算地层真厚度厚度

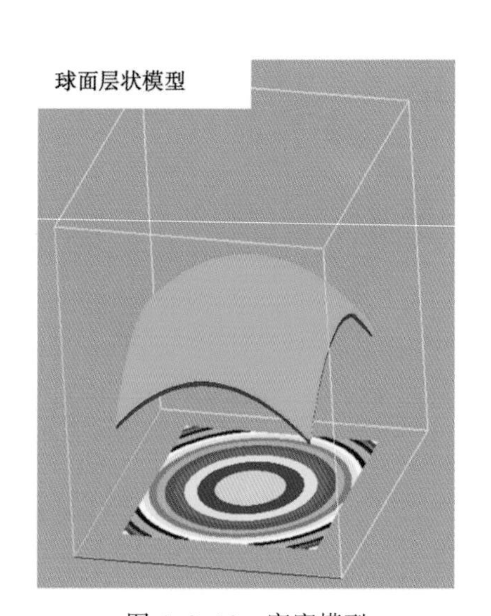

图4-3-18 穹窿模型

过计算，该模型地层真倾角为0°~25.5°，与理论值0°~24.3°一致（图4-3-19）；地层真厚度为100~101m（图4-3-20），与模型真厚度100m基本一致，计算表明，软件计算误差较小，可以满足地质需求。

图4-3-21利用冀中凹陷某区资料计算$Es_1^{上}$Ⅱ砂组地层倾角及地层真厚度，由于斜坡带地层倾角较平缓（平均真倾角3°~4°），计算地层视厚度与地层真厚度近似相等。

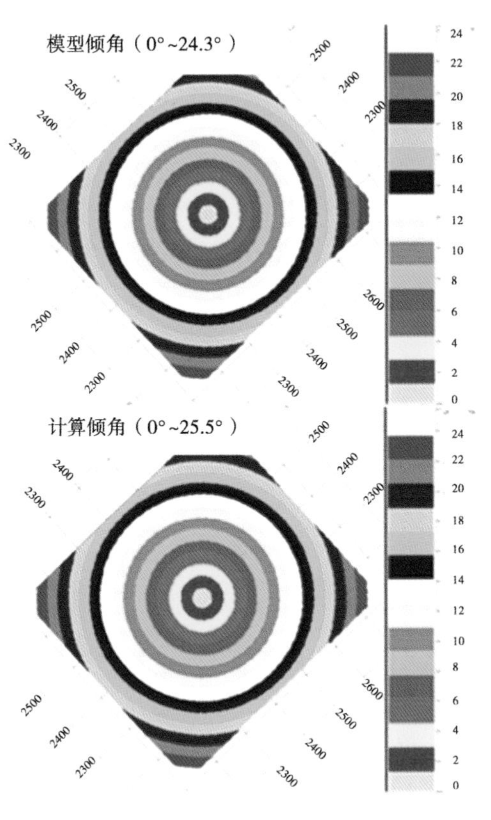

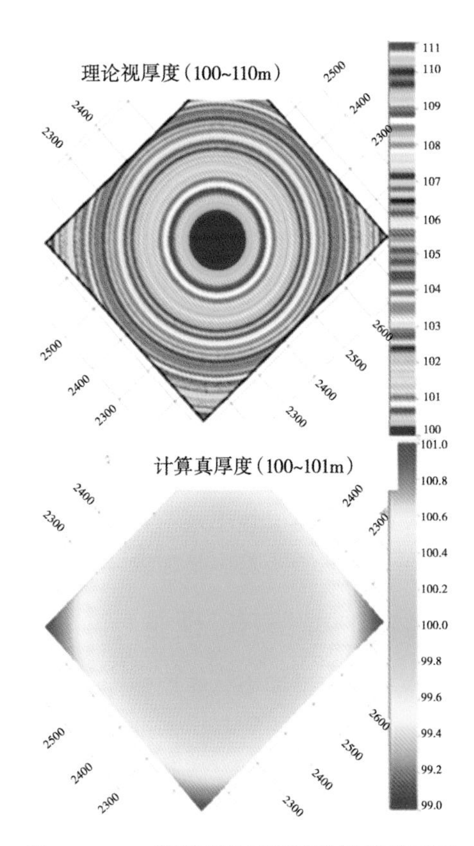

图 4-3-19　模型理论倾角及计算倾角

图 4-3-20　模型理论真厚度及计算真厚度

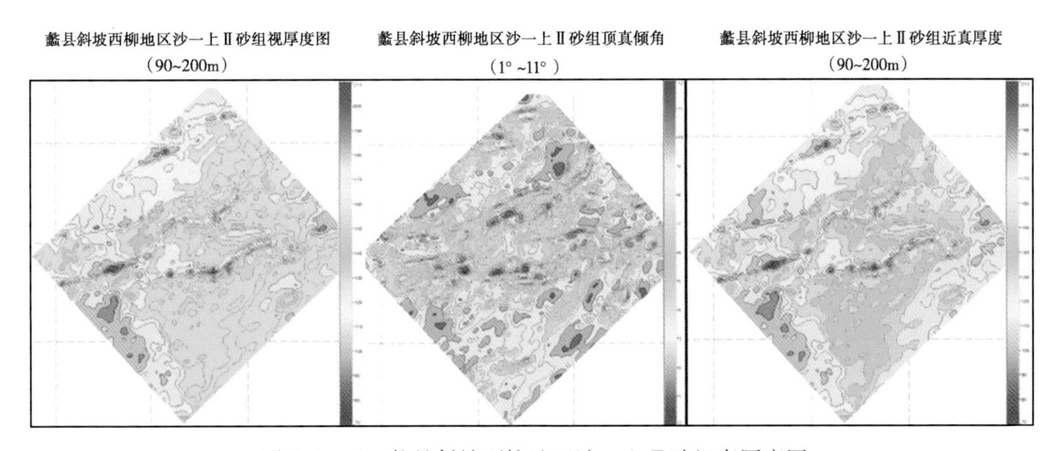

图 4-3-21　蠡县斜坡西柳地区沙一上Ⅱ砂组真厚度图

第四节　裂缝性储层地震预测技术

裂缝性储层指以裂缝为主要油气储集空间的储层，裂缝性油气藏的油气产量直接与裂缝发育程度紧密相关。裂缝的形成受多种因素控制，其物理属性复杂，横向、纵向变化大，表现出很强的各向异性。在砂岩、泥质岩和碳酸盐岩甚至火成岩中均可能存在裂缝性储层。裂缝多为后期生成，不像其他油气藏具有相应的沉积环境特征。裂缝性油气藏比常规油气藏更难于勘探。

裂缝性油气藏的勘探需要解决两个问题——裂缝的走向和裂缝的密度或强度。以往使用测井数据来进行裂缝检测，其检测结果大多数只在井点周围很小的范围内有效。由于裂缝的复杂性，井间裂缝方向和密度的预测难于依靠井中结果的外推。当探区内缺乏井数据，甚至根本没有井时，就必须寻找其他方法。但人们发现，裂隙的存在导致介质的物理性质随着方位不同而发生变化，这在地震中称为方位各向异性。同时，由于地层上覆载荷的压实作用，水平或低角度裂缝近乎消失，对裂缝性油气藏贡献大的是易于保存的高角度和近于垂直的裂缝，而正是这类裂缝对地震波产生了各向异性的传播特征，并且人们能够相对容易地获得这些信息。这一性质使得可以依靠叠前地震资料检测裂缝。

当前，裂缝地震预测方法和技术在不断探索和发展之中，“两宽一高”三维地震采集技术和 OVT 处理技术的迅速发展和应用，近年来发展了很多以方位各向异性理论为基础的裂缝预测技术，地震属性中对裂缝比较敏感的属性有振幅、层速度、时差、方位 AVO 梯度、方位层频率、层频率差、叠加振幅及叠加振幅方位差等。

一、储层裂缝表征理论

在地球物理勘探中，模拟弹性波在复杂介质中传播具有重要意义。室内的弹性波数值模拟有助于现场资料的解释，借助数值模拟的地震记录可以深入了解地震波在复杂介质中传播的机理及检验资料处理方法和数据采集参数的合理性。弹性波波动方程是进行各向异性介质弹性波场正演模拟的理论基础，是研究地震波传播规律的基本出发点。针对裂缝型储层，通过建立合适的正演模拟方法，对裂缝性储层地震波传播规律进行分析。

（一）基于旋转交错网格有限差分方法的正演模拟方法

1. 三维弹性波一阶速度—应力方程

实际地质条件下，地震波传播所造成的弹性形变属于弹性动力学的范畴。如果考虑到完全弹性的情况，外力消失后，弹性体的应力、应变状态立即消失。弹性动力学的三个基本方程包括本构方程、运动平衡微分方程和几何方程。这三个基本方程描述了弹性介质内部质点位移、应力和应变之间的相互关系。

针对各向异性的裂缝性泥灰岩储层介质，结合等效介质理论，给出相应的三维弹性波一阶速度—应力方程：

$$\frac{\partial v_x}{\partial t} = \frac{1}{\rho}(\frac{\partial \tau_{xx}}{\partial x} + \frac{\partial \tau_{xy}}{\partial y} + \frac{\partial \tau_{xz}}{\partial z})$$

$$\frac{\partial v_y}{\partial t} = \frac{1}{\rho}(\frac{\partial \tau_{xy}}{\partial x} + \frac{\partial \tau_{yy}}{\partial y} + \frac{\partial \tau_{yz}}{\partial z})$$

$$\frac{\partial v_z}{\partial t} = \frac{1}{\rho}(\frac{\partial \tau_{xz}}{\partial x} + \frac{\partial \tau_{zy}}{\partial y} + \frac{\partial \tau_{zz}}{\partial z})$$

$$\frac{\partial \tau_{xx}}{\partial t} = C_{11}\frac{\partial v_x}{\partial x} + C_{12}\frac{\partial v_y}{\partial y} + C_{13}\frac{\partial v_z}{\partial z} + C_{14}(\frac{\partial v_y}{\partial z} + \frac{\partial v_z}{\partial y}) + C_{15}(\frac{\partial v_x}{\partial z} + \frac{\partial v_z}{\partial x}) + C_{16}(\frac{\partial v_y}{\partial x} + \frac{\partial v_x}{\partial y})$$

$$\frac{\partial \tau_{yy}}{\partial t} = C_{21}\frac{\partial v_x}{\partial x} + C_{22}\frac{\partial v_y}{\partial y} + C_{23}\frac{\partial v_z}{\partial z} + C_{24}(\frac{\partial v_y}{\partial z} + \frac{\partial v_z}{\partial y}) + C_{25}(\frac{\partial v_x}{\partial z} + \frac{\partial v_z}{\partial x}) + C_{26}(\frac{\partial v_y}{\partial x} + \frac{\partial v_x}{\partial y})$$

$$\frac{\partial \tau_{zz}}{\partial t} = C_{31}\frac{\partial v_x}{\partial x} + C_{32}\frac{\partial v_y}{\partial y} + C_{33}\frac{\partial v_z}{\partial z} + C_{34}(\frac{\partial v_y}{\partial z} + \frac{\partial v_z}{\partial y}) + C_{35}(\frac{\partial v_x}{\partial z} + \frac{\partial v_z}{\partial x}) + C_{36}(\frac{\partial v_y}{\partial x} + \frac{\partial v_x}{\partial y})$$

$$\frac{\partial \tau_{yz}}{\partial t} = C_{41}\frac{\partial v_x}{\partial x} + C_{42}\frac{\partial v_y}{\partial y} + C_{43}\frac{\partial v_z}{\partial z} + C_{44}(\frac{\partial v_y}{\partial z} + \frac{\partial v_z}{\partial y}) + C_{45}(\frac{\partial v_x}{\partial z} + \frac{\partial v_z}{\partial x}) + C_{46}(\frac{\partial v_y}{\partial x} + \frac{\partial v_x}{\partial y})$$

$$\frac{\partial \tau_{zx}}{\partial t} = C_{51}\frac{\partial v_x}{\partial x} + C_{52}\frac{\partial v_y}{\partial y} + C_{53}\frac{\partial v_z}{\partial z} + C_{54}(\frac{\partial v_y}{\partial z} + \frac{\partial v_z}{\partial y}) + C_{55}(\frac{\partial v_x}{\partial z} + \frac{\partial v_z}{\partial x}) + C_{56}(\frac{\partial v_y}{\partial x} + \frac{\partial v_x}{\partial y}) \quad (4\text{-}4\text{-}1)$$

$$\frac{\partial \tau_{xy}}{\partial t} = C_{61}\frac{\partial v_x}{\partial x} + C_{62}\frac{\partial v_y}{\partial y} + C_{63}\frac{\partial v_z}{\partial z} + C_{64}(\frac{\partial v_y}{\partial z} + \frac{\partial v_z}{\partial y}) + C_{65}(\frac{\partial v_x}{\partial z} + \frac{\partial v_z}{\partial x}) + C_{66}(\frac{\partial v_y}{\partial x} + \frac{\partial v_x}{\partial y})$$

式中 ρ——介质密度；

v_x，v_y，v_z——分别是速度沿着 x、y、z 三个方向上的分量；

τ_{ij}——应力；

C_{ij}——弹性常数。

可以利用一阶速度—应力方程为基础进行波场数值模拟与分析。

2. 旋转交错网格有限差分格式

有限差分法数值模拟成为现今应用性最强的一种数值模拟方法。交错网格有限差分技术已经广泛应用于各向异性介质的波动方程模拟中，但是在遇到波阻抗差较大的界面时，标准交错网格会出现不稳定现象，例如在自由表面处，边界条件必须在差分中显式表示出来，若使用旋转交错网格算法，就可以将这种高阻抗差的不连续性隐式地表达出来。旋转交错网格的另一个优点是在模拟各向异性介质时，将同一物理量的不同分量定义在同一网格点上，避免了标准交错网格中对密度和弹性模量的插值，提高了计算的精度和稳定性。针对裂缝型储层介质复杂的特点，可以采用旋转交错网格进行数值离散。

旋转交错网格在网格交错的基础上增加了网格旋转，旋转交错网格的定义方式如图 4-4-1 所示。

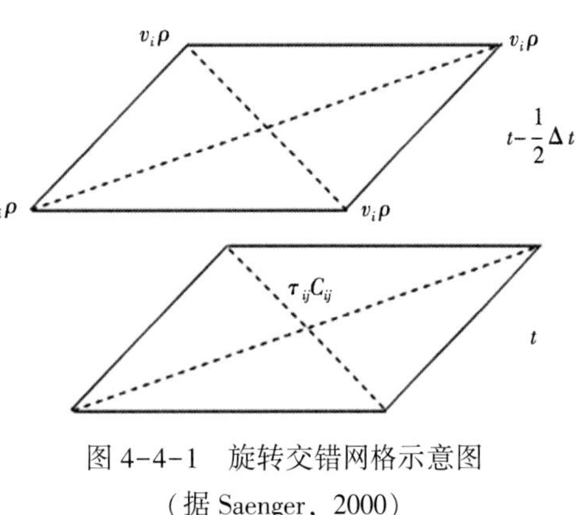

图 4-4-1　旋转交错网格示意图

（据 Saenger，2000）

它将同一物理量的不同分量定义在同一网格点上，其中速度和密度定义在整网格点，而应力和弹性常数定义在半网格点上。在计算过程中变换求导方向，先计算沿对角线的物理量的差分，然后利用对角线差分值的线性组合计算出沿坐标轴的差分。

建立两套坐标系，旧坐标系（x，z）的方向与整网格（实线）平行，新坐标系（$\tilde{x}$，$\tilde{z}$）与半网格（虚线）平行，两坐标系的变换关系如下：

$$\tilde{z} = \frac{\Delta x}{\Delta r}x + \frac{\Delta z}{\Delta r}y$$

$$\tilde{x} = \frac{\Delta x}{\Delta r}x + \frac{\Delta z}{\Delta r}y \quad (4\text{-}4\text{-}2)$$

式中　$\tilde{z}$，$\tilde{x}$——对角线方向；

Δx，Δz——沿坐标轴方向的网格间距；

Δr——对角线长度，且 $\Delta r=\sqrt{\Delta x^2+\Delta z^2}$。

两坐标系下的求导算子有如下关系：

$$\begin{aligned}\frac{\partial}{\partial z}&=\frac{\Delta r}{2\Delta z}\left(\frac{\partial}{\partial\tilde{z}}-\frac{\partial}{\partial\tilde{x}}\right)\\ \frac{\partial}{\partial x}&=\frac{\Delta r}{2\Delta x}\left(\frac{\partial}{\partial\tilde{z}}+\frac{\partial}{\partial\tilde{x}}\right)\end{aligned}\tag{4-4-3}$$

$\partial/\partial\tilde{x}$ 和 $\partial/\partial\tilde{z}$ 的离散差分算子的计算方法与普通的交错网格有限差分 $\partial/\partial x$ 和 $\partial/\partial z$ 的离散差分算子计算方法相同。假如 $D_{\tilde{x}}$和 $D_{\tilde{z}}$分别表示 $\partial/\partial\tilde{x}$和 $\partial/\partial\tilde{z}$在$\tilde{x}$和$\tilde{z}$方向的任意偶数阶导数。对于做有限差分带来的数值频散问题，采用高阶差分算子压制数值频散。设函数 u（x，z，t）连续，且具有 $zN+1$ 阶导数，则

$$D_{\tilde{x}}u=\frac{1}{\Delta r}\sum_{m=1}^{N}a_m\left[u\left(x+\frac{2m-1}{2}\Delta x,\ z-\frac{2m-1}{2}\Delta z,\ t\right)-u\left(x-\frac{2m-1}{2}\Delta x,\ z+\frac{2m-1}{2}\Delta z,\ t\right)\right]\tag{4-4-4}$$

$$D_{\tilde{z}}u=\frac{1}{\Delta r}\sum_{m=1}^{N}a_m\left[u\left(x+\frac{2m-1}{2}\Delta x,\ z+\frac{2m-1}{2}\Delta z,\ t\right)-u\left(x-\frac{2m-1}{2}\Delta x,\ z-\frac{2m-1}{2}\Delta z,\ t\right)\right]\tag{4-4-5}$$

式中　N——差分阶数的一半；

a_m——差分系数，其值推导与普通交错网格系数的差分系数推导是一致的。

由$\tilde{x}$和$\tilde{z}$方向上的偏导数可以得到 x 和 z 方向上的偏导数，即：

$$\begin{aligned}\frac{\partial u}{\partial x}&\approx\frac{\Delta r}{2\Delta x}(D_{\tilde{z}}u+D_{\tilde{x}}u)\\ \frac{\partial u}{\partial z}&\approx\frac{\Delta r}{2\Delta z}(D_{\tilde{z}}u+D_{\tilde{x}}u)\end{aligned}\tag{4-4-6}$$

3. 差分格式稳定性分析

由于有限差分模拟是将连续的定解区域用有限个离散网格点来代替，即通过微分算子和泰勒级数展开来近似求导和进行时间外推，由离散解得到定解问题在整个区域上的近似解，这样就不可避免的会产生误差，特别是在网格划分较粗的情况下。这种数值误差在有限差分计算中通常可分为振幅误差和相位误差两类，各个场分量的值是逐层递推计算的。上一个时间层的计算误差，必然会影响到下一个时间层的计算值，如果这种误差累积越来越大，以致严重影响差分格式的精确解，这种算法就是不稳定的。这在波动方程的数值模拟中表现为波的能量随着时间外推呈指数增长。相反，如果算法的误差是在一个可以控制的范围内，就认为格式是稳定的。

这里采用纽曼稳定性标准条件，对于各向异性介质中二维一阶应力—速度弹性波方程的时间二阶精度、空间 $2N$ 阶精度的旋转交错网格差分方程的严格稳定性条件为：

$$\frac{\Delta t v_{\mathrm{p}}}{\Delta h} \leqslant \frac{1}{\sum_{n=1}^{N} |C_m^M|} \tag{4-4-7}$$

式中 Δh——空间步长；

v_{p}——纵波速度；

C_m^M——差分系数。

标准交错网格的稳定性条件是：

$$\frac{\Delta t v_{\mathrm{p}}}{\Delta h} \leqslant \frac{1}{\sqrt{2}\sum_{n=1}^{N} |C_m^M|} \tag{4-4-8}$$

式（4-4-8）对二阶时间差分精度的均匀介质是成立的。通过对比可以发现，在相同的差分精度条件下，旋转交错网格的稳定性较交错网格的稳定性要高一些。在进行非均匀介质的数值模拟时，稳定性更强的旋转交错网格更有优势。

4. 复频移非分裂完美匹配层（PML）边界条件

根据 Drossaert 等针对弹性各向同性介质提出的基于递归积分有限差分的完全匹配吸收边界条件，给出考虑各向异性的复频移非分裂完全匹配吸收边界条件。基于复频移的非分裂完全匹配吸收边界条件的基本思想是将空间坐标利用与频率有关的黏滞项进行扩展，即：

$$\begin{aligned} \frac{\partial}{\partial \tilde{x}} &\to \frac{1}{\varepsilon_x}\frac{\partial}{\partial x} \\ \frac{\partial}{\partial \tilde{y}} &\to \frac{1}{\varepsilon_y}\frac{\partial}{\partial y} \\ \frac{\partial}{\partial \tilde{z}} &\to \frac{1}{\varepsilon_z}\frac{\partial}{\partial z} \end{aligned} \tag{4-4-9}$$

其中：

$$\begin{aligned} \varepsilon_x &= \kappa_x + \frac{\sigma_x}{\alpha_x + i\omega} \\ \varepsilon_y &= \kappa_y + \frac{\sigma_y}{\alpha_y + i\omega} \\ \varepsilon_z &= \kappa_z + \frac{\sigma_z}{\alpha_z + i\omega} \end{aligned} \tag{4-4-10}$$

参数 σ_i，κ_i，α_i，（$i=x$，y，z）对于确定的介质模型是确定的，并在边界及模型区分别赋值，如图 4-4-2 所示。

将三维波动方程变换到频率域，并定义：

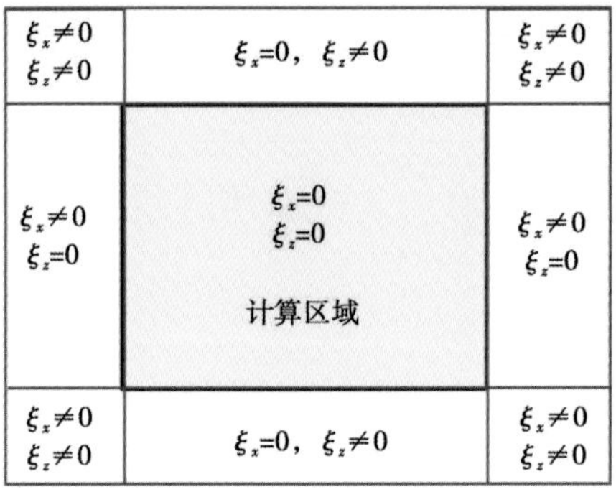

$\xi_x \neq 0$ $\xi_z \neq 0$	$\xi_x = 0$，$\xi_z \neq 0$	$\xi_x \neq 0$ $\xi_z \neq 0$
$\xi_x \neq 0$ $\xi_z = 0$	$\xi_x = 0$ $\xi_z = 0$ 计算区域	$\xi_x \neq 0$ $\xi_z = 0$
$\xi_x \neq 0$ $\xi_z \neq 0$	$\xi_x = 0$，$\xi_z \neq 0$	$\xi_x \neq 0$ $\xi_z \neq 0$

图 4-4-2　非分裂完美匹配层（NPML）不同位置赋值方式图

$$
\begin{aligned}
&\widetilde{S}_{xx} = \frac{1}{\varepsilon_x}\frac{\partial \widetilde{\sigma}_{xx}}{\partial x} \quad \widetilde{S}_{yx} = \frac{1}{\varepsilon_x}\frac{\partial \widetilde{\sigma}_{yx}}{\partial x} \quad \widetilde{S}_{zx} = \frac{1}{\varepsilon_x}\frac{\partial \widetilde{\sigma}_{zx}}{\partial x} \\
&\widetilde{S}_{xy} = \frac{1}{\varepsilon_y}\frac{\partial \widetilde{\sigma}_{xy}}{\partial y} \quad \widetilde{S}_{yy} = \frac{1}{\varepsilon_y}\frac{\partial \widetilde{\sigma}_{yy}}{\partial y} \quad \widetilde{S}_{zy} = \frac{1}{\varepsilon_y}\frac{\partial \widetilde{\sigma}_{zy}}{\partial y} \\
&\widetilde{S}_{xz} = \frac{1}{\varepsilon_z}\frac{\partial \widetilde{\sigma}_{xz}}{\partial z} \quad \widetilde{S}_{yz} = \frac{1}{\varepsilon_z}\frac{\partial \widetilde{\sigma}_{yz}}{\partial z} \quad \widetilde{S}_{zz} = \frac{1}{\varepsilon_z}\frac{\partial \widetilde{\sigma}_{zz}}{\partial z}
\end{aligned} \tag{4-4-11}
$$

$$
\begin{aligned}
&\widetilde{E}_{xx} = \frac{1}{\varepsilon_x}\frac{\partial v_x}{\partial x} \quad \widetilde{E}_{yx} = \frac{1}{\varepsilon_x}\frac{\partial v_y}{\partial x} \quad \widetilde{E}_{zx} = \frac{1}{\varepsilon_x}\frac{\partial v_z}{\partial x} \\
&\widetilde{E}_{xy} = \frac{1}{\varepsilon_y}\frac{\partial v_x}{\partial y} \quad \widetilde{E}_{yy} = \frac{1}{\varepsilon_y}\frac{\partial v_y}{\partial y} \quad \widetilde{E}_{zy} = \frac{1}{\varepsilon_y}\frac{\partial v_z}{\partial y} \\
&\widetilde{E}_{xz} = \frac{1}{\varepsilon_z}\frac{\partial v_x}{\partial z} \quad \widetilde{E}_{yz} = \frac{1}{\varepsilon_z}\frac{\partial v_y}{\partial z} \quad \widetilde{E}_{zz} = \frac{1}{\varepsilon_z}\frac{\partial v_z}{\partial z}
\end{aligned} \tag{4-4-12}
$$

式中，$\widetilde{S}$ 与 $\widetilde{E}$ 分别表示与应力及应变有关的张量，用其对应表示相应的空间偏导数，便可以得到引入了复频移非分裂完全匹配吸收边界条件的速度应力方程。

5. 离散化的速度应力方程

根据旋转交错网格有限差分算法，将三维波动方程离散化，可以得到三维离散化的速度应力方程：

$$
\begin{aligned}
&\nu_x(t + \frac{1}{2}\Delta t) = \nu_x(t - \frac{1}{2}\Delta t) + \frac{\Delta t}{\rho}\left\{D_x[\sigma_{xx}(t)] + D_y[\sigma_{xy}(t)] + D_z[\sigma_{xz}(t)]\right\} \\
&\nu_y(t + \frac{1}{2}\Delta t) = \nu_y(t - \frac{1}{2}\Delta t) + \frac{\Delta t}{\rho}\left\{D_x[\sigma_{yx}(t)] + D_y[\sigma_{yy}(t)] + D_z[\sigma_{yz}(t)]\right\} \\
&\nu_z(t + \frac{1}{2}\Delta t) = \nu_z(t - \frac{1}{2}\Delta t) + \frac{\Delta t}{\rho}\left\{D_x[\sigma_{zx}(t)] + D_y[\sigma_{zy}(t)] + D_z[\sigma_{zz}(t)]\right\} \\
&\sigma_{xx}(t + \Delta t) = \sigma_{xx}^R(t + \Delta t) + \sigma_{xx}^I(t + \Delta t) \\
&\sigma_{yy}(t + \Delta t) = \sigma_{yy}^R(t + \Delta t) + \sigma_{yy}^I(t + \Delta t)
\end{aligned}
$$

$$
\begin{aligned}
\sigma_{zz}(t+\Delta t) &= \sigma_{zz}^{R}(t+\Delta t)+\sigma_{zz}^{I}(t+\Delta t) \\
\sigma_{yz}(t+\Delta t) &= \sigma_{yz}^{R}(t+\Delta t)+\sigma_{yz}^{I}(t+\Delta t) \\
\sigma_{zx}(t+\Delta t) &= \sigma_{zx}^{R}(t+\Delta t)+\sigma_{zx}^{I}(t+\Delta t) \\
\sigma_{xy}(t+\Delta t) &= \sigma_{xy}^{R}(t+\Delta t)+\sigma_{xy}^{I}(t+\Delta t)
\end{aligned} \tag{4-4-13}
$$

6. 引入非分裂 PML 边界的三维离散化速度应力方程

Drossaert 等已经给出了与应力及应变有关的张量 S 与 E 的离散表达式，从而可得考虑非分裂完美匹配层边界的离散速度应力方程。

将复频移非分裂完美匹配层边界条件引入离散化的速度应力方程，可以得到三维离散化的考虑复频移非分裂完美匹配层边界条件的速度应力方程：

$$
\nu_i(t+\frac{1}{2}\Delta t)=\nu_i(t-\frac{1}{2}\Delta t)+\frac{\Delta t}{\rho}\{S_{ix}(t)+S_{iy}(t)+S_{iz}(t)\},\ i=x,\ y,\ z \tag{4-4-14}
$$

应力方程为：

$$
\sigma_{ij}(t+\Delta t)=\sigma_{ij}^{R}(t+\Delta t)+\sigma_{ij}^{I}(t+\Delta t),\ i,\ j=x,\ y,\ z \tag{4-4-15}
$$

其中：

$$
\begin{aligned}
\sigma_{xx}^{R}(t+\Delta t) = {}& \sigma_{xx}^{R}(t)+\Delta t\Big\{c_{11}^{R}E_{xx}(t+\frac{1}{2}\Delta t)+c_{12}^{R}E_{yy}(t+\frac{1}{2}\Delta t)+c_{13}^{R}E_{zz}(t+\frac{1}{2}\Delta t)+ \\
& c_{14}^{R}\Big[E_{yz}(t+\frac{1}{2}\Delta t)+E_{zy}(t+\frac{1}{2}\Delta t)\Big]+c_{15}^{R}\Big[E_{zx}(t+\frac{1}{2}\Delta t)+E_{xz}(t+\frac{1}{2}\Delta t)\Big]+ \\
& c_{16}^{R}\Big[E_{xy}(t+\frac{1}{2}\Delta t)+E_{yx}(t+\frac{1}{2}\Delta t)\Big]\Big\}
\end{aligned}
$$

$$
\begin{aligned}
\sigma_{yz}^{R}(t+\Delta t) = {}& \sigma_{yz}^{R}(t)+\Delta t\Big\{c_{14}^{R}E_{xx}(t+\frac{1}{2}\Delta t)+c_{24}^{R}E_{yy}(t+\frac{1}{2}\Delta t)+c_{34}^{R}E_{zz}(t+\frac{1}{2}\Delta t)+ \\
& c_{44}^{R}\Big[E_{yz}(t+\frac{1}{2}\Delta t)+E_{zy}(t+\frac{1}{2}\Delta t)\Big]+c_{45}^{R}\Big[E_{zx}(t+\frac{1}{2}\Delta t)+E_{xz}(t+\frac{1}{2}\Delta t)\Big]+ \\
& c_{46}^{R}\Big[E_{xy}(t+\frac{1}{2}\Delta t)+E_{yx}(t+\frac{1}{2}\Delta t)\Big]\Big\}
\end{aligned}
$$

$$
\begin{aligned}
\sigma_{xx}^{I}(t+\Delta t) = {}& c_{11}^{I}E_{xx}(t+\frac{1}{2}\Delta t)+c_{12}^{I}E_{yy}(t+\frac{1}{2}\Delta t)+c_{13}^{I}E_{zz}(t+\frac{1}{2}\Delta t)+ \\
& c_{14}^{I}\Big[E_{yz}(t+\frac{1}{2}\Delta t)+E_{zy}(t+\frac{1}{2}\Delta t)\Big]+c_{15}^{I}\Big[E_{zx}(t+\frac{1}{2}\Delta t)+E_{xz}(t+\frac{1}{2}\Delta t)\Big]+ \\
& c_{16}^{I}\Big[E_{xy}(t+\frac{1}{2}\Delta t)+E_{yx}(t+\frac{1}{2}\Delta t)\Big]\Big\}
\end{aligned}
$$

$$
\begin{aligned}
\sigma_{yz}^{I}(t+\Delta t) = {}& c_{14}^{I}E_{xx}(t+\frac{1}{2}\Delta t)+c_{24}^{I}E_{yy}(t+\frac{1}{2}\Delta t)+c_{34}^{I}E_{zz}(t+\frac{1}{2}\Delta t)+ \\
& c_{44}^{I}\Big[E_{yz}(t+\frac{1}{2}\Delta t)+E_{zy}(t+\frac{1}{2}\Delta t)\Big]+c_{45}^{I}\Big[E_{zx}(t+\frac{1}{2}\Delta t)+E_{xz}(t+\frac{1}{2}\Delta t)\Big]+ \\
& c_{46}^{I}\Big[E_{xy}(t+\frac{1}{2}\Delta t)+E_{yx}(t+\frac{1}{2}\Delta t)\Big]\Big\}
\end{aligned}
$$

其中：S_{ij}，$(i, j=x, y, z)$ 为：

$$S_{ij}(t)=\xi_j D_j[\sigma_{ij}(t)]-\phi_j\Omega_{ij}(t-\Delta t),\ i,\ j=x,\ y,\ z \tag{4-4-16}$$

$$\Omega_{ij}(t)=\Omega_{ij}(t-\Delta t)+\Lambda_j S_{ij}(t)-\alpha_j D_j[\sigma_{ij}(t)],\ i,\ j=x,\ y,\ z \tag{4-4-17}$$

另外，E_{ij}，$(i, j=x, y, z)$ 为：

$$E_{ij}(t+\frac{1}{2}\Delta t)=\xi_j D_j\left[\nu_i(t+\frac{1}{2}\Delta t)\right]-\phi_j\Psi_{ij}(t-\frac{1}{2}\Delta t) \tag{4-4-18}$$

$$\Psi_{ij}(t+\frac{1}{2}\Delta t)=\Psi_{ij}(t-\frac{1}{2}\Delta t)+\Lambda_j E_{ij}(t+\frac{1}{2}\Delta t)-\alpha_j D_j\left[v_i(t+\frac{1}{2}\Delta t)\right],\ i,\ j=x,\ y,\ z \tag{4-4-19}$$

式中用到的参数分别表示为：

$$\Lambda_i=\sigma_i+\alpha_i\kappa_i,\ i=x,\ y,\ z \tag{4-4-20}$$

$$\xi_i=\frac{1+\frac{1}{2}\Delta t\alpha_i}{\frac{1}{2}\Delta t(\sigma_i+\alpha_i\kappa_i)+\kappa_i},\ i=x,\ y,\ z \tag{4-4-21}$$

$$\phi_i=\frac{\Delta t}{\frac{1}{2}\Delta t(\sigma_i+\alpha_i\kappa_i)+\kappa_i},\ i=x,\ y,\ z \tag{4-4-22}$$

至此，便构建了一种针对裂缝型储层的高数值稳定性和低数值频散的高精度数值模拟方法。利用上述数值模拟方法便可对构建的裂缝型储层等效介质模型进行波场传播特征的研究。

（二）裂缝性储层纵波各向异性及横波分裂特征

1. 横波分裂原理

采用二维三分量的正演模拟方法，考虑影响横波各向异性强度的弹性常数，能精确反映横波分裂现象。

$$\frac{\partial v_x}{\partial t}=\frac{1}{\rho}\left(\frac{\partial\tau_{xx}}{\partial x}+\frac{\partial\tau_{xy}}{\partial y}+\frac{\partial\tau_{xz}}{\partial z}\right)$$

$$\frac{\partial v_y}{\partial t}=\frac{1}{\rho}\left(\frac{\partial\tau_{xy}}{\partial x}+\frac{\partial\tau_{yy}}{\partial y}+\frac{\partial\tau_{yz}}{\partial z}\right)$$

$$\frac{\partial v_z}{\partial t}=\frac{1}{\rho}\left(\frac{\partial\tau_{xz}}{\partial x}+\frac{\partial\tau_{yz}}{\partial y}+\frac{\partial\tau_{zz}}{\partial z}\right)$$

$$\frac{\partial\tau_{xx}}{\partial t}=C_{11}\frac{\partial v_x}{\partial x}+C_{13}\frac{\partial v_z}{\partial z}+C_{14}\frac{\partial v_y}{\partial z}+C_{14}(\frac{\partial v_x}{\partial z}+\frac{\partial v_z}{\partial x})+C_{16}\frac{\partial v_y}{\partial x}$$

$$\frac{\partial\tau_{zz}}{\partial t}=C_{31}\frac{\partial v_x}{\partial x}+C_{33}\frac{\partial v_z}{\partial z}+C_{34}\frac{\partial v_y}{\partial z}+C_{35}(\frac{\partial v_x}{\partial z}+\frac{\partial v_z}{\partial x})+C_{36}\frac{\partial v_y}{\partial x}$$

$$\frac{\partial\tau_{yz}}{\partial t}=C_{41}\frac{\partial v_x}{\partial x}+C_{43}\frac{\partial v_z}{\partial z}+C_{44}\frac{\partial v_y}{\partial z}+C_{45}(\frac{\partial v_x}{\partial z}+\frac{\partial v_z}{\partial x})+C_{46}\frac{\partial v_y}{\partial x}$$

$$\frac{\partial\tau_{zx}}{\partial t}=C_{51}\frac{\partial v_x}{\partial x}+C_{53}\frac{\partial v_z}{\partial z}+C_{54}\frac{\partial v_y}{\partial z}+C_{55}(\frac{\partial v_x}{\partial z}+\frac{\partial v_z}{\partial x})+C_{56}\frac{\partial v_y}{\partial x}$$

$$\frac{\partial \tau_{xy}}{\partial t} = C_{61}\frac{\partial v_x}{\partial x} + C_{63}\frac{\partial v_z}{\partial z} + C_{64}\frac{\partial v_y}{\partial z} + C_{65}\left(\frac{\partial v_x}{\partial z} + \frac{\partial v_z}{\partial x}\right) + C_{66}\frac{\partial v_y}{\partial x} \tag{4-4-23}$$

炸药震源激发的纵波在泥灰岩裂缝性储层中传播时，存在方位各向异性特征；转换面处产生的转换横波在经过裂缝层时，会发生横波分裂现象。纵波各向异性以及横波分裂现象的研究对于深入了解泥灰岩裂缝性储层地震波传播规律具有重要意义。纵波震源激发、转换横波发生分裂原理示意如图 4-4-3 所示。

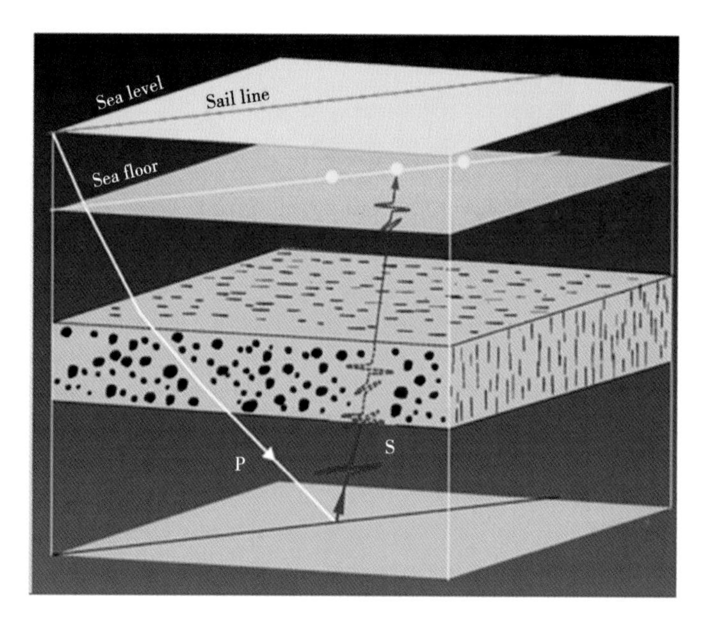

图 4-4-3　横波分裂示意图

纵波在地下界面处产生转换横波，转换横波经过裂缝层时，分裂成速度不同且偏振方向正交的两种横波，快横波偏振方向平行于裂缝面，慢横波偏振方向垂直于裂缝面，不同偏振方向的快慢横波可由水平方向不同方位的检波器接收到。因此对于横波分裂信息的采集需要进行三分量地震勘探。

2. 裂缝性储层三分量地震记录过程

为深入研究裂缝型储层的纵波各向异性以及横波分裂，建立如图 4-4-4 所示的三维概念模型，裂缝层位于 800~1600m 处，模型的参数以及裂缝的参数见表 4-4-1、表 4-4-2，其中裂缝走向为正北 0°方位。为研究裂缝层的存在对于裂缝层反射波的影响，沿 0°~360°（10°）布设测线，进行正演模拟。

表 4-4-1　背景模型参数

物性参数	v_p（m/s）	v_s（m/s）	ρ（kg/m^3）
第一层	2800	1614	1800
第二层	3100	1790	1800
第三层	3400	1848	1964

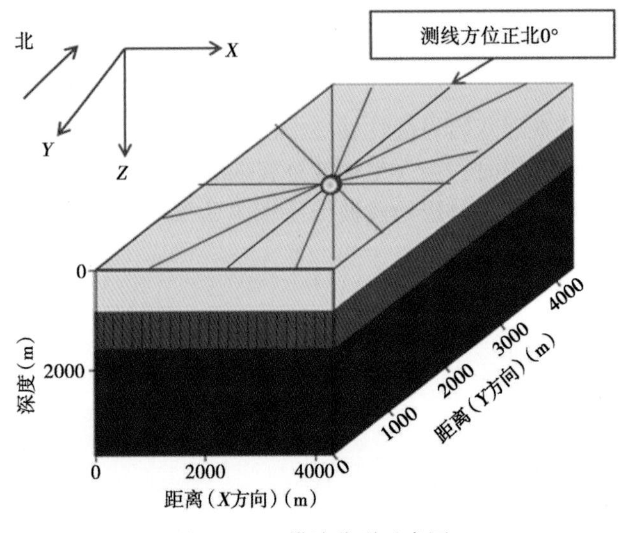

图 4-4-4　横波分裂示意图

表 4-4-2　裂缝层部分参数

横纵比	填充物	方位角（°）	倾角（°）
0.001	水油	0	90

抽取观测面同裂缝发育方位夹角 45°时的三分量记录如图 4-4-5 至图 4-4-8 所示，可以看出，纵波上界面的转换横波在裂缝层中传播时会发生横波分裂现象，纵波在裂缝层底界

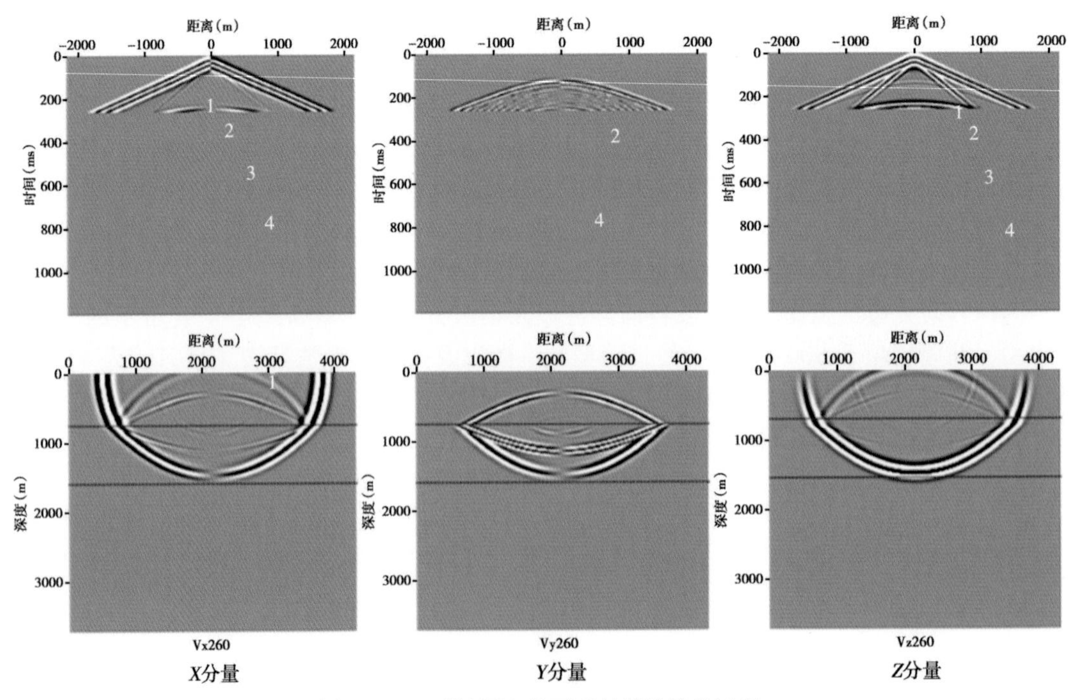

图 4-4-5　裂缝层上界面反射纵波接收过程

面产生的转换反射横波经过裂缝层时，会发生横波分裂现象，其能量主要由三分量检波器中的 X、Y 水平检波器接收到。

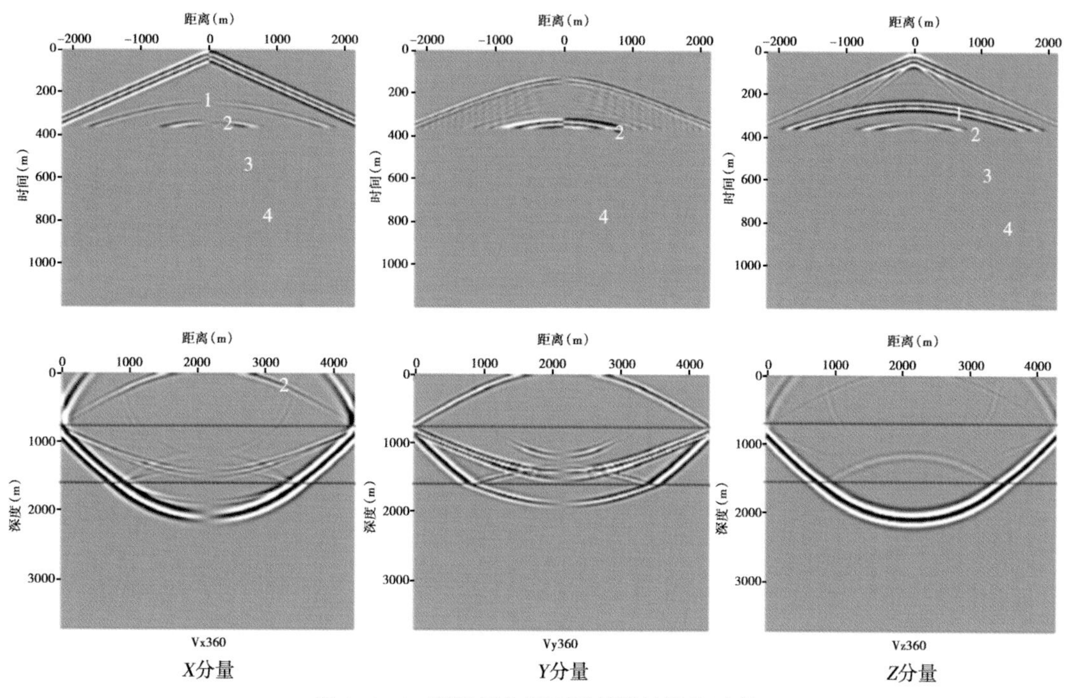

图 4-4-6　裂缝层上界面反射横波接收过程

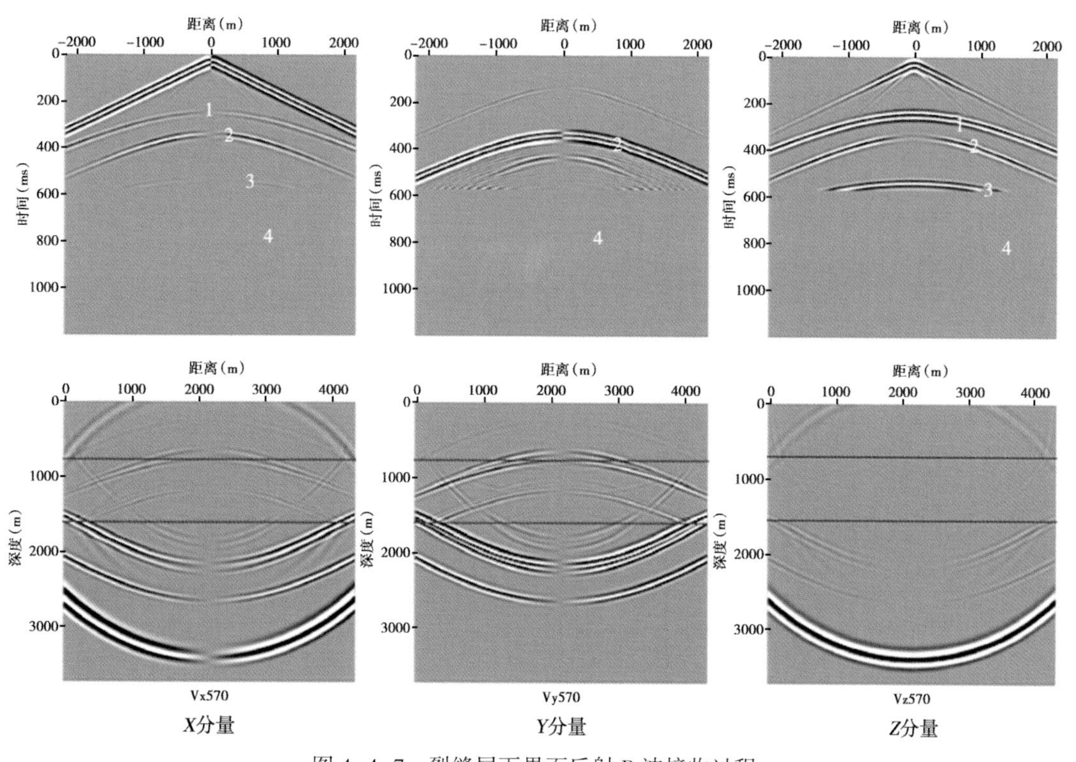

图 4-4-7　裂缝层下界面反射 P 波接收过程

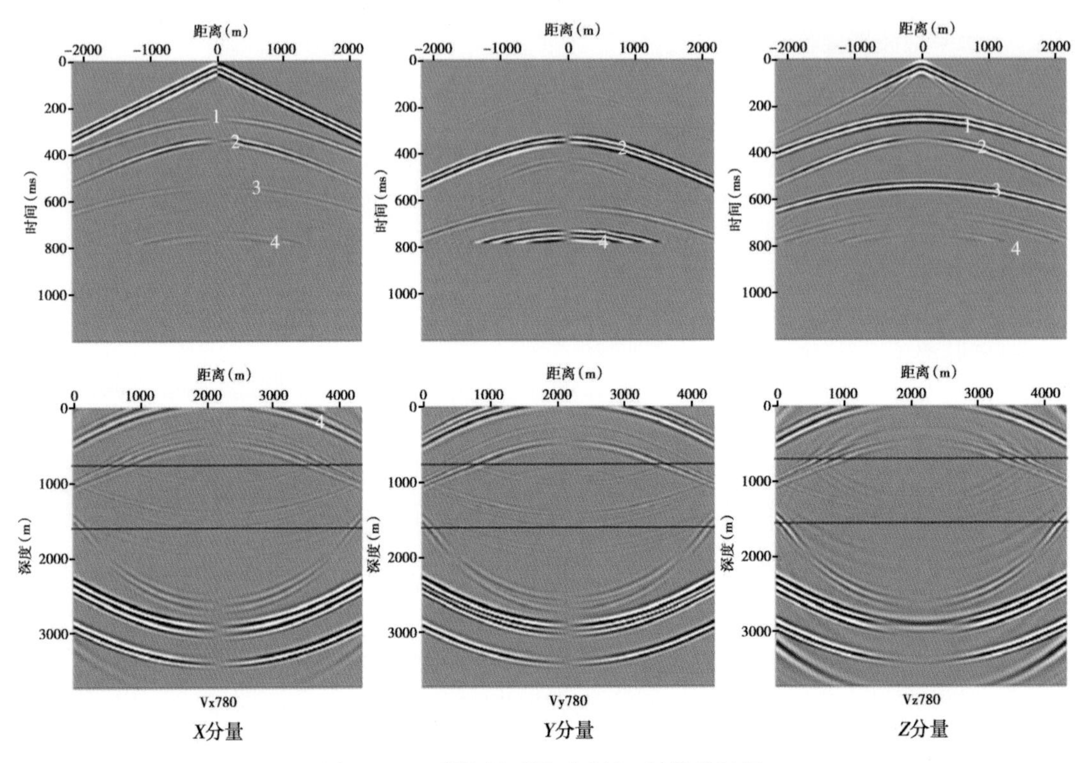

图 4-4-8　裂缝层下界面反射 S 波接收过程

3. 裂缝性储层纵波各向异性特征分析

抽取观测面同裂缝层不同夹角地震记录的单道记录，如图 4-4-9 所示，其中 1 表示裂缝层上界面反射 P 波 ，2 表示裂缝层上界面转换 S 波，3 表示裂缝层下界面反射 P 波，4 表示裂缝层下界面横波分裂反射信息，分析裂缝层的纵波各向异性以及横波分离特征。

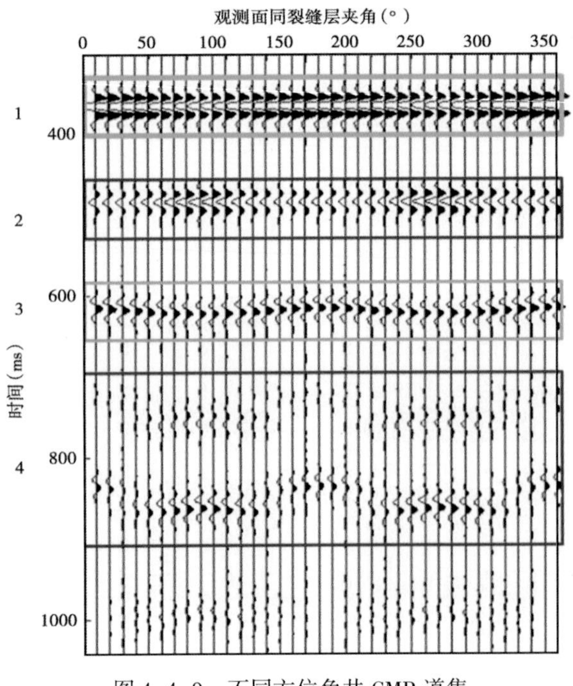

图 4-4-9　不同方位角共 CMP 道集

裂缝层上界面反射 P 波振幅、旅行时随方位角的变化如图 4-4-10 所示，根据速度随深度递增的实际地质情况，裂缝层上界面的反射纵波振幅具有方位各向异性特征，归因于不同观测方位上裂缝层的波阻抗具有方位各向异性；旅行时不具有各向异性特征，归因于各向同性的上覆地层不具有方位各向异性。

裂缝层下界面反射纵波振幅、旅行时随方位角的变化如图 4-4-11 所示，根据速度随深度递增的实际地质情况，裂缝层下界面的反射纵波振幅具有方位各向异性特征，且变化规律同裂缝层上

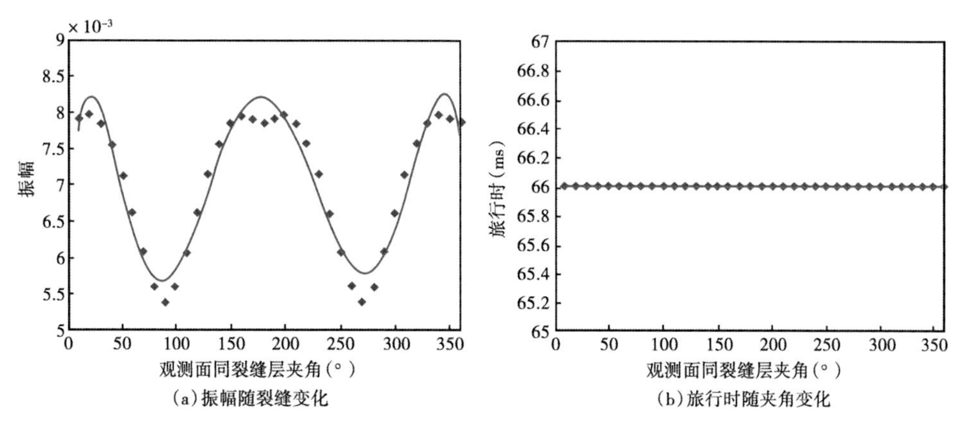

（a）振幅随裂缝变化　　（b）旅行时随夹角变化

图 4-4-10　裂缝层上界面反射纵波振幅、旅行时随夹角变化趋势

界面规律相反，归因于不同观测方位上裂缝层的波阻抗具有方位各向异性以及界面两侧波阻抗差关系；旅行时具有各向异性特征，归因于纵波沿不同的方位角在裂缝层中传播时具有速度各向异性。

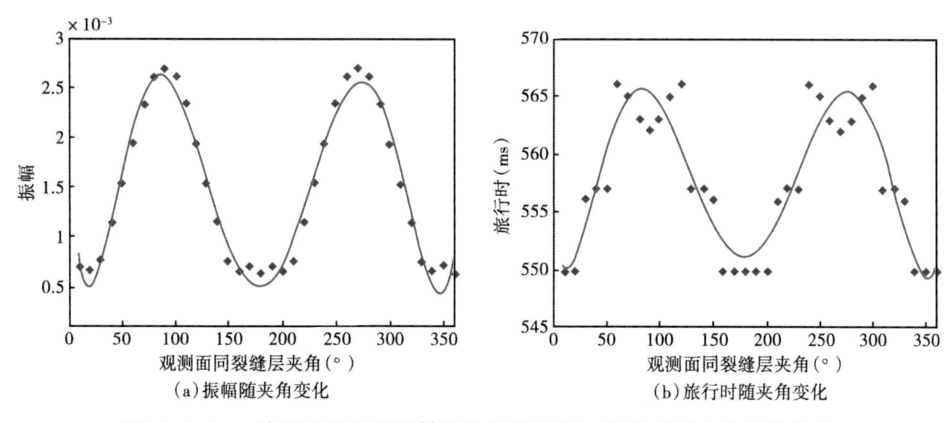

（a）振幅随夹角变化　　（b）旅行时随夹角变化

图 4-4-11　裂缝层下界面反射纵波反射振幅、旅行时随夹角变化趋势

4. 裂缝面同观测面夹角对横波分裂的影响分析

对于下界面的反射横波分裂信息，不同的方位角上具有不同的分裂特征，观测面同裂缝面夹角不同情况下的分裂特征如图 4-4-12、图 4-4-13 所示。

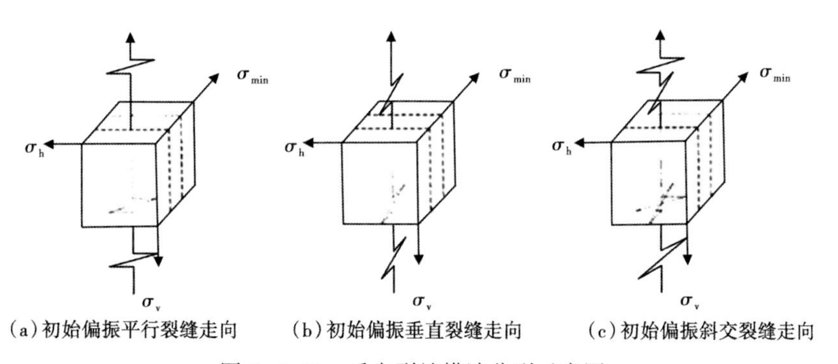

（a）初始偏振平行裂缝走向　　（b）初始偏振垂直裂缝走向　　（c）初始偏振斜交裂缝走向

图 4-4-12　垂向裂缝横波分裂示意图

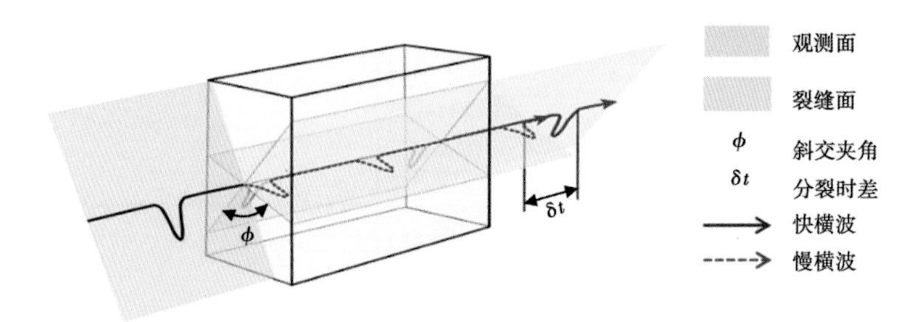

图 4-4-13　观测面同裂缝面斜交横波分裂示意图

可以看出，裂缝面同观测面的夹角会影响横波分裂。为了进一步了解二者夹角对于横波分裂现象的影响规律，沿不同的观测面进行观测，研究夹角同横波分裂的关系。

中间裂缝层的测试参数见表 4-4-3。不同裂缝面同观测面夹角的正演模拟结果如图 4-4-14 所示，对不同裂缝方位角的正演模拟结果抽取偏移距 440m 处的地震记录如图 4-4-15 所示，对应各裂缝方位角快慢横波振幅比如图 4-4-16 所示。可以看出，裂缝方位角的变化会引起快慢横波相对振幅的变化：当裂缝近乎垂直于观测面时，慢横波能量较强；当裂缝方位角处于 40°~50°时，快慢横波的振幅相近；当裂缝近乎平行于观测面时，快横波的能量更强。野外采集时测线同裂缝的发育方位夹角为 40°~50°是观测横波分裂的最佳角度区域，通过快慢横波的振幅比以及野外测线的方位可以判定裂缝的发育方位。

表 4-4-3　中间裂缝层参数表

裂缝层厚度 （m）	裂缝层埋深 （m）	裂缝密度 （%）	裂缝倾角 （°）	夹角 （°）	裂缝纵横比
400~600	2200	8	90	0~90	0.001

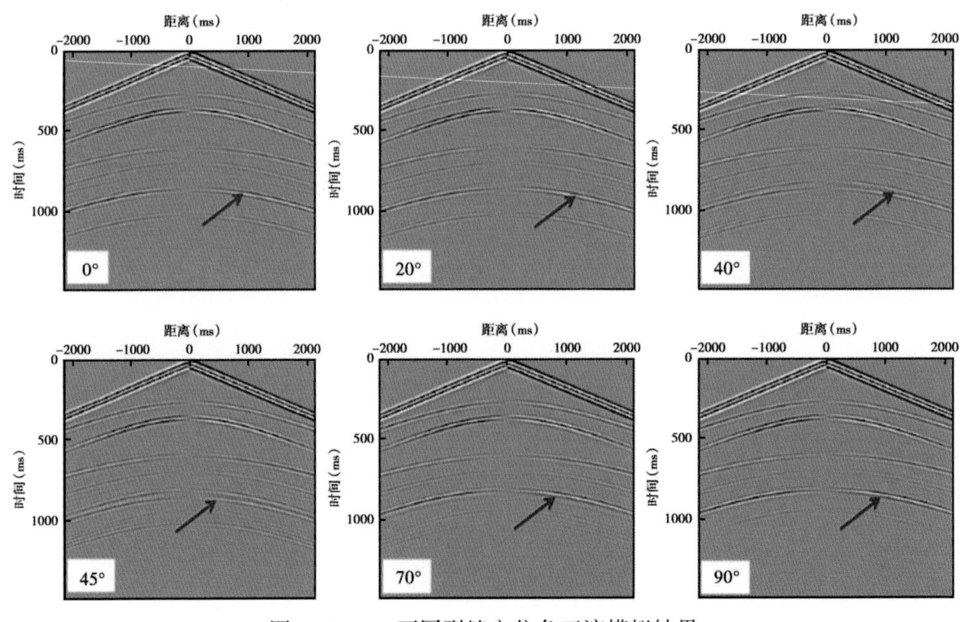

图 4-4-14　不同裂缝方位角正演模拟结果

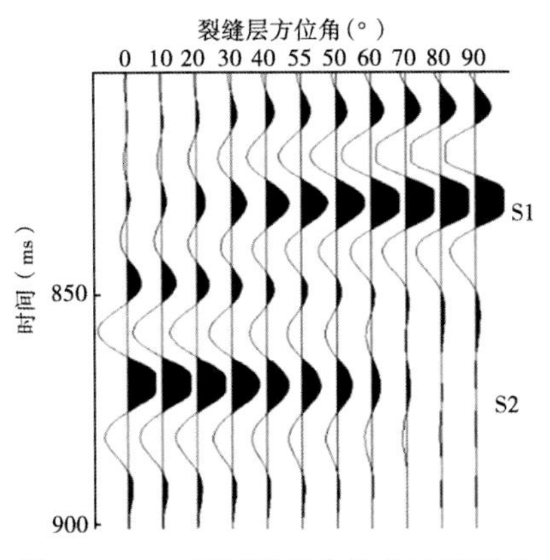

图 4-4-15　不同裂缝方位角地震记录

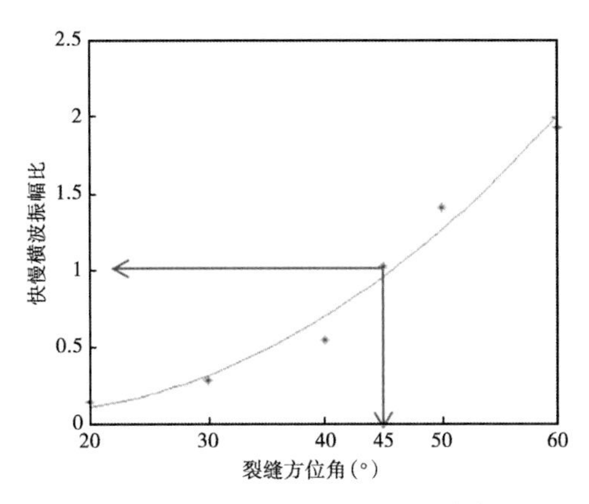

图 4-4-16　快慢横波振幅比随裂缝方位角的变化图

5. 裂缝密度对横波分裂的影响分析

改变裂缝层裂缝密度，观察裂缝密度对于横波分裂的影响。中间裂缝层的测试参数如表4-4-4所示。不同裂缝密度的正演模拟结果如图4-4-17所示，对不同裂缝密度的正演模拟结果抽取偏移距440m处的地震记录如图4-4-18所示，对应各裂缝密度的横波分裂时差如图4-4-19所示，随着裂缝密度的增加，尽管快横波速度及旅行时保持恒定，但是慢横波速度却变小，使得慢横波的旅行时变大，导致快慢横波分裂时差变大，裂缝导致的各向异性所引起的横波分裂现象越明显。

表 4-4-4　中间裂缝层参数表

裂缝层厚度（m）	裂缝层埋深（m）	裂缝密度（%）	裂缝倾角（°）	夹角（°）	裂缝纵横比
400	2200	1~11（2）	90	45	0.001

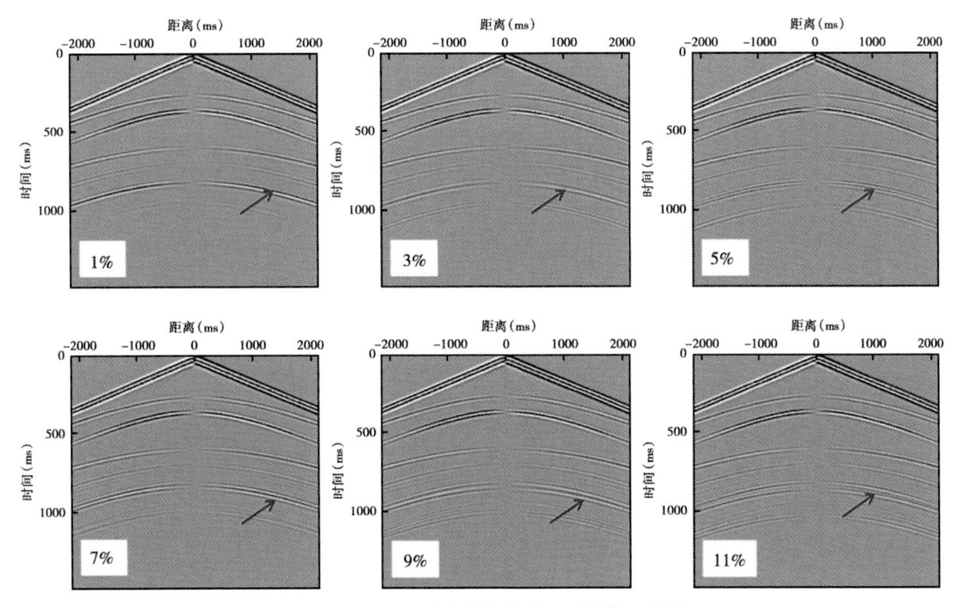

图 4-4-17　不同裂缝密度正演模拟结果

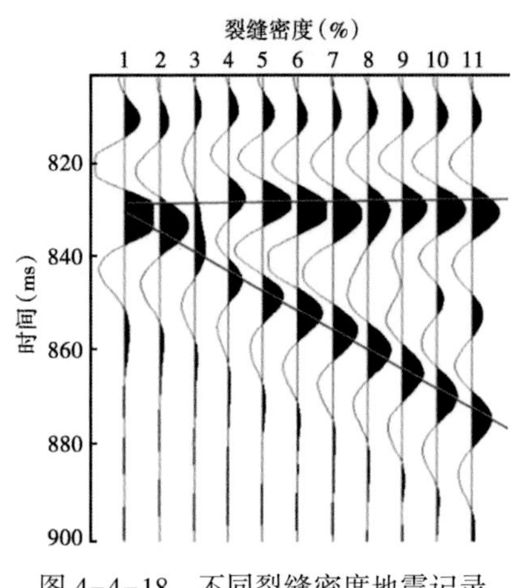

图 4-4-18　不同裂缝密度地震记录

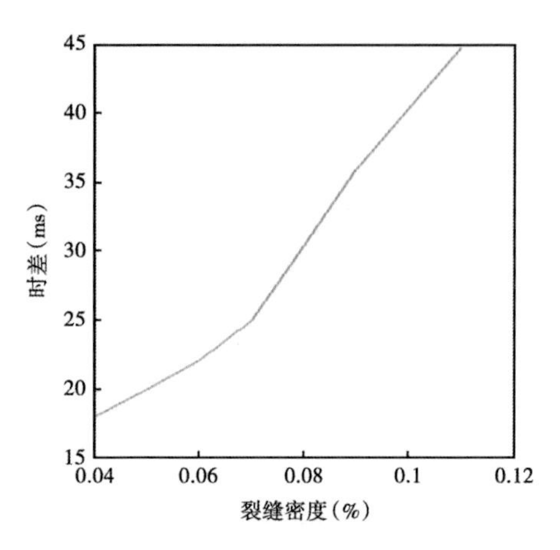

图 4-4-19　不同裂缝密度、分裂时差变化图

6. 裂缝层厚度对横波分裂的影响分析

改变裂缝层厚度，观察裂缝层厚度对于横波分裂的影响。中间裂缝层的测试参数见表 4-4-5。不同裂缝层厚度的正演模拟结果如图 4-4-20 所示，对不同裂缝层厚度的正演模拟结果抽取偏移距 440m 处的地震记录如图 4-4-21 所示，对应各裂缝层厚度的横波分裂时差如图 4-4-22 所示，快慢横波振幅比如图 4-4-23 所示，裂缝层厚度的增加能够引起肉眼可见的横波分裂现象；随着裂缝层厚度的增加，快慢横波在裂缝层中的旅行时增大，不同传播速度的快慢横波的分裂时差逐渐扩大，其振幅比也逐渐增大。

表 4-4-5　中间裂缝层参数表

裂缝层厚度（m）	裂缝层埋深（m）	裂缝密度（%）	裂缝倾角（°）	夹位角（°）	裂缝纵横比
400~600	2200	2%	90	45	0.001

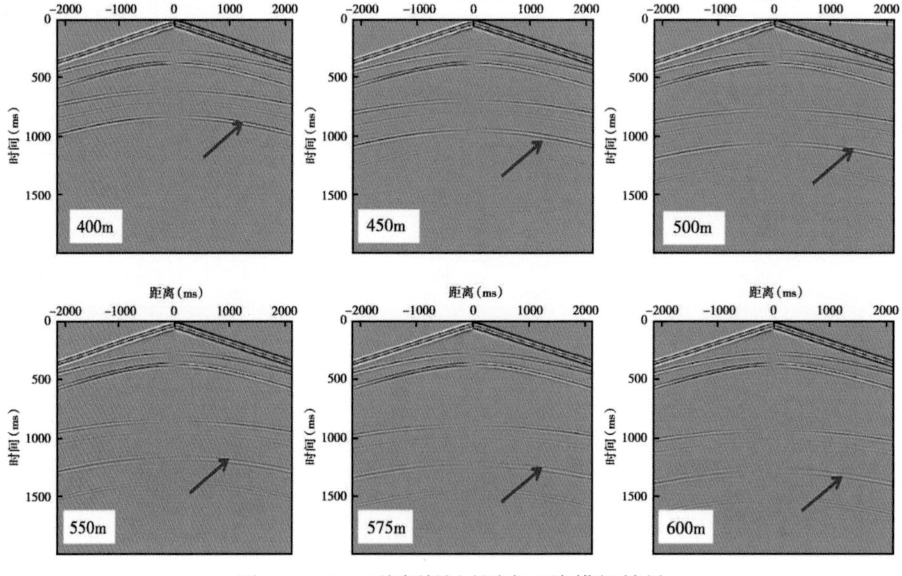

图 4-4-20　不同裂缝层厚度正演模拟结果

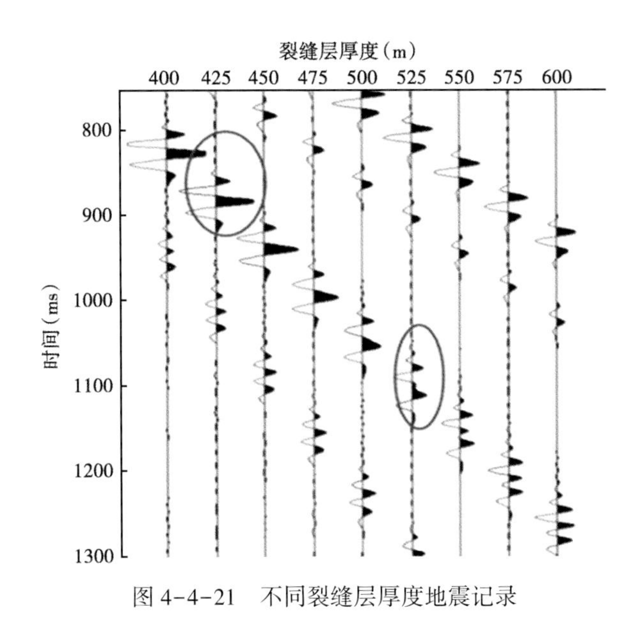

图 4-4-21 不同裂缝层厚度地震记录

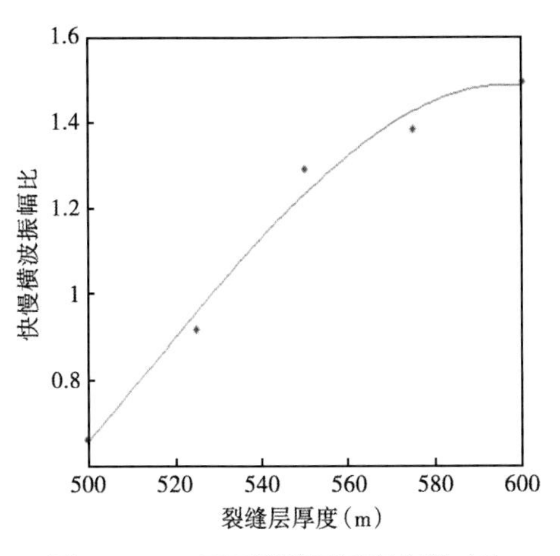

图 4-4-22 不同裂缝层厚度分裂时差

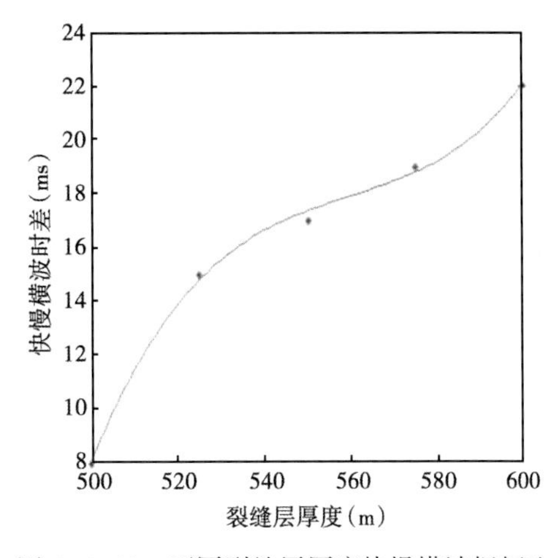

图 4-4-23 不同裂缝层厚度快慢横波振幅比

7. 裂缝层埋深对横波分裂的影响分析

改变裂缝层埋深，观察裂缝层埋深对于横波分裂的影响。中间裂缝层的测试参数见表 4-4-6。不同裂缝层埋深的正演模拟结果如图 4-4-24 所示，不同裂缝层埋深的正演模拟结果抽取偏移距 440m 处的地震记录如图 4-4-25 所示，对应各裂缝层埋深的横波分裂时差如图 4-4-26 所示，快慢横波振幅比如图 4-4-27 所示。可以看出，裂缝层的埋深基本不会影响横波分裂的时差和快慢横波的相对振幅，只能影响对应目的层反射波出现的时间。

表 4-4-6 中间裂缝层参数表

裂缝层厚度（m）	裂缝层埋深（m）	裂缝密度（%）	裂缝倾角（°）	夹角（°）	裂缝纵横比
400	2200~2700	8	90	45	0.001

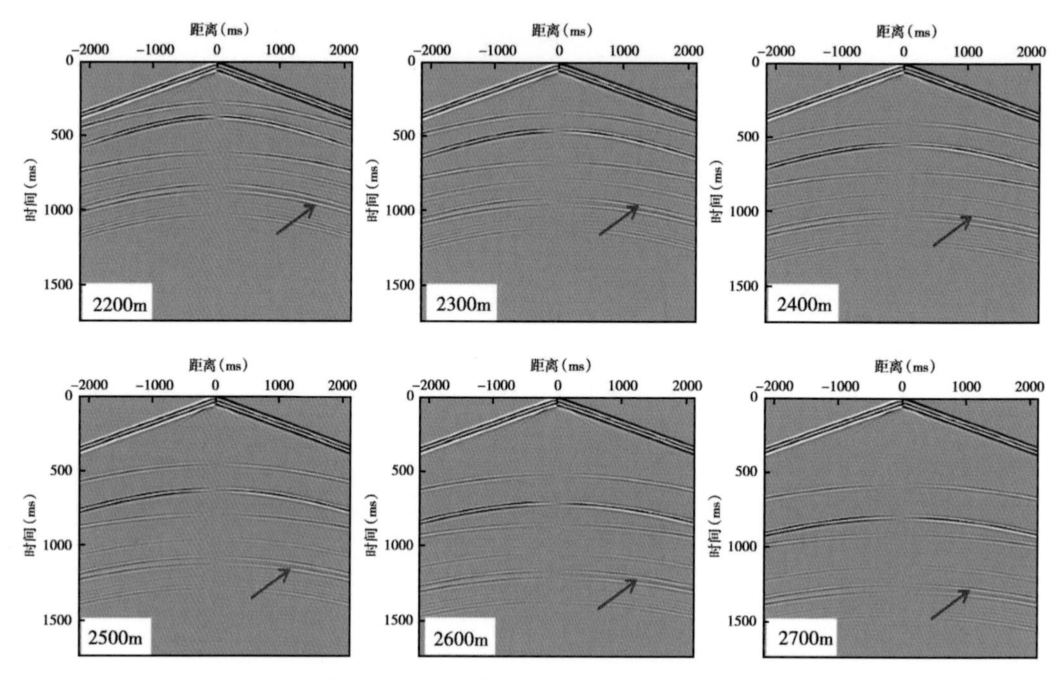

图 4-4-24　不同裂缝层埋深正演模拟结果

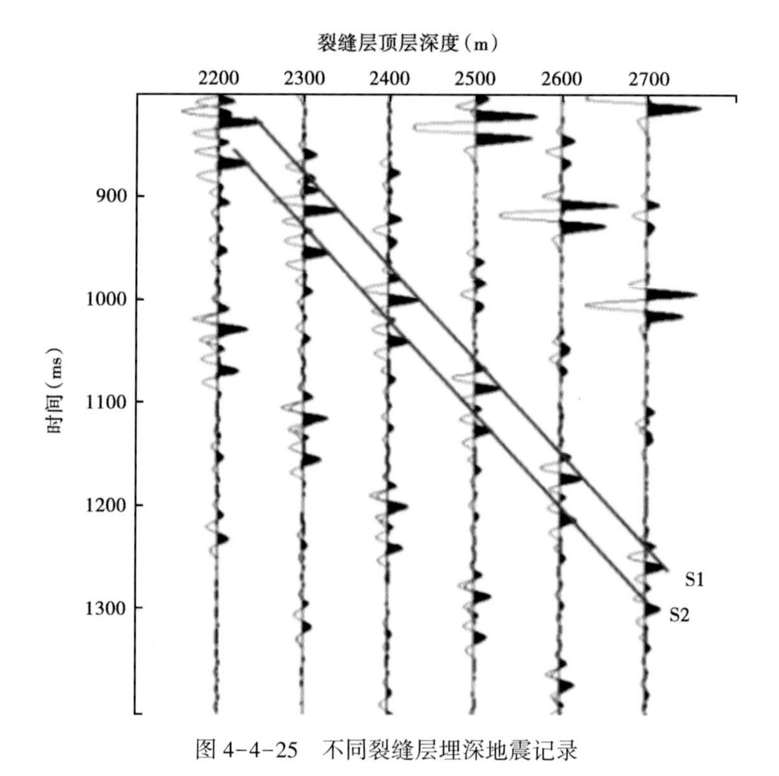

图 4-4-25　不同裂缝层埋深地震记录

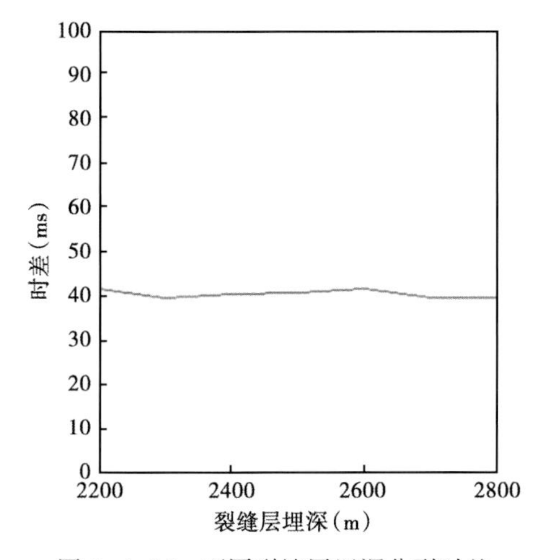

图 4-4-26　不同裂缝层埋深分裂时差

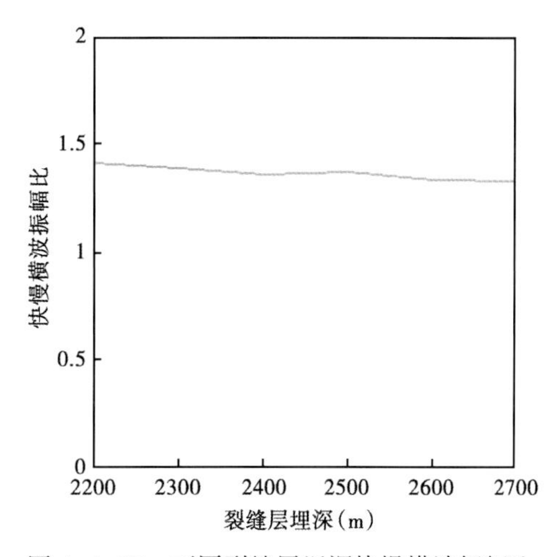

图 4-4-27　不同裂缝层埋深快慢横波振幅比

二、裂缝性储层岩石物理建模

针对裂缝性储层非均质性较强以及裂缝诱导各向异性的特点，利用储层中广泛发育的裂缝的几何特征参数以及储层背景岩石介质弹性参数，建立岩石背景构建、孔隙添加、裂缝添加、流体充填 4 步流程，进行裂缝性储层等效介质建模。

（一）各向同性背景岩石基质等效介质弹性参数表征

不同地区的储层主要是由方解石、白云石、黏土、石英、长石等多种矿物混合组成，因此实际情况下的储层应是各种矿物混合后共同影响的结果。Hill 平均理论利用 Voigt 和 Reuss 公式计算出多种矿物混合物等效弹性模量的上下限然后对其进行算数平均。他们同等地对待混合物的各种组成成分，能较准确地预测多种矿物构成的混合背景岩石的等效模量：

$$M_{\mathrm{VHH}} = \frac{M_{\mathrm{V}} + M_{\mathrm{R}}}{2}$$

$$M_{\mathrm{V}} = \sum_{i=1}^{N} f_i M_i$$

$$\frac{1}{M_{\mathrm{R}}} = \sum_{i=1}^{N} \frac{f_i}{M_i} \tag{4-4-24}$$

式中　f_i，M_i——分别是第 i 种组成矿物成分的体积模量和弹性模量。

输入参数包括储层中的各矿物成分的体积模量以及弹性参数，输出参数为储层背景岩石的弹性模量。

（二）无裂缝干岩石骨架等效介质弹性参数表征

微分等效介质模型（DEM）是通过往固体矿物相中逐渐加入包含物相来模拟双相混合物（图 4-4-28）。利用岩石的孔隙度信息计算出背景弹性模量，根据等效体积模量和等效剪切模量的耦合微分方程组（Berryman，1992），计算无裂缝干岩石骨架背景介质的弹性模量：

$$(1-y)\frac{\mathrm{d}}{\mathrm{d}y}[K^*(y)] = (K_2 - K^*)P^{(*2)}(y)$$

$$(1-y)\frac{d}{dy}[\mu^*(y)] = (\mu_2 - \mu^*)Q^{(*2)}(y) \tag{4-4-25}$$

初始条件是 $K^*(0)=K_1$ 和 $\mu^*(0)=\mu_1$，其中 K_1，μ_1=初始主相材料（相 1）的体积模量和剪切模量，K_2，μ_2=逐渐加入的包含物（相 2）的体积模量和剪切模量，y=相 2 的含量，P 和 Q 是给定的几何因数，P 和 Q 的上标 $*2$ 指的是此几何因数是针对具有等效模量 K^* 和 μ^* 的背景介质中的包含物材料 2。

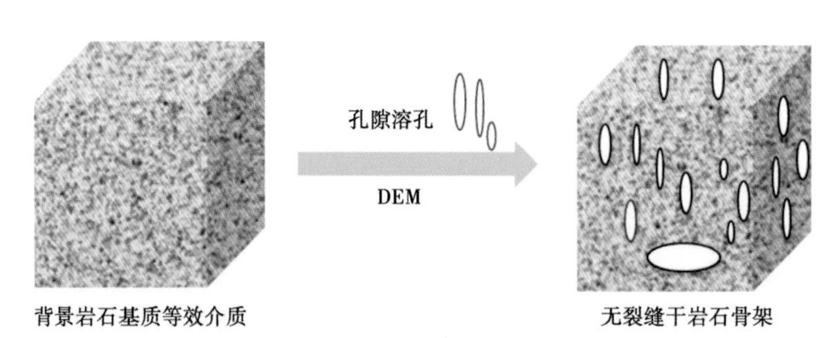

图 4-4-28　DEM 理论添加孔隙

（三）含干裂缝泥灰岩各向异性介质弹性参数表征

在无裂缝干岩石骨架等效介质弹性参数基础上，根据线性滑动理论添加裂缝的影响，得到含垂直裂缝的泥灰岩等效介质。此过程不考虑裂缝的形状和微结构，将裂缝看成非常松软的且无限薄的界面，并满足线性滑动边界条件。裂缝等效介质弹性参数矩阵 C 表示为背景各向同性介质弹性参数 C_b 与裂缝介质弹性参数 C_f 之差。根据线性滑动理论，含裂缝的等效介质模型可以表示为：

$$C_{HTI} = C_b - C_f = \begin{pmatrix} \lambda+2\mu & \lambda & \lambda & 0 & 0 & 0 \\ \lambda & \lambda+2\mu & \lambda & 0 & 0 & 0 \\ \lambda & \lambda & \lambda+2\mu & 0 & 0 & 0 \\ 0 & 0 & 0 & \mu & 0 & 0 \\ 0 & 0 & 0 & 0 & \mu & 0 \\ 0 & 0 & 0 & 0 & 0 & \mu \end{pmatrix} - \begin{pmatrix} (\lambda+2\mu)\Delta N & \lambda\Delta N & \lambda\Delta N & 0 & 0 & 0 \\ \lambda\Delta N & \frac{\lambda^2}{\lambda+2\mu}\Delta N & \frac{\lambda^2}{\lambda+2\mu}\Delta N & 0 & 0 & 0 \\ \lambda\Delta N & \frac{\lambda^2}{\lambda+2\mu}\Delta N & \frac{\lambda^2}{\lambda+2\mu}\Delta N & 0 & 0 & 0 \\ 0 & 0 & 0 & 0 & 0 & 0 \\ 0 & 0 & 0 & 0 & \mu\Delta T & 0 \\ 0 & 0 & 0 & 0 & 0 & \mu\Delta T \end{pmatrix} \tag{4-4-26}$$

$$\Delta N = 4e/\left\{3g(1-g)\left[1+\frac{1}{\pi(1-g)}\frac{k'+(4/3)\mu'}{\mu}\frac{a}{c}\right]\right\}$$

$$\Delta T = 16e/\left\{3(3-2g)\left[1+\frac{4}{\pi(3-2g)}\frac{\mu'}{\mu}\frac{a}{c}\right]\right\} \tag{4-4-27}$$

式中　e——裂缝密度；

k'，μ'——分别为裂缝充填物的体积模量、剪切模量；

λ，μ——介质的拉梅常数；

a——裂缝的长度；

c——裂缝的延伸长度；

g——横纵波速度比的平方；

ΔN，ΔT——分别表示裂缝引起的法向弱度和切向弱度。

上述参数都可来自于岩心观察、实验室岩石物理测量和成像测井等资料。

输入参数包括泥灰岩中背景岩石弹性模量，裂缝开度、切深、线密度和充填流体模量，输出参数为含垂直裂缝的泥灰岩弹性模量 C_{ij}。此时得到的等效介质模型包含垂直裂缝，其发育方位垂直于 xoz 面，而实际地质条件下的裂缝往往具有不同的产状，且为多种产状裂缝组合。对于不同产状的裂缝，需要利用 Bond 变换将本构坐标系下的刚度矩阵进行坐标变换，变换到观测坐标系，得到含任意裂缝倾角和方位角的泥灰岩裂缝性储层等效介质（图 4-4-29）。

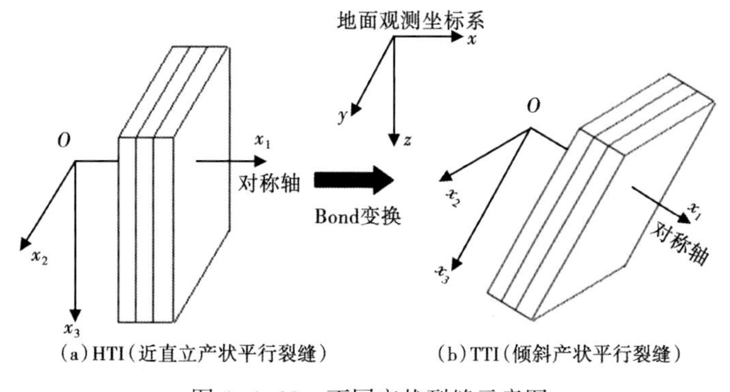

图 4-4-29　不同产状裂缝示意图

将 HTI 介质的弹性矩阵，经过一定的角度旋转得到 TTI 介质的弹性矩阵。具体表达式如下：

$$C_{\mathrm{TTI}}^{\theta\phi} = M_{\phi} M_{\theta} C_{\mathrm{HTI}} M_{\theta}^{T} M I_{\phi}^{T} \tag{4-4-28}$$

式中　ϕ——方位角；

θ——极化角；

M_{ϕ} 和 M_{θ} 的表达式为：

$$M_{\theta} = \begin{bmatrix} \cos^2\theta & 0 & \sin^2\theta & 0 & -\sin(2\theta) & 0 \\ 0 & 1 & 0 & 0 & 0 & 0 \\ \sin^2\theta & 0 & \cos^2\theta & 0 & \sin(2\theta) & 0 \\ 0 & 0 & 0 & \cos\theta & 0 & \sin\theta \\ \dfrac{1}{2}\sin(2\theta) & 0 & -\dfrac{1}{2}\sin(2\theta) & 0 & \cos(2\theta) & 0 \\ 0 & 0 & 0 & -\sin\theta & 0 & \cos\theta \end{bmatrix}$$

$$
M_{\phi}=\begin{bmatrix}
\cos^2\phi & \sin^2\phi & 0 & 0 & 0 & -\sin(2\phi) \\
\sin^2\phi & \cos^2\phi & 0 & 0 & 0 & \sin(2\phi) \\
0 & 0 & 1 & 0 & 0 & 0 \\
0 & 0 & 0 & \cos\phi & \sin\phi & 0 \\
0 & 0 & 0 & -\sin\phi & \cos\phi & 0 \\
\frac{1}{2}\sin(2\phi) & -\frac{1}{2}\sin(2\phi) & 0 & 0 & 0 & \cos(2\phi)
\end{bmatrix}
$$

输入参数为含垂直裂缝的泥灰岩弹性模量，各组裂缝的几何特征参数，输出参数为泥灰岩裂缝性储层等效介质刚度矩阵（图4-4-30）。

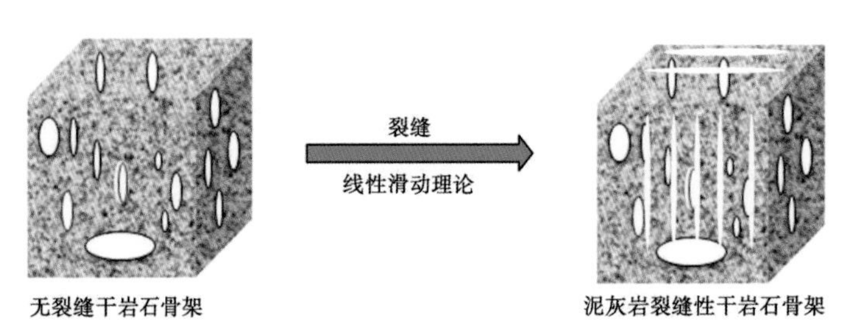

图4-4-30　线性滑动理论添加干裂缝

（四）含裂缝各向异性等效饱和岩石弹性参数表征

研究表明，在地震频带范围内构建含裂缝岩石物理等效模型时，应先利用线性滑移模型添加干裂缝形成裂缝型干岩石骨架，再进行流体替换形成饱和裂缝型岩石。

Brown 和 Korringa（1975）提出各向异性介质流体替换理论，描述了各向异性干岩石的有效柔度张量和流体饱和岩石的有效柔度张量之间的关系：

$$
C_{ijkl}^{\text{sat}}=C_{ijkl}^{\text{dry}}+\frac{(K_0\delta_{ij}-C_{ijaa}^{\text{dry}}/3)(K_0\delta_{kl}-C_{bbkl}^{\text{dry}}/3)}{(K_0/K_{\text{ft}})\phi(K_0-K_{\text{fl}})+(K_0-C_{codd}^{\text{dry}}/9)} \tag{4-4-29}
$$

式中　C_{ijkl}^{dry}——干岩石的有效弹性刚度系数；

C_{ijkl}^{sat}——饱和流体岩石的有效弹性刚度系数；

K_0——干岩石骨架的体积模量；

K_{fl}——缝隙流体的体积模量；

ϕ——孔隙度。

输入参数为含裂缝各向异性干岩石骨架弹性参数，输出为含裂缝各向异性饱和岩石等效弹性参数（图4-4-31）。

图4-4-31　各向异性流体替换理论进行流体添加

三、叠后裂缝预测技术

叠后地震属性预测方法大多是基于地层形变的原理优选相关属性进行裂缝预测。当地层受到应力作用时，会发生变形，使地层原有的几何特征发生改变，这种几何特征的改变在接收到的地震信息中同样会发生相应变化，可以用地层倾角、曲率、相似性等地震属性间接推断和定性预测裂缝发育区带；随着形变强度的增加，产生裂缝的密度和强度增加，甚至形成断层，根据破碎和裂缝性地层对地震波能量和频率成分的吸收情况，可以用振幅和频率以及其衰减属性来预测和描述裂缝的发育程度。目前主要应用相干属性预测较大的断裂体系，应用曲率属性预测相对微观不连续的断裂。

和裂缝相关的地震属性很多：几何参数类有曲率、倾角、方位角等，波形相似类有相干体、方差体、边缘检测等；吸收衰减类有振幅、振幅衰减、频率、频率衰减、频谱属性、地层吸收系数等。由于产生裂缝的地层岩性和围岩的不同，地层发生变形时产生的裂缝密度和强度就会有差异，因此反映在地震属性上，不同地区也有差异。由此，利用地震属性进行裂缝预测，首选要分析和优选出本地区与裂缝关系密切的属性。曲率属性和相干体属性是分析裂缝最常用的两种属性，也是公认的叠后地震裂缝预测中的最有效的信息。

相干体技术用于检测地震波同相轴的不连续性。其基本原理是在地震数据体中，对每一道每一样点求得与周围数据的相干性，形成一个表征相干性的三维数据体，该技术可以被用来帮助解释人员进行断层和裂缝的刻画。增强型相干技术通过水平、垂直两个方向的相干增强，可以更加清楚的刻画裂缝和断层。

曲率反映微观的不连续性。裂缝的存在往往与地层的构造应力状态有关，而地层的应力状态可由地层的构造形态反映。可以利用曲率来描述地层构造形态，这样便产生了基于曲率分析的裂缝预测方法。曲率属性的种类很多，例如最大曲率、最小曲率、高斯曲率、平均曲率等，其中最大正曲率和最小负曲率对反映微观的不连续性最有效。

在裂缝预测中，为提高预测的准确性，减少单一属性预测结果的片面性，一般采用多属性开展裂缝预测工作。但这些属性必须是非同一类型的，而结果是收敛一致的或具有很好的相关性，这样的属性才能被用于裂缝的综合预测。为了更好地综合多种信息进行裂缝预测，一般采用属性压缩技术对多种属性进行压缩。属性压缩技术是通过数学变换消除或减少所用特征之间可能存在的相关性，以最有利于分类为准则，使变换后的特征维数降低、数据量减少，从而提高模式识别计算的效率。

四、叠前裂缝预测技术

SMallick 等经过大量的研究认为，可以应用纵波反射振幅或速度随方位角与偏移距的变化函数检测裂缝，即利用振幅随方位角变化（AVA）和速度随方位角变化（VVA）识别裂缝的方向和密度。在均匀各向同性介质中，振幅等地震波动力学及运动学属性均无方向和方位变化，其平面属性拟合图形为一个圆。当储层中存在裂缝时，地震波传播具有各向异性，其平面属性拟合图形为一个椭圆。纵波在裂缝介质中传播时，具有方向特性，即纵波的许多传播性质如速度、反射系数、频率等随着观测角度的变化而变化，且这些变化与裂缝的方向和强度相关，纵波沿垂直裂缝方向的传播速度要比沿平行裂缝方向的传播速度慢。因此，可以通过提取纵波的方向特性及其变化，实现基于叠前方向特性的地震裂缝预测。

叠前裂缝预测的基本原理为：（1）在入射角 θ 不变时，属性是随着方位角 ϕ 的变化而变化的，这样就可以利用方位属性来进行叠前裂缝预测；（2）在方位角 ϕ 固定时，属性是随着入射角或偏移距的变化而变化的，这样先可以分析各个方位上的属性，然后再分析各方位属性随方位的变化而变化的情形，进行叠前裂缝预测。

随着野外高效采集技术的发展，“两宽一高”三维地震数据日益增多。宽方位、高密度采集的海量地震数据经过保方位角处理后形成的“蜗牛”道集既保留了 AVO 信息，也保留了方位角信息，各向异性地质信息更加丰富，为方位各向异性研究和叠前裂缝预测提供了数据基础。

（一）多维数据解释技术（MDDI）预测裂缝

应用 OVT 偏移技术，可以获得除常规的 X、Y、Z 外，还有偏移距和方位角的信息，被称为五维道集，每个道集都包含着方位各向异性地质信息。多维地震解释即在五维道集基础上，对道集上包含的各向异性信息进行解读，以达到预测裂缝的目的。

1. 道集各向异性特征分析

郝守玲、赵群（2004）对裂缝介质对纵波的方位各向异性特征进行物理模型试验研究，发现振幅、速度与裂缝走向有如下关系：

$$F(\alpha)=A+B\cos(2\alpha) \tag{4-4-30}$$

式中 α——激发方向与裂缝走向的夹角；

A——与炮检距有关的振幅或速度；

B——与炮检距和裂缝特征有关的振幅、速度。

当测线方位与裂缝走向平行时（夹角为0°），反射波振幅和速度最大；随着测线方位与裂缝走向之间夹角的增大，反射波的振幅和速度逐渐减小，当夹角为90°时达到最小。

如图4-4-32所示的共炮检距道集上，近炮检距数据同相轴接近水平，远炮检距数据的同相轴随着方位的变化而呈波动性；平行于各向异性方位具有同相轴上凸且（或）强振幅的特征，垂直于各向异性的方位具有同相轴下凹且（或）弱振幅特征。共方位角道集（图4-4-33）中，平行于各向异性延伸方向（$A_z=0°$）的道集反射轴平直，而垂直于裂缝方向（$A_z=90°$）的道集大角度有明显下拉现象。

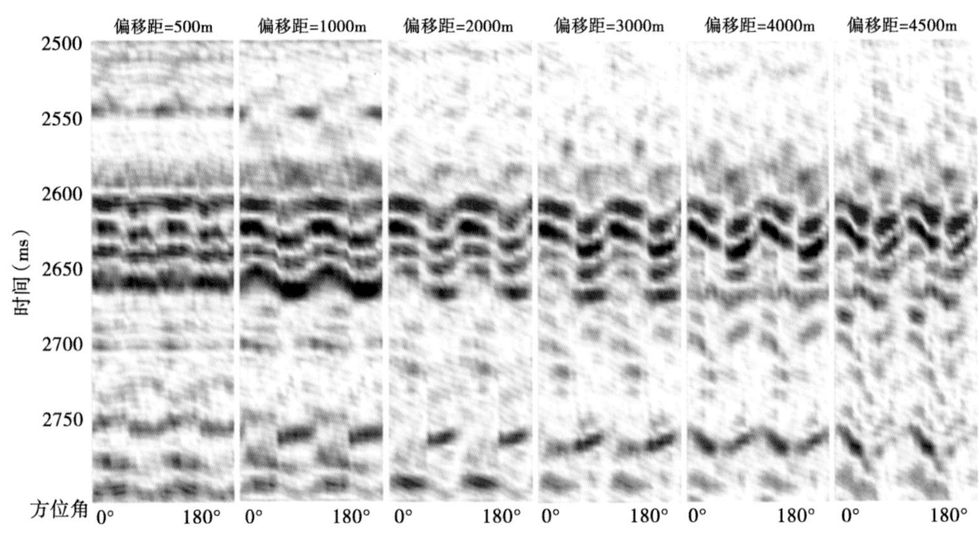

图4-4-32 地震正演模拟共偏移距（或共反射角）道集

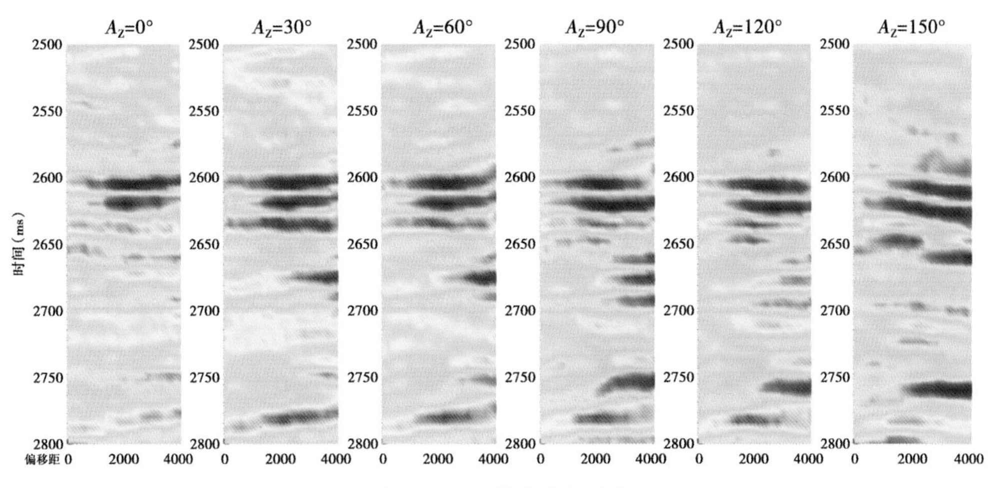

图 4-4-33 共方位角道集

在沿柱状道集目的层提取的沿层振幅道集切片和沿层时差道集切片（图 4-4-34）上，小时差［（图 4-4-34（a）绿色）］的延伸方向和强振幅［图 4-4-34（b）红色］的延伸方向，即为该反射点的各向异性延伸方向，柱状道集的水平切片直观地反映了方位各项异性的延伸方向。

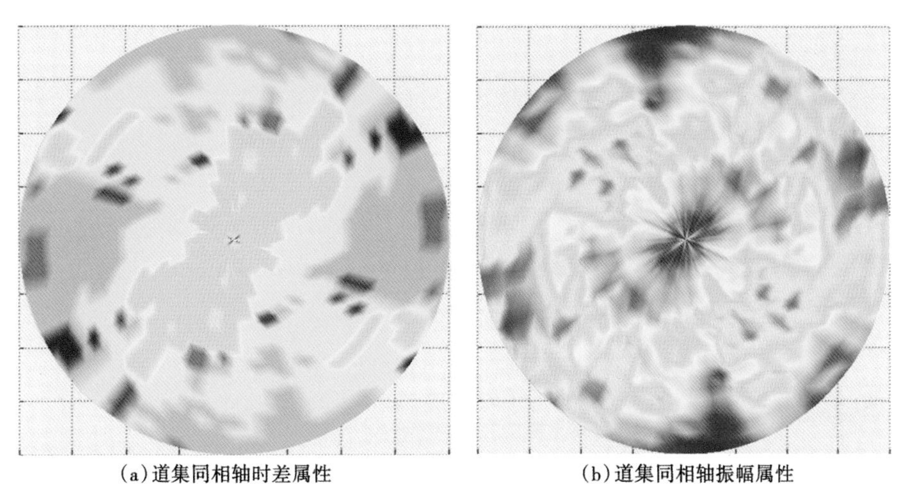

(a)道集同相轴时差属性　(b)道集同相轴振幅属性

图 4-4-34 振幅道集切片和沿层时差道集切片

2. 各向异性表征

为了把五维道集沿层切片的各向异性特征（各向异性的方位和强度）在平面上进行展示，需要进行玫瑰图制作和各向异性强度属性的计算。

在道集沿层能量属性或时差属性切片上，计算其能量的离散程度（方差），方差值即为成像点的各向异性强度；为了克服椭圆拟合方法制作的玫瑰图对多组裂缝识别不敏感的问题，选择了单位扇形范围内能量统计归一化方法绘制玫瑰图（图 4-4-35）。

图中切片颜色反应振幅强弱，玫瑰图花瓣长度和颜色代表各向异性强弱，花瓣延伸方向代表裂缝方向。该方法具有任意角度间隔各向异性识别的优点，玫瑰图花个数不受限制，实现了多组裂缝预测的目的。

（二）横波分裂法预测裂缝

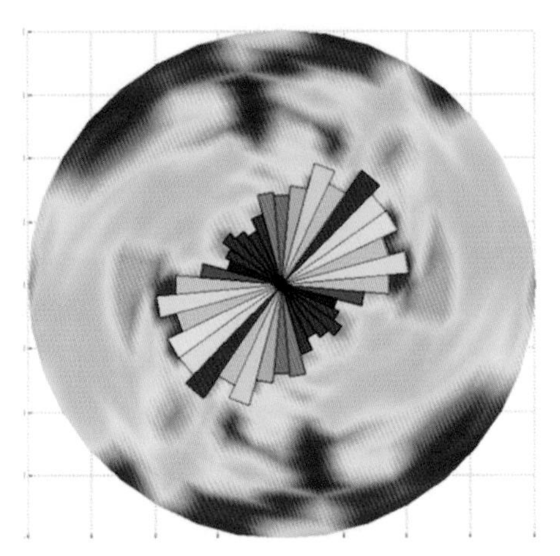

图 4-4-35 道集沿层能量切片与玫瑰图叠合图

由于裂缝的存在，造成了多种地震属性的变化，测量这些地震属性的变化可以检测裂缝。横波在方位各向异性介质中传播时，它的传播方向对裂缝走向的取向很敏感，人们可以用横波的方向敏感性将一次或多分量波形转换成横波数据，并旋转到方向各向异性的主方向，从而获得垂直裂缝的走向。近垂直定向分布的裂缝型储层具有方位各向异性特征，它导致地层在不同方向的弹性性质随着方位变化而变化，利用弹性参数的方位变化性质可以反推地下裂缝地层的裂缝密度、走向和发育带等参数。针对裂缝型储层呈现方位各向异性等特点，发展适用于方位地震数据稳定的方位弹性参数反演方法，并结合方位弹性参数椭圆分析预测裂缝型储层的裂缝密度及发育方向，实现裂缝型储层裂缝发育特征的描述。

1. 六参数叠前反演

地震波在裂缝发育层传播时会表现各向异性特征，常规叠前地震反演方法在裂缝型储层可靠预测方面具有一定的局限性。

针对裂缝型储层呈现非均质等特点，从各向异性理论出发，探索适用于裂缝型储层的方位各向异性弹性阻抗方程，进而研究基于方位各向异性弹性阻抗的裂缝储层弹性参数（纵、横波阻抗）及各向异性强度表征参数（裂缝岩石物理参数）提取方法，指导地下裂缝的预测。

20 世纪 90 年代末，Ruger 推导了各向异性介质中纵波反射系数随方位角和入射角变化的公式，奠定了利用纵波振幅随方位变化（Amplitude variation with azimuth，简称 AVAZ，称为方位 AVO）预测裂缝的理论基础：

$$R(\theta,\ \phi)=\frac{\Delta Z}{2\overline{Z}}+\frac{1}{2}\left\{\frac{\Delta\alpha}{\overline{\alpha}}-\left(\frac{2\overline{\beta}}{\overline{\alpha}}\right)^{2}\frac{\Delta G}{\overline{G}}+\left[\Delta\delta+2\left(\frac{2\overline{\beta}}{\overline{\alpha}}\right)^{2}\Delta\gamma\right]\cos^{2}\phi\right\}\sin^{2}\theta+\frac{1}{2}\left(\frac{\Delta\alpha}{\overline{\alpha}}+\Delta\varepsilon\cos^{4}\phi+\Delta\delta\sin^{2}\phi\cos^{2}\phi\right)\sin^{2}\theta\tan^{2}\theta \tag{4-4-31}$$

式中 R——纵波的反射系数；

Z——纵波阻抗，$z=\rho\alpha$，其中 ρ 为介质密度，α 为纵波速度；

G——横波切向模量，$G=\rho\beta^2$，其中 β 为横波速度；

θ——入射角；

ϕ——入射面与裂缝发育方向的夹角（方位角）；

γ，δ，ε——各向异性参数，用于描述介质的各向异性。

在窄方位资料反演中，作纵波速度、横波速度和密度 3 参数反演，在宽方位资料反演中，可以作 6 参数反演（纵波速度、横波速度、密度、γ、δ 和 ε）。图 4-4-36 为方位各向异性弹性阻抗反演流程图。

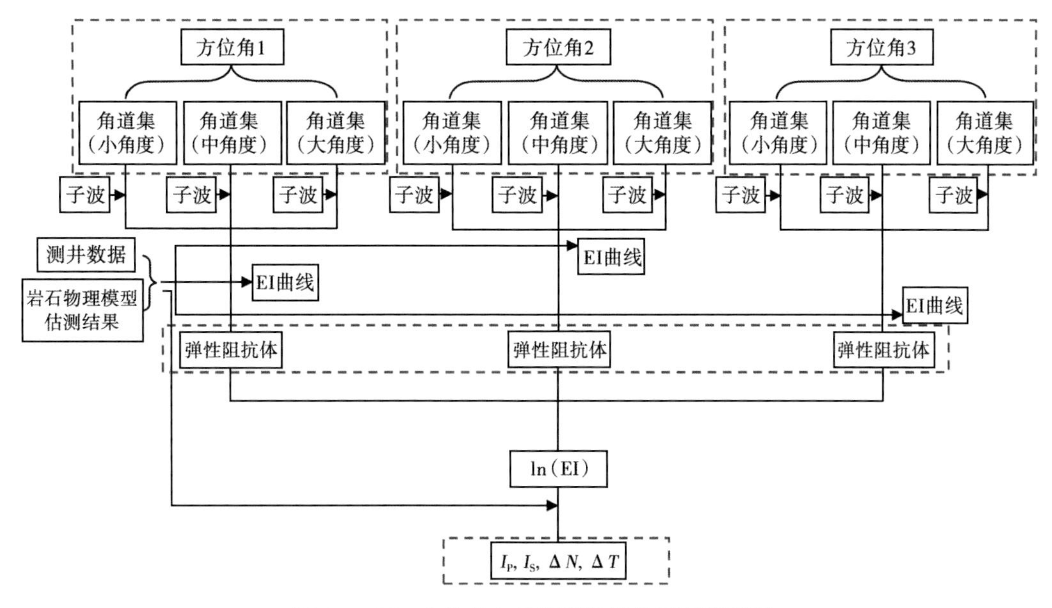

图 4-4-36　方位各向异性弹性阻抗反演流程图

2. 横波分裂与裂缝预测

通过正演裂缝地层中各个方位纵横波阻抗差异分析可知（图 4-4-37），横波阻抗的方位差异明显大于纵波阻抗的方位差异，利用方位横波阻抗预测裂缝地层的效果要优于纵波阻抗。

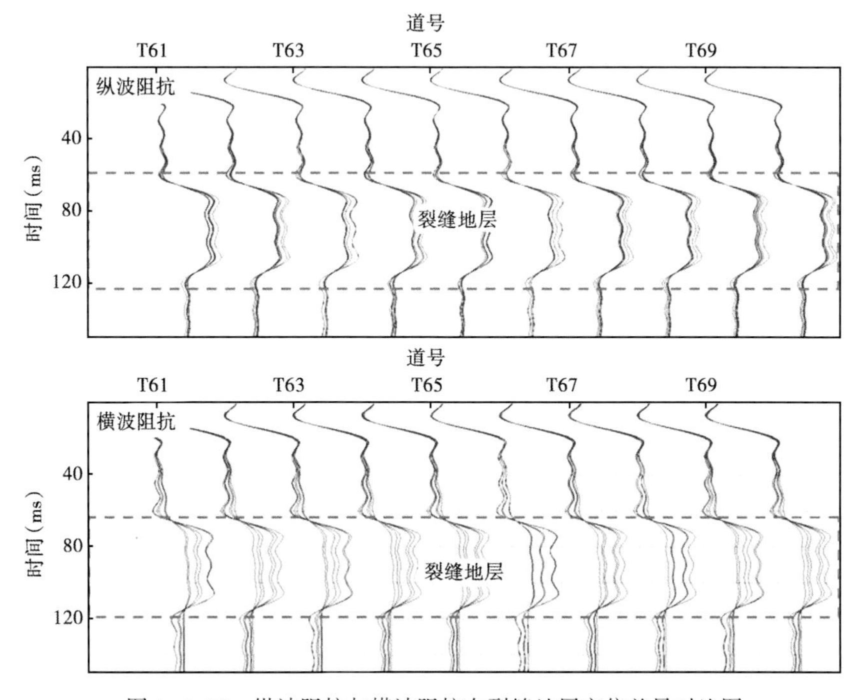

图 4-4-37　纵波阻抗与横波阻抗在裂缝地层方位差异对比图

横波在裂缝介质中传播时，可以分裂为快横波和慢横波。利用式（4-4-31）进行反演可以得到横波速度，此速度为快横波和慢横波的综合速度。如果将宽方位资料分为 n 个方位，且分别进行反演，即得到 n 个横波速度，由此可以求取快横波和慢横波速度，即快横波和慢横波的传播方向，也即裂缝分布方向及裂缝强度。

参考文献

[1] 王学军，于宝利，赵小辉，等．油气勘探中“两宽一高”技术问题的探讨与应用．中国石油勘探，2015，20（5）：41-53.

[2] 凌云研究小组．宽方位角地震勘探应用研究．石油地球物理勘探，2003，38（4）：350-357.

[3] 凌云，高军，孙德胜，等．宽/窄方位角勘探实例分析与评价（一）．石油地球物理勘探，2005，40（3）：305-308.

[4] 段文胜，李飞，王彦春，等．面向宽方位地震处理的炮检距向量片［J］．石油地球物理勘探，2013，48（2）：206-213.

[5] 赵波，俞寿朋，贺振华，等．蓝色滤波及其应用．矿物岩石，1998，18（增刊）：216-219.

[6] 邬世英，孙赞东，朱兴卉．动态反褶积中的反射系数序列时频特征研究．石油物探，2011，50（4）：324-330.

[7] 邓志文，汪关妹，赵小辉，等．宽方位 HTI 介质裂缝预测方法研究与应用．中国石油学会2015年物探技术研讨会，2015：516-518.

[8] 崔晓杰，史松群，杜广宏，等．分方位相干融合法裂缝预测研究与应用．SPG/SEG 北京 2016 国际地球物理会议，2016：398-400.

[9] 袁刚，王西文，雍运动，等．宽方位数据的炮检距向量片域处理及偏移道集校平方法．石油物探，2016，55（1）：84-90.

[10] 李彦鹏，马在田．快慢波分离及其在裂隙检测中的应用．石油地球物理勘探，2000，35（4）：428-432.

[11] 印兴耀，刘欣欣．储层地震岩石物理建模研究现状与进展．石油物探，2016，55（3）：309-325.

[12] 马淑芳，韩大匡，甘利灯，等．地震岩石物理模型综述．地球物理学进展，2010，25（2）：460-471.

[13] 李宏兵，张佳佳，姚逢昌．岩石的等效孔隙纵横比反演及其应用．地球物理学报，2013，56（2）：608-615.

[14] 杨国权，刘延利，张红文．曲率属性计算方法研究及效果分析．地球物理学进展，2015，30（5）：2282-2286.

[15] 唐城．储层裂缝表征及预测研究进展．科技导报，2013，31（21）：74-79.

[16] 沈国华．有限元数值模拟方法在构造裂缝预测中的应用．油气地质与采收率，2008，15（4）：24-26.

[17] 季宗镇，戴俊生，汪必峰，等．构造裂缝多参数定量计算模型．中国石油大学学报（自然科学版），2010，34（1）：24-28.

[18] 郭栋，印兴耀，吴国忱．横波速度计算方法与应用．石油地球物理勘探，2007，42（5）：535-538.

[19] 郭智奇，刘财，冯晅，等．各向异性衰减与 AVO 分析．吉林大学学报（地球科学版），2010，40（2），432-438.

[20] 韩颜颜，郭智奇，刘财，等．弹性各向异性介质速度特征分析．吉林大学学报（地球科学版），2008，38（增刊）：80-84.

[21] 王康宁，刘赞东，侯昕晔．基于傅里叶级数展开的纵波方位各向异性裂缝预测．石油物探，2015，54（6）：755-761.

[22] 郝守玲，赵群．裂缝介质对 P 波方位各向异性特征的影响—物理模型研究．勘探地球物理进展，2004，27（3）：189-195.

[23] 万明浩，等．岩石物理性质及其在石油勘探中的应用．北京：地质出版社，1994.

第五章　应用实例及效果分析

随着勘探进程不断深化，油气勘探开发难度越来越大。为适应勘探开发的实际需求，华北油田勘探开发领域不断扩大，从规模较大的常规潜山向规模小、埋藏深的隐蔽型潜山转变，从常规的地层岩性油藏向储层更为复杂的地层岩性油藏转变，从常规油气藏向非常规致密油气藏延伸，勘探目标越来越隐蔽，埋藏越来越深，储层越来越复杂，为勘探工作带来新挑战。

一、隐蔽型潜山勘探领域

古潜山是华北油田重要的勘探领域。1975 年 7 月任 4 井获得 1014t/d 高产工业油流，发现了任丘潜山大油田，开辟了油气勘探新领域。1976 年部署开发井 46 口，建成了年产 1000 $\times10^4$t 生产能力。1979 年潜山油藏年产量达到最高 1733$\times10^4$t，创造了华北油田潜山勘探的历史辉煌。1986—2005 年针对潜山地层共钻井 144 口，仅发现 8 个小型潜山油藏，探明石油储量 516$\times10^4$t。潜山勘探持续低迷，致使潜山产量持续下降，到 2012 年潜山油藏产量仅剩 59. 4$\times10^4$t，占油田年产量的 14. 1%。如何落实潜山有利目标、发现高效潜山油藏石油天然气储量，是关乎华北油田稳定与发展的重要工作。

经过多年、大规模的持续勘探，规模大、埋藏浅、类型简单、容易发现的山头型块状潜山油藏 基本被勘探殆尽。潜山勘探目标向规模较小、埋藏较深、类型复杂的隐蔽型潜山转变。主力勘探层系由蓟县系雾迷山组、长城系高于庄组的块状储层向奥陶系、寒武系的层状储层转变，储层预测难度增大。目前，隐蔽型潜山勘探领域有利区主要分布在临近生油洼槽的斜坡带和大规模常规潜山带的翼部潜山坡。

二、地层岩性勘探领域

2005—2015 年，华北油田立足富油凹陷，以地层岩性油藏领域为重点，大力开展富油凹陷二次勘探工程，先后在蠡县斜坡、文安斜坡、阿尔凹陷等地区地层岩性勘探中获得规模储量发现，每年新增三级储量达亿吨，为华北油田健康、稳定发展发挥了关键作用。但地层岩性油藏经过 10 余年高强度、大规模勘探，面临着高勘探程度区能否找到大型地层岩性油藏、在哪里去找、如何寻找等亟待解决的关键技术问题。

箕状断陷盆地的地层岩性圈闭主要发育在斜坡区和洼槽带。目前，冀中坳陷饶阳凹陷蠡县斜坡、霸县凹陷文安斜坡、束鹿凹陷西斜坡和二连盆地阿尔凹陷、乌兰花凹陷等是地层岩性圈闭的有利勘探区。

三、非常规致密油气勘探领域

随着勘探进程的不断深化，勘探由常规单一闭合圈闭油气藏扩展到“连续型”非常规圈闭油气区。非常规圈闭油气区的本质特征是缺乏明显圈闭界线与直接盖层，分布范围广，发育于非常规储集体系之中，可以认为是无圈闭、非闭合圈闭、‘稳形”圈闭等，与传统石油地质的研究对象有很大的区别（邹才能等，2010）。

致密油是华北油田非常规油气资源的重要组成部分。华北探区发育三大类优质烃源岩，各类烃源岩有机质丰度高，转化率高，生排烃能力强，为致密油藏的形成提供了物质基础。资源评价认为，束鹿、阿南、饶阳、额仁淖尔、霸县5个重点凹陷致密油资源量约15×10^8t，证实华北油田致密油资源潜力较大。泥灰岩、粉砂岩、沉凝灰岩等多类型储层是致密油的有利储层。储集空间以溶孔和微裂缝为主，储层物性差中有好。致密油藏非均质性强，“甜点”受控于储层类型，因此储层研究是致密油勘探的重点工作。束鹿凹陷沙三段泥灰岩、饶阳凹陷的致密砂岩、阿南凹陷的云质岩、乌里雅斯太的致密砂砾岩是当前致密油勘探的有利方向。

非常规气藏主要分布在鄂尔多斯盆地苏里格地区。该区是一个典型的大型非常规连续型致密砂岩大气区（勘探面积$4\times10^4km^2$，储量超过$2\times10^{12}m^3$，年产量已突破$100\times10^8m^3$），是我国陆上目前已发现储量规模最大的气区（付金华，2004；单秀琴等，2007；Zou 等，2008，2009；Yang 等，2008；付金华等，2008）。海陆交互相的石炭系—二叠系煤系地层中的煤岩、暗色泥岩、碳质泥岩构成了一套以腐殖型有机质为主的优质气源岩组合，其中煤岩是最主要的气源岩。其上大面积叠置发育上古生界下二叠统河流—三角洲相砂岩，主力气层为上古生界二叠系下石盒子组盒8段及山西组山1段。受后期压实作用、硅质胶结和钙质胶结作用影响，储层演变为一套低—特低孔渗的致密砂岩储层。孔隙度小于8%的约占61.3%，渗透率小于0.5mD的约占82.9%，渗透率小于0.3mD的约占70.1%，增加了储层“甜点”预测难度。

针对主要勘探领域存在的技术难题，经攻关研究形成了针对各领域的勘探技术系列，在勘探实践中取得了良好的勘探成果。

第一节　霸县凹陷潜山勘探技术及效果

针对华北油田冀中和二连探区潜山勘探的难点，通过攻关形成了隐蔽型潜山勘探技术系列。针对潜山目标规模小、埋藏深造成潜山面和内幕成像效果差的难题，采用全方位观测、高密度均匀采样的全方位、高密度三维地震采集技术，得到宽方位高密度的数据体。在处理过程中，以地质构造具有重复可测性为条件，在两次采集的地震数据具有较好的资料一致性情况下，创新2.5T资料处理技术，得到满足隐蔽型潜山研究的高品质地震资料，为潜山目标研究奠定了基础。

在隐蔽型潜山目标研究中，针对潜山埋藏深、规模小的研究难点，以地震属性辅助精细识别小断层，落实潜山构造形态；通过三维立体分析确定有利区带，优选有利目标。储层发育程度是控制潜山井产量的主要因素。针对碳酸盐岩储层非均质性强、预测难度大的问题，以相干属性预测技术预测雾迷山组块状储层有利发育区；用曲率属性预测寒武系微裂缝和微孔隙发育区；用能量曲率属性雕刻奥陶系潜山缝洞体。根据构造落实程度、储层发育情况等综合考虑，优选高效井位，在冀中和二连探区隐蔽型潜山勘探中取得了显著效果。下面以霸县凹陷文安斜坡潜山勘探为例进行说明。

霸县凹陷位于渤海湾盆地冀中坳陷中北部，为受牛东断裂控制的西断东超的古近系—新近系单断箕状凹陷，面积$2600km^2$。霸县凹陷经历40余年的勘探，已完成全区重力、磁力普查及电法概查，二维地震勘探测网密度已经达到0.5km×0.5km，地震测线总长6822km；一次三维地震采集面积$1963km^2$，二次三维地震采集面积$1626km^2$。霸县凹陷共钻探井600余口，获得工业油气流井200余口；相继发现了蓟县系雾迷山组（Jxw）、景儿峪组（Qnj）、寒武系（∈）、奥陶系（O）、石炭系—二叠系（C—P）、沙四段（Es_4）、沙三段（Es_3）、沙二段（Es_2）、沙一段（Es_1）、东营组（Ed）、新近系（Ng）等共11套含油气层系，发现了南孟—龙虎庄、顾新庄、苏桥、文安、岔河集、高家堡、鄚州等7个油气田（藏）。

一、文安斜坡潜山成藏条件分析

文安斜坡位于霸县凹陷东部，东接大城凸起，西临霸县洼槽、马西—鄚州洼槽，向南延伸至饶阳凹陷的南马庄构造，向北以里澜断层与武清凹陷相隔，勘探面积约2000km^2。文安斜坡带钻至潜山的探井共64口，钻遇奥陶系的探井仅35口，钻遇寒武系府君山组的探井仅2口，仅发现苏桥奥陶系油气田，潜山油藏总体勘探程度较低。

文安斜坡潜山带紧邻霸县生油洼槽，是油气长期运移的有利指向区，油源充足。霸县洼槽古近系沉积厚，埋藏深，有效烃源岩发育，属渤海湾盆地中生油能力最强的洼槽之一。Xl1井、Wa1井钻探揭示霸县凹陷深层沙三段和沙四段—孔店组烃源岩发育，累计厚度可达1000m。沙三段和沙四段—孔店组顶面埋深分别达到3400~5000m和4500~6000m，底界埋深分别达到4500~6500m和7000~9000m，干酪根均达到高成熟和过成熟阶段。油源条件对比表明，无论是埋藏较浅的南孟油田、龙虎庄油田原油或是埋藏较深的鄚州油田，原油均来自埋深4000m以下的古近系深层油气源。因此，沙三段和沙四段是霸县凹陷潜山油气藏的主力烃源岩层系。

文安斜坡临洼潜山带以海相碳酸盐岩储层为主，属印支期—燕山期的风化剥蚀区，元古宇—古生界出露区面积较大，具备形成缝洞体系发育带的地质条件。但是由于所处构造部位不同，储层被改造程度不同，储层物性非均质性强。根据储层特征，可以利用几何类地震属性预测储层物性。

二、雾迷山组储层预测

雾迷山组储层为石灰岩地层，呈块状，厚度大。储集空间以垂直溶蚀洞、水平潜流洞和断裂缝为主，在地震剖面上与地震反射同相轴的连续性相关。利用相干属性对雾迷山组顶界进行储层预测（图5-1-1）后，将储层划分为四类。

第一类储层为垂直溶蚀洞、水平潜流洞和断裂缝较为发育的储层，主要分布在靠近牛东断阶潜山带、鄚州潜山带的区域，是印支—燕山期的风化剥蚀区。该区储层溶洞、溶孔发育，夹杂少量裂缝，为裂缝孔隙型储层，储层物性好，牛东潜山带牛东1井钻井时有放空、钻井液漏失现象。地震剖面上波组表现为不连续强反射特征，相干切片上表现为强不相干特征，是雾迷山组优质储层发育区。

第二类储层为发育网状断裂缝为主的储层，主要分布在文安斜坡苏桥潜山带，位于古岩溶斜坡的较低位置。在印支期—燕山期未遭受风化淋滤作用，但由于燕山期—喜马拉雅期有网状断裂发育，且断层发育密集，致使断裂缝相对发育，成为裂缝发育区。断层沟通地表水、地下水而形成岩溶，形成缝洞型储层。地震波组具较不连续反射特征，相干切片上表现为不相干特征，是雾迷山组有利储层发育区。

第三类储层为发育单向断裂缝为主的储层，主要分布在牛东潜山东部。该区雾迷山组被上覆青白口系、寒武系覆盖，但NEE向断层较为发育，形成裂缝较发育区，该区储层分布受断层控制，大断层附近储层更发育。地震波组具弱连续反射特征，相干剖面上表现为不相干特征，但是在断层附近存在较强的不相干区，是雾迷山组较有利储层发育区。

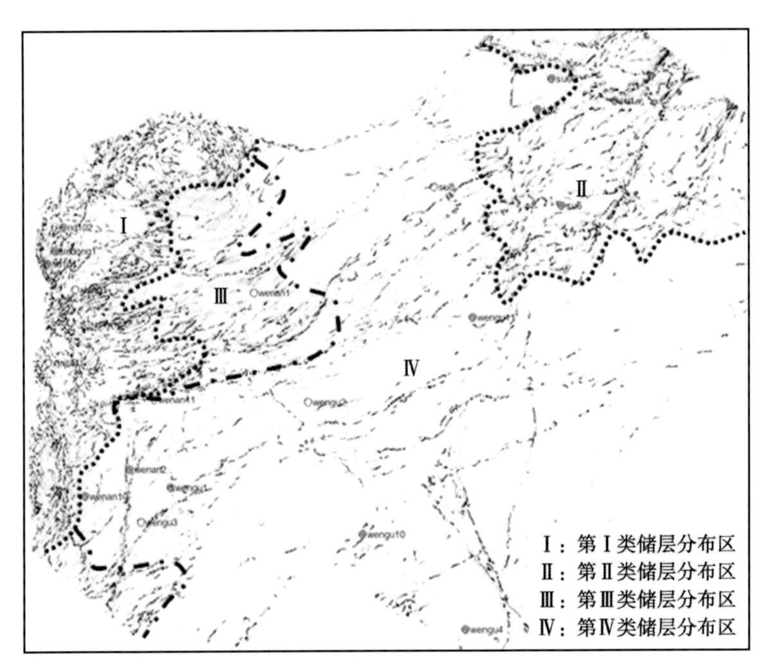

图 5-1-1　雾迷山组顶面相干属性平面图

第四类储层为致密储层，分布于文安斜坡中外带的大部分区域。地震波组具连续反射特征，WG1 等井已揭示该区储层不发育。

三、寒武系储层预测

寒武系府君山组以白云岩为主，岩性均匀，白云化程度高，具有层状发育特征，易受后期构造运动改造，形成裂缝型储层。钻井证实府君山组储集空间主要是微裂缝和微孔，孔隙度平均 6.0%，渗透率平均 223mD。微裂缝和微孔发育时，在地震剖面上表现为地震反射同相轴轻微抖动。采用表征地震反射同相轴弯曲程度的曲率属性进行储层预测（图 5-1-2），结果表明：府君山组裂缝发育情况受断层控制，大断层或断裂带附近为裂缝发育区（红色虚线框内），呈北东向条带状分布。

四、奥陶系储层预测

奥陶系埋藏相对较浅，缝洞型储层较为发育。在叠前深度偏移处理剖面上发现了串珠状反射，推测为溶洞体。地震剖面上溶洞体呈串珠状强反射、点状、短轴状强反射或杂乱团状强反射特征。能量曲率反映了地震反射同相轴能量变化率，预测溶洞效果好（图 5-1-3）。小尺度能量曲率属性排除了陡倾角剥蚀面能量的变化，准确落实了缝洞位置，刻画了缝洞边界。石炭系—二叠系覆盖区溶洞体主要分布于断层附近，为后期沿断层溶蚀的结果。溶洞体在空间上为不规则的独立个体，空间连通性较差。

五、勘探效果

由预测结果可知，文安斜坡印支期—燕山期蓟县系雾迷山组、寒武系、奥陶系剥蚀出露区储层最为发育，未出露区除苏桥网状断层发育区外，一般储层不发育。文安斜坡临洼潜山

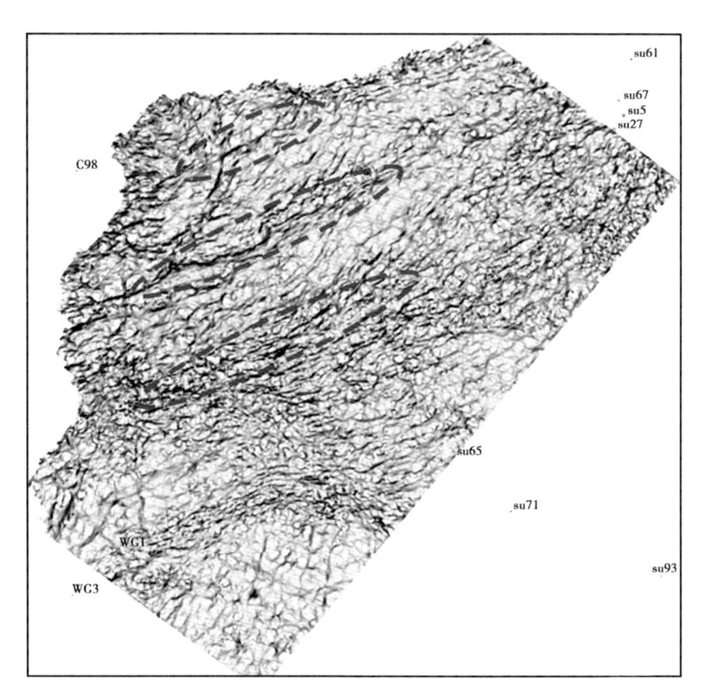

图 5-1-2　霸县凹陷府君山组顶面最正曲率属性平面图

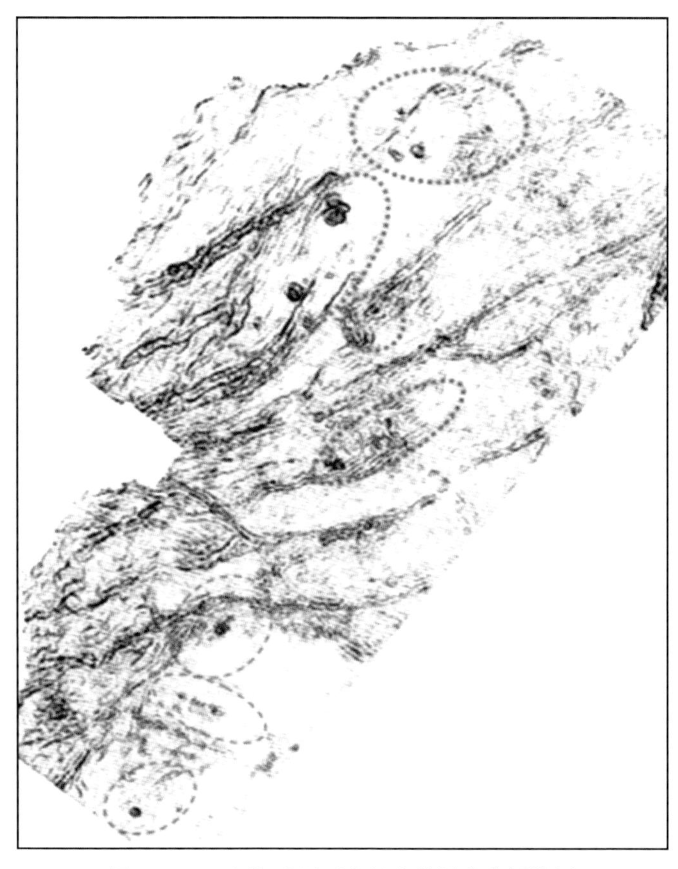
图 5-1-3　奥陶系顶面小尺度能量曲率属性图

带属印支—燕山期的风化剥蚀区，储层极为发育，有利于潜山成藏。在临洼区落实了一批有利潜山目标。新钻 WG3 井在寒武系府君山组获得突破，在 4467.13~4489m 井段中途裸眼测试，获折算日产油 302.64m^3，日产天然气 94643m^3 的高产油气流，证实文安斜坡潜山及潜山内幕具备良好的成藏条件。

第二节　蠡县斜坡薄储层勘探技术及效果

针对地层岩性圈闭储层更为复杂勘探难点，攻关形成了适用于当前地层岩性勘探的技术系列。针对地层岩性圈闭发育区地震资料分辨能力差、信噪比低的难题，采用“两宽一高”三维地震勘探技术，得到宽方位、宽频、高密度的地震数据。充分利用井控等提高分辨率处理技术，获得了高保真、高分辨率、高信噪比的“三高”地震数据，为地层岩性目标研究奠定了资料基础。

在地层岩性目标落实过程中，针对构造不发育、断层规模小的特点，总结了相干属性提取、数据处理、图形增强和数据融合的四步法小断层精细解释技术，得到带断层属性信息的地震数据，提高了小断层解释精度；充分利用地震资料的宽方位特征，利用敏感方位角叠加数据识别平面走向不同的断裂体系，充分识别断层；以地震相控制的地质统计学反演方法进行储层预测，解决孔隙型储层预测问题；利用 OVG 道集进行各向异性预测，实现了裂缝型储层预测问题。综合考虑油源条件、构造落实程度、储层发育情况等因素，优选高效井位。下面以饶阳凹陷蠡县斜坡岩性勘探为例进行说明。

蠡县斜坡位于饶阳凹陷西部，整体为发育在基底古高阳背斜东翼的沉积型缓坡。斜坡中北段古近系沉积时期位置相对较高，坡度相对较陡。发育了一组北西向断层，在西高东低的古背景上形成了垒、堑相间的构造格局，后期的披覆沉积形成了蠡县斜坡规模较大的鼻状构造，由于距离白洋淀生油洼陷较近，断裂及各种储层发育，形成了大型油气藏，勘探程度高。蠡县斜坡中南段位置较低，坡度较缓，古近系各层构造形态相似，各层间构造形态基本一致，构造面貌简单。构造活动弱，断层少，构造圈闭规模小，数量少。但在坡折带易发生砂体卸载和地层超覆尖灭，可以形成一定规模的岩性圈闭，勘探程度相对较低。

一、地震资料采集处理情况

西柳—赵皇庄地区位于蠡县斜坡中部弱构造活动带，构造圈闭规模小，且勘探程度高。但本区位于高阳南—西柳鼻状构造带倾末端，有利于形成地层岩性油藏。原地震资料分辨能力、信噪比低，难以满足岩性勘探的需求。因此，2014 年实施了“两宽一高”三维地震勘探。采用纵向观测系统 3180-20-40-20-3180，覆盖次数 256（16 纵×16 横），炮密度 125 炮/km^2，道密度 64 万道/km^2，纵横比 1 的施工方法，以期通过提高分辨率采集、处理和解释联合攻关，明确砂体分布规律，落实岩性目标，实现储量突破。

地震资料高分辨率处理中，充分利用井控处理技术（Well-Driven）将“井点数据”和地面地震数据进行一体化联合分析，从 VSP 资料中求取球面扩散补偿因子，然后进行真振幅恢复，使得振幅补偿处理最大限度保真保幅。根据 VSP 提供的品质因子 Q，将表层 Q 利用 VSP-Q 进行约束，保持其相对关系不变，然后结合地质层位沿层综合建场，最终获得了高保真、高分辨率、高信噪比的“三高”地震数据。

重新采集处理后，地震资料分辨能力提高明显［图 5-2-1（a）］，资料频带得以拓宽。连片地震剖面上绿色框内的有效带宽为 10~48Hz，应用上述技术攻关提频处理后同一范围内的频带拓宽至 5~65Hz，主频提高 10Hz［图 5-2-1（b）］。

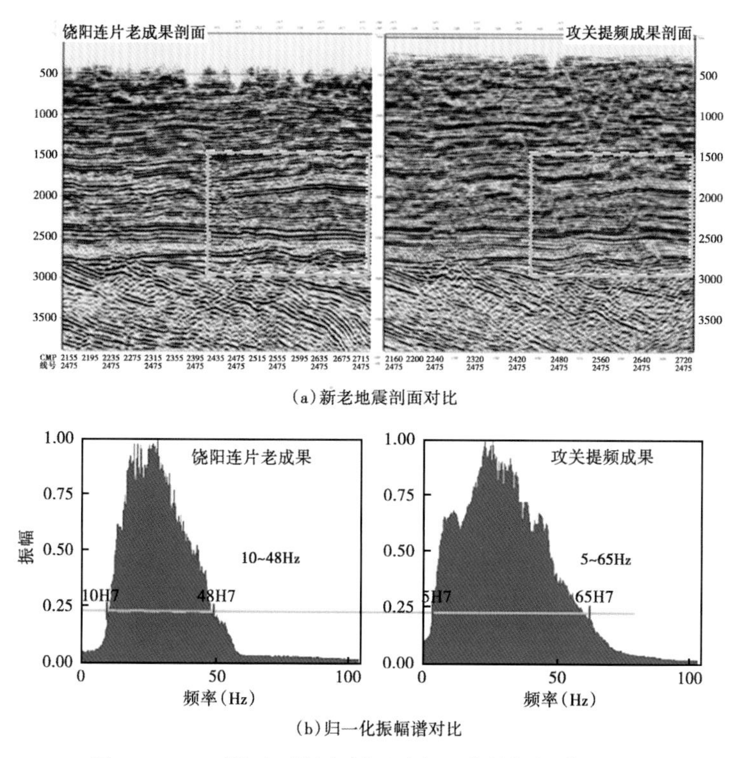

（a）新老地震剖面对比

（b）归一化振幅谱对比

图 5-2-1　西柳地区新老剖面及归一化的振幅谱对比图

二、小断层精细解释技术

在高分辨率地震数据基础上，应用小断层识别技术系列，精细描述了构造特征。西柳地区构造活动弱，断层不发育。地层西抬东倾，上倾方向需要有断层遮挡才能成藏；下倾方向需要有晚期断层运移油气，因此小断层充分识别显得尤为重要。相干属性对表现为中断、褶曲等构造形式的总体识别能力较强。因此首先提取相干属性，再对相干属性进行图形处理，增强在纵向上的连续性，同时压制横向干扰信息，最终将相干和地震数据融合，得到了带属性信息的地震数据。在新数据体上，对小断层具有较好的识别能力，断层断面的收敛性更好，有利于断点归位（图 5-2-2）。

上述的断层识别方法只能刻画断层所在的位置，不能精确描述上、下断点。在表征断层的地震属性中，最正曲率表征地震反射同相轴向下弯曲，最负曲率表征向上弯曲，两种曲率融合，可以用来分别描述断层的上、下断点，使断层在空间的特征更加明确（图 5-2-3）。

利用地震资料宽方位角的特征，根据不同方位数据对不同走向的断层识别能力存在差异的特点，为了充分突出各个方位数据体在断层识别上的优势，解释过程中利用所有分方位数据相干体进行融合处理（图 5-2-4）。融合数据体包含了各个方位数据中所表现的不同走向的小断层，因此在融合数据体上可识别出更多的小断层。

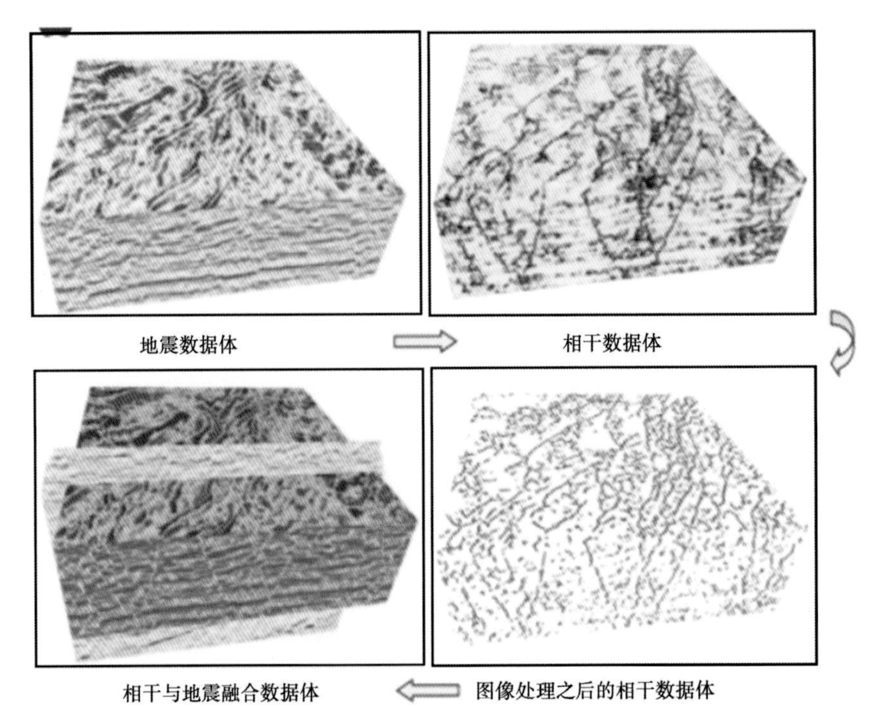

图 5-2-2　断层图形处理技术过程图

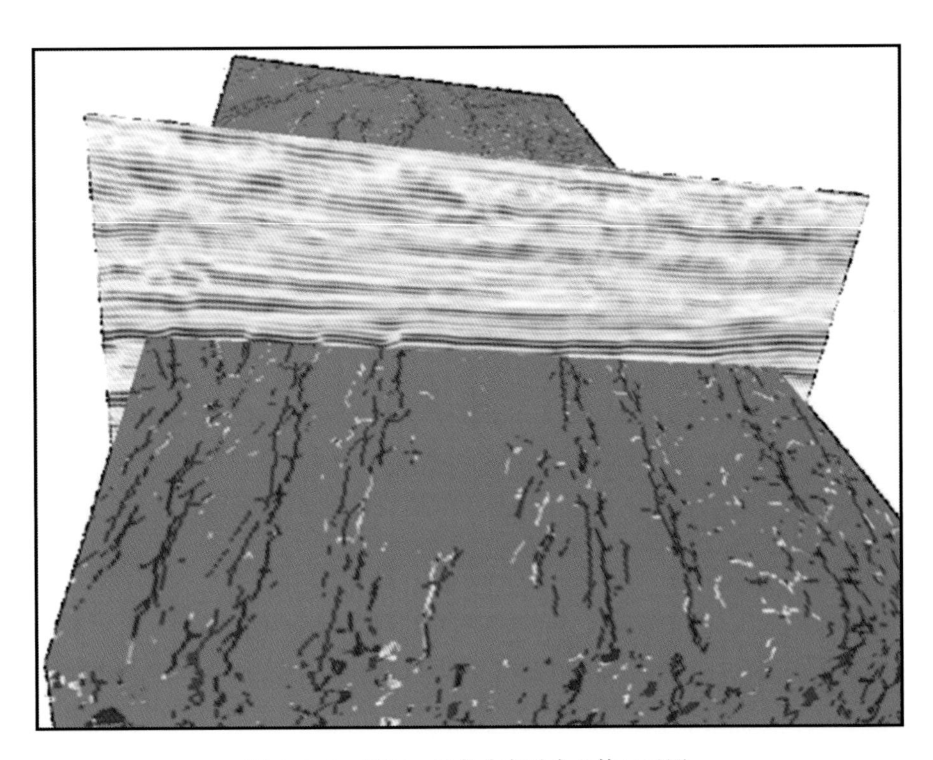

图 5-2-3　最正、最负曲率融合立体显示图

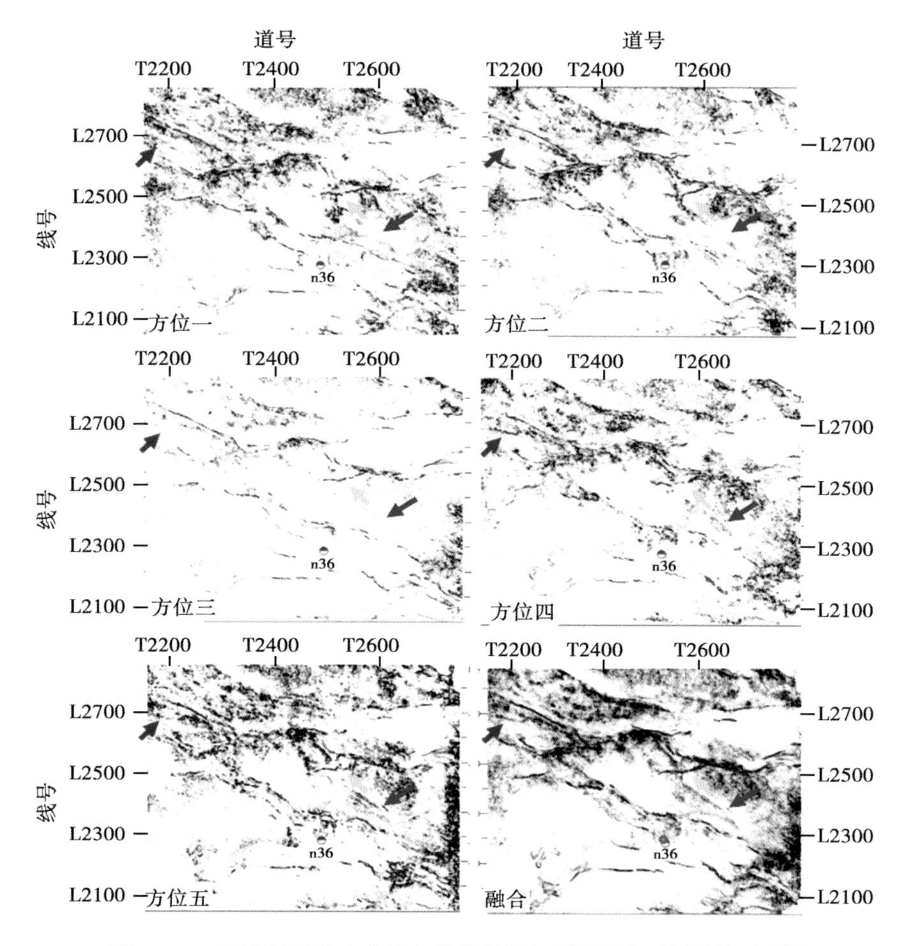

图 5-2-4　西柳地区分方位叠加数据相干与相干融合时间切片对比图

三、薄砂岩储层预测技术

本区是岩性圈闭发育区，主力目的层储层单层厚度为 1~8m，但提高分辨率处理后的地震数据只可分辨厚度大于 10m 的储层，针对储层预测难题，利用地震资料宽频带的特点，进行了地震相控制的地质统计学反演。综合井上垂向高分辨及地震横向高分辨的各自优势，可得到高分辨率反演数据，纵向分辨率可与井媲美，横向分辨率与地震相同。利用波形聚类分析，确定尾砂岩段砂体平面尺寸为 1500×1800m，以此参数控制反演时变差函数的横向变程、以井统计得到的砂体厚度 5m 为纵向变程进行地质统计学反演，得到高分辨率反演数据体（图 5-2-5）。

四、湖相碳酸盐岩储层预测技术

沙一下生油岩中发育碳酸盐岩储层，岩性脆，裂缝发育，可形成自生自储油藏。通过对 OVT 域偏移处理得到的多维数据进行各向异性预测，指出了有利储层发育区。OVT 域偏移处理获得的 OVG 道集带有 X、Y、T、方位角信息和偏移距信息，每个道集都包含着方位各向异性地质信息。受地层上覆载荷的压实及构造应力作用，碳酸盐岩储层中发育垂直裂缝和高角度缝，具备 THI 介质特征。HTI 各向异性介质中反射层顶振幅随方位角变化，反射层底

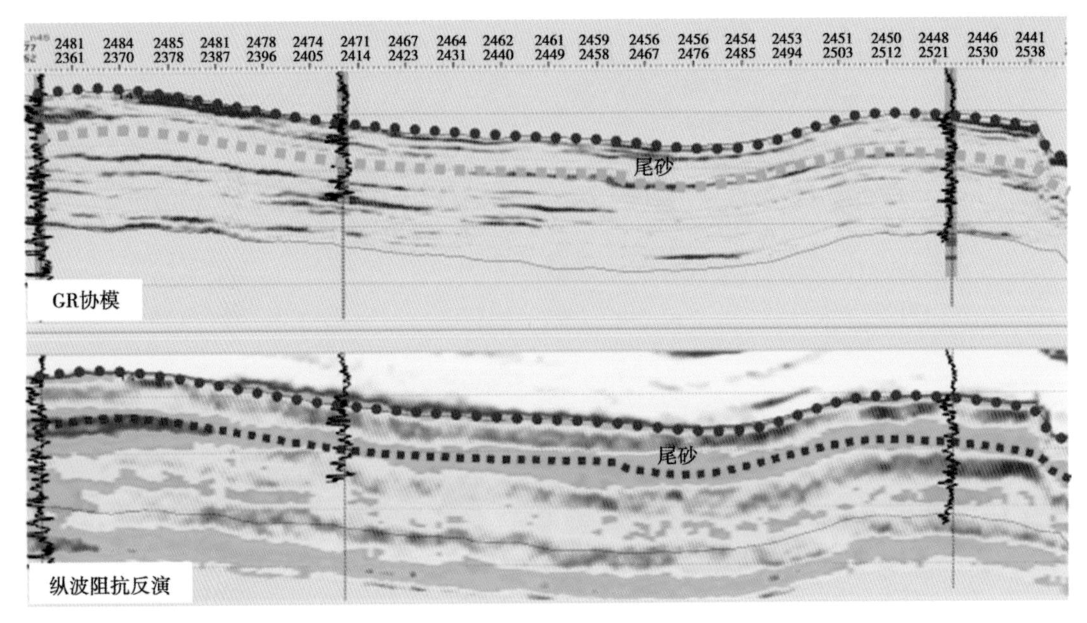

图 5-2-5　地质统计学反演结果剖面图

反射同时出现振幅和时差随方位角的变化。根据这种特性，在规则化处理后的叠前五维道集数据上提取表征储层非均质性的非均质性强度属性图（图 5-2-6），利用非均质性属性预测碳酸盐岩储层有利储层发育区。如图 5-2-6 所示，构造活动产生的断裂处各向异性强度最大。此外，非均质性与岩石物性变化有关，断裂活动较强的地区碳酸盐岩地层被改造，裂缝发育。

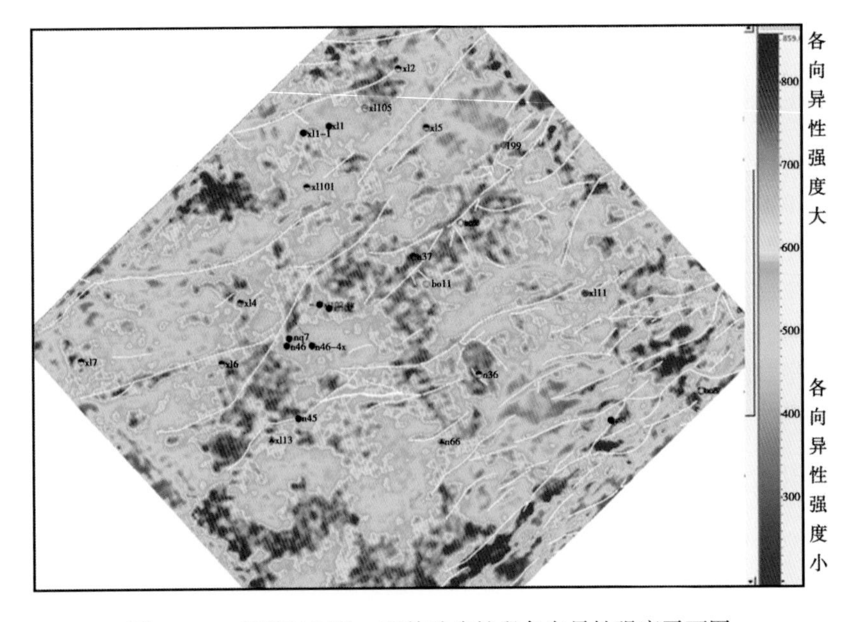

图 5-2-6　西柳地区沙一下特殊岩性段各向异性强度平面图

五、勘探效果

通过利用采集、处理攻关得到的“两宽一高”地震资料进行构造精细解释和储层预测，在西柳地区构思了一批上倾方向被断层遮挡、南北两侧受滩坝砂岩性尖灭线控制的构造—岩性圈闭，预测资源量 5207×10^4t。已完钻的 B8 井在蠡县斜坡内带发现了沙一上Ⅲ砂组新的含油层系，沙一下尾砂岩获低产。2015 年在蠡县斜坡外带新区同口西二维地震资料覆盖区实施“两宽一高”采集，并进行提高分辨率处理解释，部署的 GB1x 井自喷获高产油流，试采效果良好，实现了蠡县斜坡新区带的突破。

第三节　束鹿凹陷泥灰岩致密储层预测技术及效果

针对非常规致密油气勘探难点，攻关形成了非常规致密油气“七性”预测技术。针对非常规油气勘探目标更为隐蔽、识别难度更大的特点，采用宽方位高密度地震勘探技术，得到宽方位、宽频带、高密度的地震数据，经 OVT 域偏移处理后，保留了更精确的方位和偏移距信息，为非常规致密油气目标研究奠定了资料基础。

利用地震资料进行非常规致密油气“七性”预测的主要技术包括：利用多种地震属性和叠后反演预测砾岩分布区；利用六参数叠前反演技术定量刻画微裂缝、深浅侧向电阻率驱动的地质统计学反演预测储层渗透性，利用岩石力学方法进行杨氏模量和泊松比计算、建立岩石力学参数与脆性特征关系图版预测地层脆性，利用叠前反演技术预测含油气性，根据经验公式法计算已钻井点 TOC、利用神经网络法预测烃源岩特征，多维数据解释技术预测各向异性强度。在此基础上开展烃源岩、储层和工程“三类”品质评价（3Q 评价）工作，优选有利钻探目标。下面以束鹿凹陷沙三段泥灰岩致密油勘探和鄂尔多斯盆地苏里格地区致密气勘探为例分别进行描述。

束鹿凹陷位于冀中坳陷南部，是在古近系基底上发育的东断西超的单断箕状凹陷。内部具有两隆三洼的构造格局，束鹿中洼槽沙三下发育较厚泥灰岩储层，虽然泥灰岩比较致密，基质孔隙很差，属致密油范畴，但由于沙三下以发育泥灰岩致密储层为主，分布广、厚度大、成藏条件好，同时具有平面上满洼槽含油、纵向上全井段含油的特征，所以是油田致密油勘探最具前景的区域。

前期研究发现泥灰岩储层储集空间以裂缝为主，而且以高角度缝为主，其孔隙度平均为 1.33%~4.88%，渗透率平均为 0.08~14.5mD，表现为特低孔、特低渗和特低孔低渗裂缝型储层。与其他裂缝性储层一样，该区储层也具有非常强的各向异性，油藏分布十分复杂，如何开展裂缝型储层预测，寻找裂缝发育及分布规律成为研究重点和难点。

针对该区研究难点，重新采用宽方位高密度地震勘探，纵横比 1，满覆盖次数达 256 次，为充分利用宽方位地震资料信息，随着炮检距矢量片（Offset Vector Tiles，简写为 OVT）域资料处理技术发展，OVT 处理相对于常规分扇区处理，可以保留更精确的方位和偏移距信息，利于方位各向异性分析、裂缝分布规律的研究和预测。

一、多维数据解释技术预测各向异性强度

应用 OVT 偏移技术，可以获得带有方位角信息和偏移距信息的多维道集，除常规的 X、Y、T 外，还有反射角和方位角等，称为五维道集，每个道集都包含着方位各向异性地质信

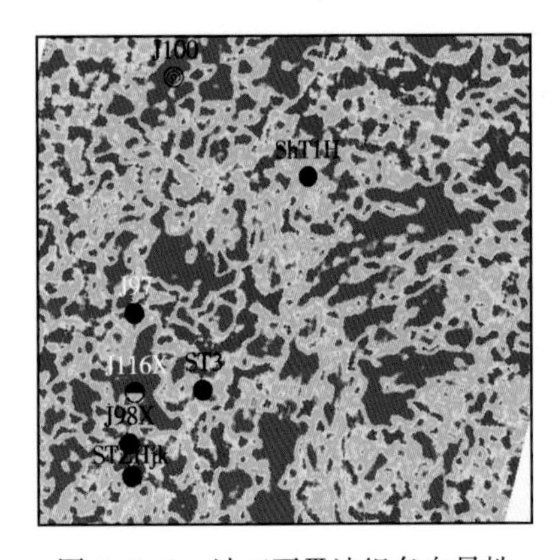

图 5-3-1　沙三下Ⅲ油组各向异性强度平面示意图

息。在五维道集基础上，对道集上包含的各向异性信息进行解读，对各向异性地质信息进行解释和显示，以达到各向异性预测的目的。OVT 域多维数据解释以能量属性表征地层非均质性，与几何类属性趋势非常一致，且直观细致。

图 5-3-1 为应用多维解释技术预测的泥灰岩段Ⅲ油组各向异性强度属性平面图，红颜色表示强各向异性，蓝色表示弱各向异性，通过钻井统计该层段裂缝发育情况与图分析结果吻合（表 5-3-1），Ⅰ类裂缝较发育的井如 J98X 井处在红色区，位于强各向异性区；而只发育Ⅲ类裂缝的 J100 井，位于弱各向异性强度区，即蓝色区域。

表 5-3-1　沙三下Ⅲ油组裂缝厚度统计表

井名	统计井段（m）	Ⅰ级裂缝厚度（%）	Ⅱ级裂缝厚度（%）	Ⅲ级裂缝厚度（%）	合计厚度（%）
J100	3424～3574	0.0	0	42.9	42.9
J97	3700～3790	2.7	5.9	44.7	53.3
J116X	3937～4050	0.0	15.6	36.6	52.3
J98X	3990～4092	27.8	43.9	12.2	83.9
ST3	4017～4258	0	36.1	41.8	77.9

图 5-3-2 是 ST3 井纵向上不同层段的各向异性强度图，其中 3577m 处及 3705m 处，井上裂缝不发育，平面上各向异性强度也很弱。反之，3990m 处及 4090m 处，井上是裂缝发育区，平面上各向异性强度相对也较强。

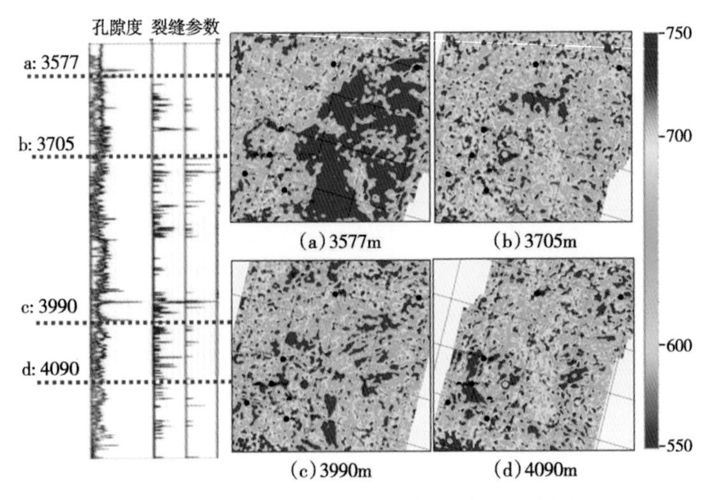

图 5-3-2　ST3 井不同层段各向异性强度图

与实钻井对比后证实：Ⅰ类裂缝越发育，各向异性强度越大；裂缝不发育，则各向异性强度弱。

多维数据解释技术不仅能较好预测各向异性强度，还能预测出裂缝的方位信息，图 5-3-3为 ST1 井测井测量的裂缝发育方位与预测的裂缝发育方位对比图，从图中可以看出，预测的裂缝方位为北东向，多维数据解释预测的裂缝方位也均为北东向，由此说明该两种方法预测的裂缝方位与测井测量的裂缝方位吻合良好。可以看出 J116X 井、ST1 井的实钻井测井裂缝方位解释结果与预测裂缝方位非常一致，均为北东向。

由此说明，基于 OVT 域道集多维数据解释预测非均质性，尤其是预测裂缝的发育带以及预测裂缝方位，效果显著。

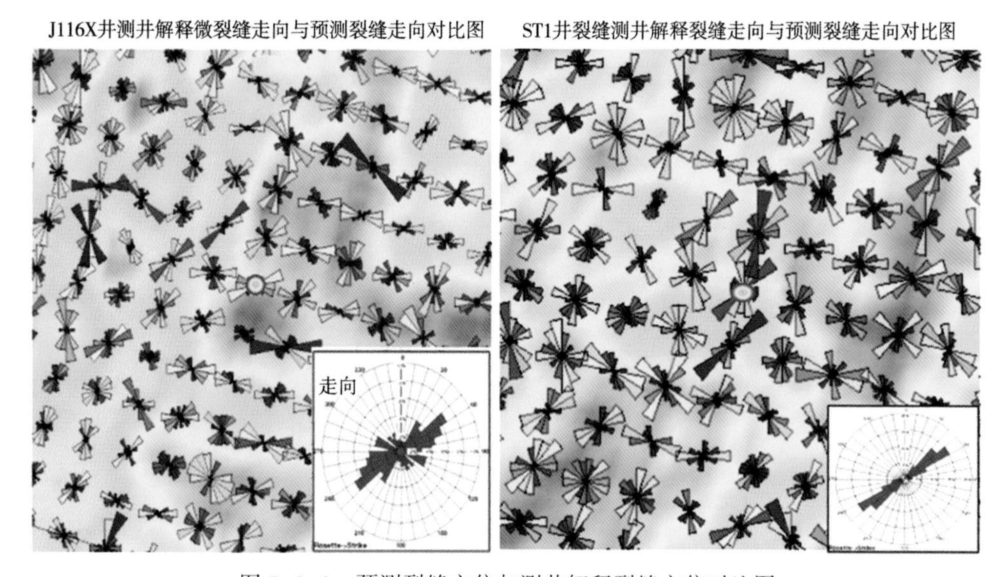

图 5-3-3　预测裂缝方位与测井解释裂缝方位对比图

二、六参数叠前反演预测裂缝

前已述及，纵波在裂缝介质中传播时，具有方向特性，即纵波的许多传播性质随着观测角度的变化而不同，如速度、反射系数、频率等。而这些变化是与裂缝的方向和强度相关的，纵波沿垂直裂缝方向的传播速度要比沿平行裂缝方向的传播速度慢。因此可以通过对地震资料的分析，提取纵波的方向特性，进一步利用方向特性进行裂缝预测。关于利用波传播的这些方向特性，经过化简，最终可以用一个统一的公式来表达：

$$F_{pp}(\phi, \theta) = A(\theta) + B(\theta)\cos(2\phi) \tag{5-3-1}$$

式中　F_{pp}——P 波属性，如反射振幅或速度或层间旅行时；

θ——入射角；

ϕ——相对裂缝方向的方位角；

$A(\theta)$，$B(\theta)$，$C(\theta)$——和方位角无关的系数。

当固定入射角时，在极坐标中，F 是一个椭圆，而且 $\phi=0$ 是椭圆的长轴，它代表裂缝方向。

实际在实现叠前裂缝预测时的基本实现原理为：（1）在入射角 θ 不变时，属性是随着方位角 ϕ 的变化而变化的，这样就可以利用方位属性来进行叠前裂缝预测；（2）在方位角

ϕ 固定时，属性是随着入射角或偏移距的变化而变化的，这样可以先分析各个方位上的属性，然后再分析各方位属性随方位的变化而变化的情形，进行叠前裂缝预测。图 5-3-4 为该区不同方位叠加数据体的沿层振幅，在垂直主断裂方向能量衰减快，保幅合理，能满足叠前裂缝预测要求。

(a) 27°~77° 叠加体泥灰岩顶面瞬时振幅

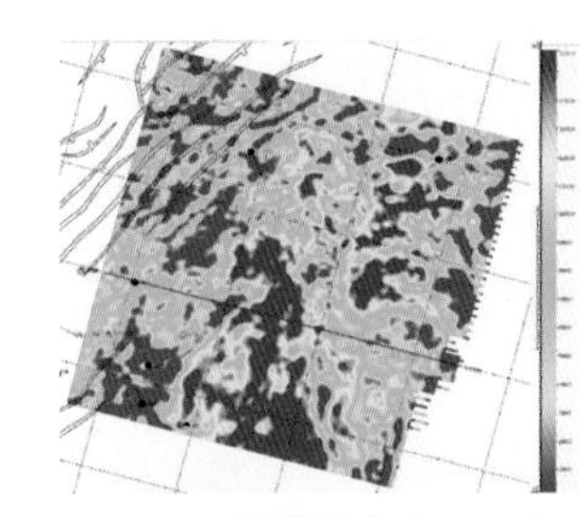

(b) 72°~122° 叠加体泥灰岩顶面瞬时振幅

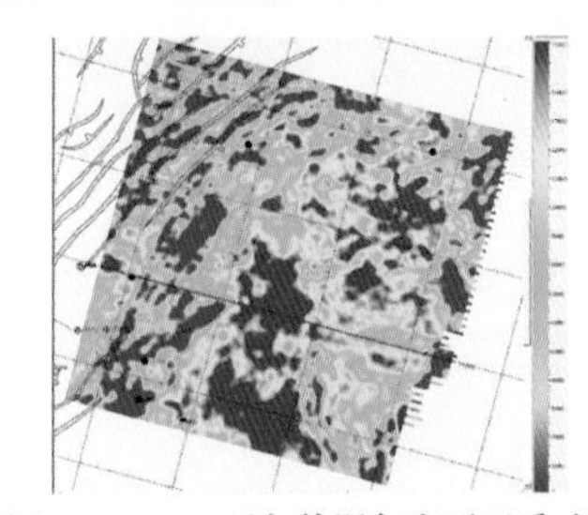

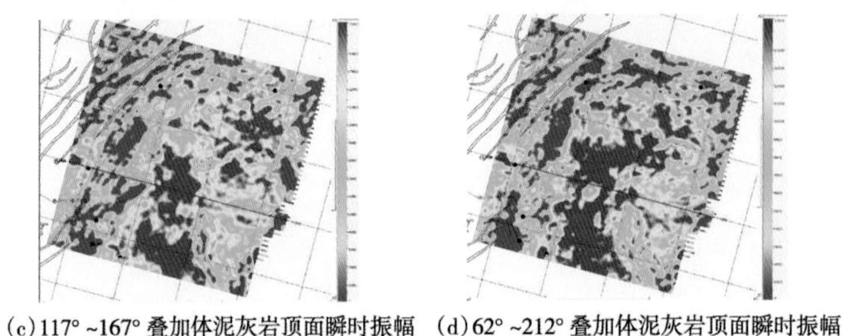

(c) 117°~167° 叠加体泥灰岩顶面瞬时振幅　(d) 62°~212° 叠加体泥灰岩顶面瞬时振幅

图 5-3-4　不同方位叠加数据体瞬时振幅图

三、勘探效果

应用 ST1 井区高密度、全方位三维地震资料进行叠前裂缝预测，对该区泥灰岩的裂缝走向和密度进行了精细刻画。图 5-3-5 为根据反演结果和横波分裂理论，预测的泥灰岩顶面裂缝发育强度与泥灰岩顶面沿层相干平面对比图，从图中可以看出，主断裂附近发育有两组裂缝，一组平行主断裂的剪切裂缝，一组斜交主断裂的张性裂缝。二者相似性非常好，但应用六参数叠前反演技术预测出的裂缝发育强度平面图细节更加丰富，与实钻井吻合程度更高。

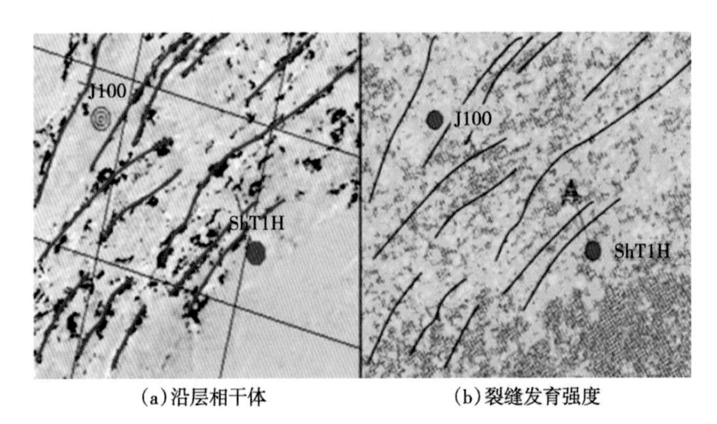

(a) 沿层相干体　(b) 裂缝发育强度

图 5-3-5　泥灰岩顶面沿层相干体与预测裂缝发育强度对比图

图 5-3-6 为 ST3 井实际测量的裂缝发育强度与预测的裂缝发育强度对比，预测的裂缝强度（红色表示裂缝发育）与测井的裂缝强度曲线吻合良好。

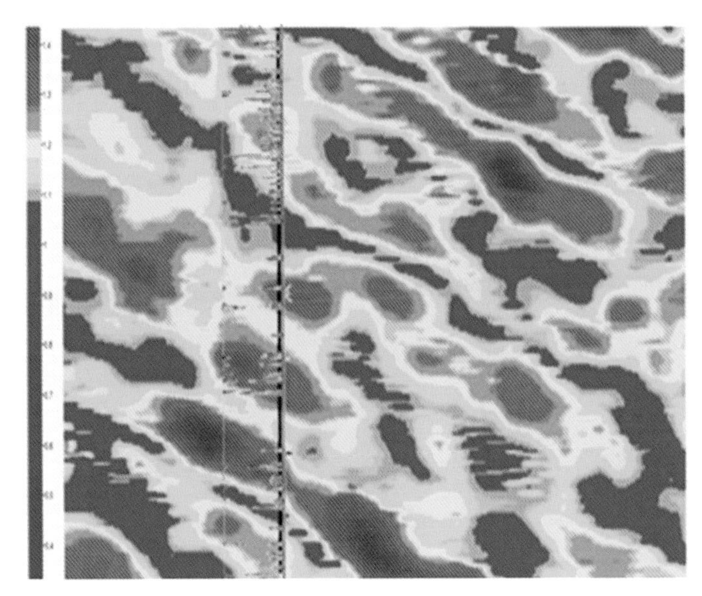

图 5-3-6　ST3 井实际测量的裂缝发育强度与预测的裂缝发育强度对比图

第四节　苏里格探区致密砂岩气储层预测技术及效果

与束鹿凹陷泥灰岩非常规致密油裂缝型储层相比，苏里格致密气藏孔隙型储层厚度更薄、储层物性差异更小，其“七性”预测有独特之处。

苏里格气田位于鄂尔多斯盆地伊陕斜坡带（图 5-4-1），研究区位于苏里格气田的西区北侧，晚古生代沉积是在稳定的华北地台基础上发育而形成的。总的构造面貌呈现出东高、西低的单斜特征，断层不发育。不同层段的构造形态具有较好的继承性，后期构造变动微弱，在大的构造斜坡背景的基础上，发育局部的小幅度构造隆起伏，幅度较小，没有较明显的构造圈闭。其纵向上经历了海相（滨海相）→三角洲相（海—陆交互相）→陆相（河流、湖泊相）的沉积演化；沉积物则由碳酸盐、煤层、陆源碎屑的交互沉积过渡到陆源碎屑沉积。二叠系下统太原组和山西组的煤系地层为该区的烃源岩，中二叠统石盒子组的碎屑岩是该区的主要储层。山西组—石盒子组沉积时期，盆地整体为北高南低，物源主要来自北部，苏里格地区物源主要来自杭锦旗以北的元古宇。

在平面上，工区内山西组主要为滨海相—三角洲相沉积、下石盒子组主要为辫状河沉积。随着开发程度的深入，对单砂体分布、储层物性及气水识别精度均提出了更高的要求。

一、致密砂岩气地震预测技术

致密砂岩气藏的地质特征主要表现在储层物性差（$\phi<15\%$，$K<0.6\mathrm{mD}$）、储层厚度较小、气水分布复杂，地球物理响应与围岩差异小，地震波传播规律还不够清楚，基于地球物理（地震）信息的储层预测和综合评价技术难度大。在研究过程中，首先解决薄储层分布的问题，在此基础上，对储层的物性进行精细刻画，最后对储层的含气性进行预测。

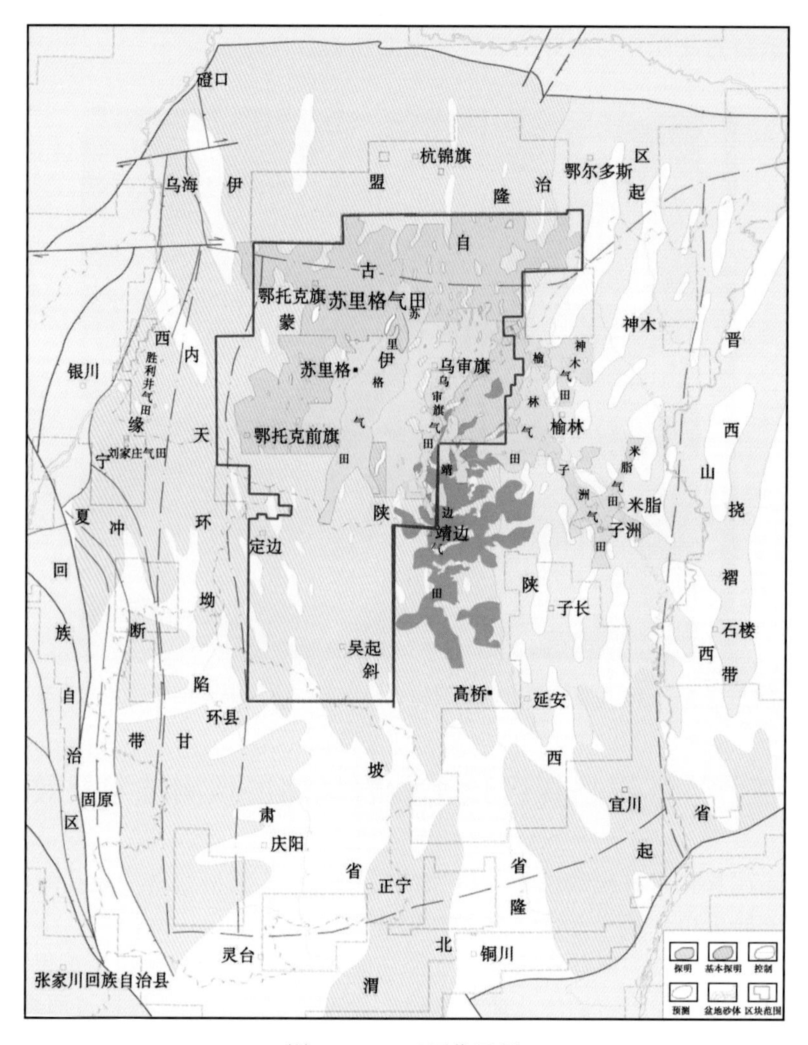

图 5-4-1　工区位置图

（一）岩性预测

研究区主要储层段为盒 8 下亚段，地层厚度 80m 左右，以辫状河沉积为主，因河道变化的频繁性，使得沉积微相相带空间交互叠置，单砂体薄且横向变化快，单个有效砂体规模主体在 400m×600m 左右，纵向上互相叠置，单井多数钻遇 3~5 个气层。随着开发对有效砂体钻遇率的要求越来越高，储层预测工作必须要精细到单砂体的刻画。

从储层岩石物理特征分析可知（图 5-4-2），砂岩含气后，阻抗明显降低，与泥岩基本完全重合，以致纵波阻抗无法区分砂泥岩，但自然伽马对该区砂泥岩有非常好的区分能力，泥岩自然伽马值大于 100API，砂岩自然伽马值小于 100API，通过分析，该区纵波阻抗和自然伽马有一定的线性关系，相关系数大于 0.7，因此，应用自然伽马曲线进行地质统计学随机模拟能较好预测砂岩分布。

反演结果如图 5-4-3 所示。图 5-4-3（a）为纯波数据体，图 5-4-3（b）为自然伽马随机模拟体（红色为低自然伽马值，代表储层），井上曲线为自然伽马曲线，可以看出，结合了地震资料横向分辨率高和井上纵向分辨率高的地质统计学反演方法优势明显。其反演结

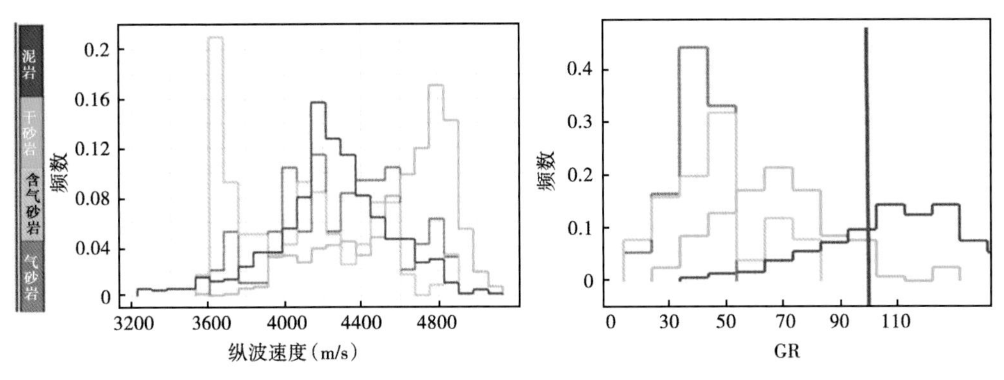

图 5-4-2　岩石物理分析直方图

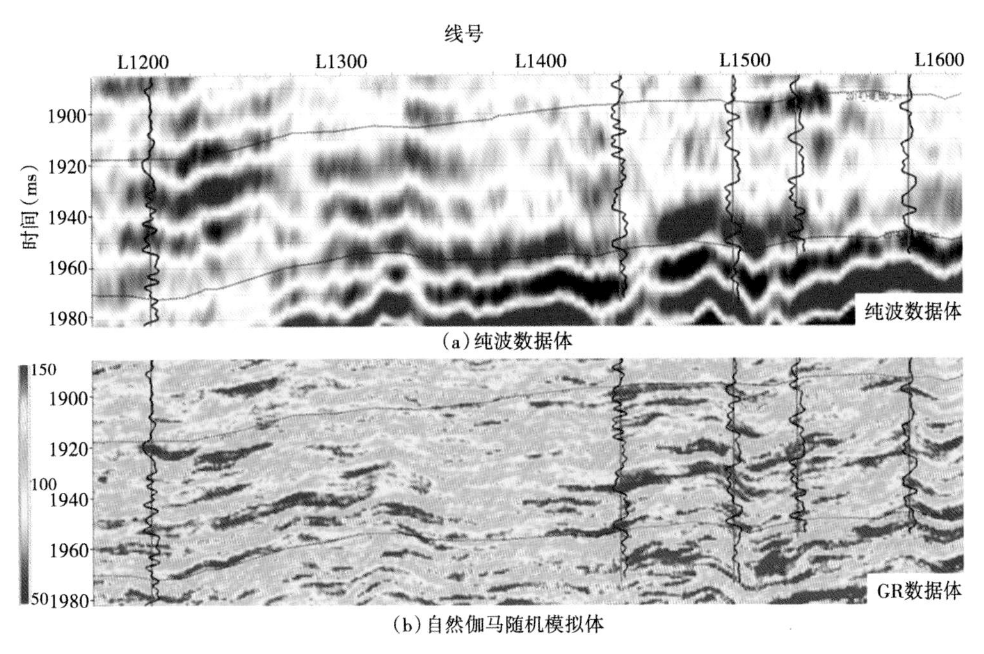

(a)纯波数据体

(b)自然伽马随机模拟体

图 5-4-3　反演连井剖面图

果分辨率高，与井基本吻合，能反映薄储层的横向细微变化，后期可以根据反演结果精细刻画优质储层的平面分布范围（图 5-4-4），指导水平井轨迹设计。

（二）孔隙度预测

应用铸体薄片、孔隙图像分析和扫描电镜等技术手段和现场大量的取心观察，对苏里格气田上古储层的孔隙类型进行研究，结果表明：上古生界储层砂岩储集空间主要是孔隙，微裂缝在岩样中占比很少。储层岩样的孔隙度与渗透率相关性分析表明，无论盒 8 段还是山 1 段储层，渗透率与孔隙度之间均呈现明显的正相关，且储层段岩心分析物性与测井解释物性参数间也存在正相关关系，说明渗透率的变化主要受控于孔隙发育的程度，这是孔隙性储层的典型特征。从单井产量与空隙度的关系分析可知，Ⅰ类气井的孔隙度大于Ⅱ类气井，Ⅱ类气井的孔隙度又明显大于Ⅲ类气井。由此，通过地震资料预测孔隙度的发育规律也是本区研究的重点。

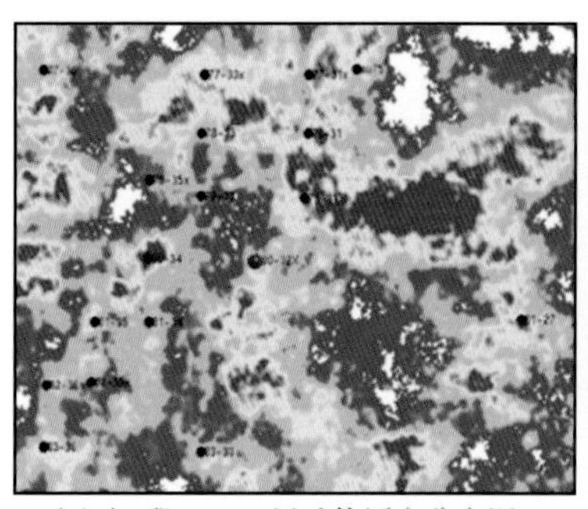
(a)盒8段19-23#层砂体厚度分布图

(b)山西组29-33#层砂体厚度分布图

图 5-4-4　有利单砂体平面展布图

根据前期岩石物理分析可知（图 5-4-5），对砂岩而言，纵波阻抗与孔隙度有非常好的线性关系。图 5-4-6 为孔隙度预测流程图，通过自然伽马驱动地质统计学随机模拟，得到能直接表征砂体的自然伽马数据体，以自然伽马值等于 100API 为界限，把自然伽马体转换成数值为用 0、1 表示的砂泥岩岩性体，然后把岩性体与纵波阻抗数据体进行运算，以得到纯砂岩的纵波阻抗体，由砂岩纵波阻抗和孔隙度交会模板拟合出二者的关系表达式，把砂岩的纵波阻抗体转换成孔隙度数据体，以实现孔隙度的预测。

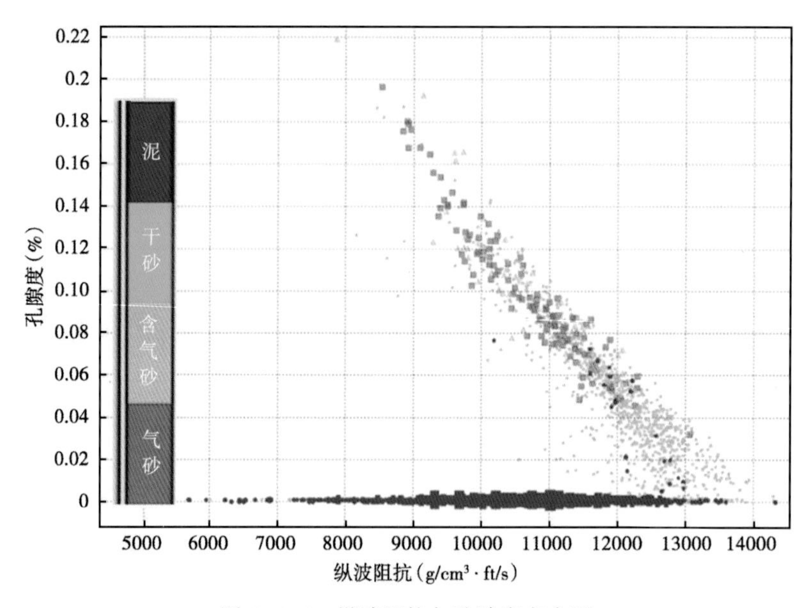

图 5-4-5　纵波阻抗与孔隙度交会图

将盒 8 下目的层孔隙度属性提取出来，并展示在平面图上（图 5-4-7），红色表示高孔隙区，蓝色为低孔隙区，图 5-4-7（a）叠合的是按储层厚度静态分类的井，图 5-4-7（b）是按日产动态分类的井，可以看出，孔隙度平面分布与动态井分类更为吻合。

（三）含气性检测

在检测含气性之前，对气体敏感的弹性参数进行了分析。在假定岩石骨架不变的情况下，通过精细岩石物理建模，分析纵波速度、横波速度、密度、泊松比等弹性参数的变化，

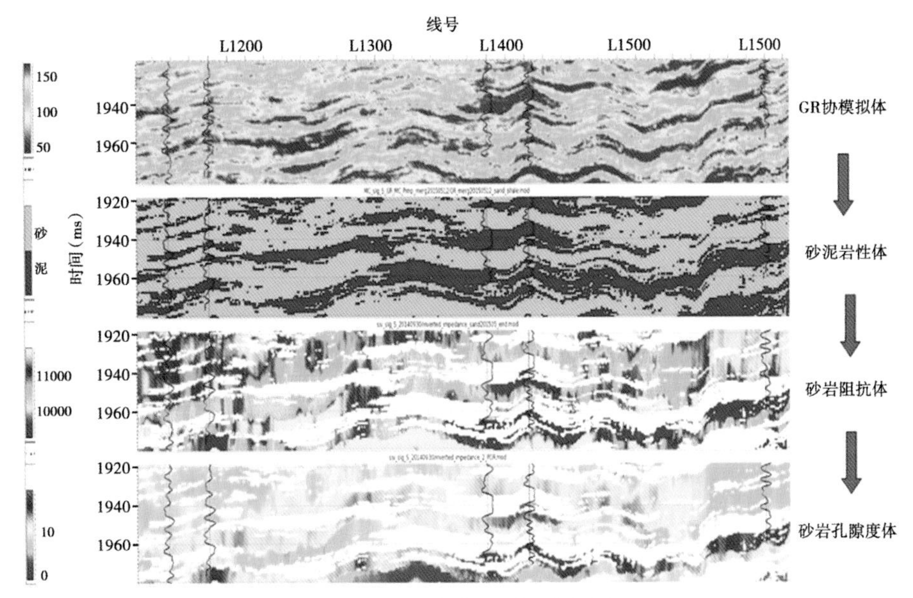

图 5-4-6　孔隙度预测流程图

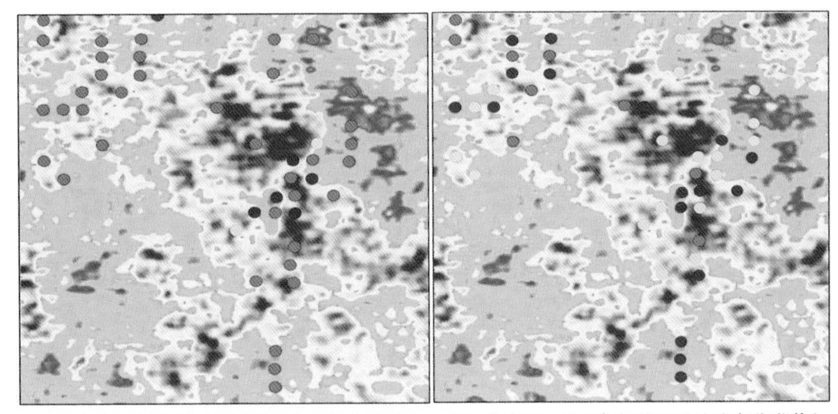

图 5-4-7　盒 8 下亚段孔隙度平面分布图

●—Ⅰ类井　●—Ⅱ类井　●—Ⅲ类井

静态分类标准：Ⅰ类井 单气层厚度>5m，累计厚度>8m；Ⅱ类井 单气层厚度 3~5m，累计厚度>5m；

Ⅲ类井 单气层厚度<3m，累计厚度<5m；

动态分类标准：Ⅰ类井 日产$\geqslant 1.5\times10^4 m^3$；Ⅱ类井 日产$0.8\times10^4 m^3 \leqslant Q < 1.5\times10^4 m^3$；Ⅲ类井 日产$<0.8\times10^4 m^3$

建立油气识别模板，以优选敏感弹性参数。图 5-4-8 为不同弹性参数交会图，可以看出，泊松比对含气性最为敏感。气砂岩表现为泊松比低值，泥岩表现为泊松比高值。

叠前弹性阻抗（EI）反演属于叠前反演技术，它保留了地震反射振幅随偏移距或入射角的变化特征，能够获得更多、更敏感有效的数据，可进行含气储层反演。弹性波阻抗反演方法，相对于常规叠后波阻抗反演技术，克服了其垂直入射假设、反射振幅共中心点道集叠加平均，以及不能反映地震反射振幅随偏移距不同或入射角不同而变化等缺点；弹性波阻抗反演在抗噪方面比声波波阻抗反演更具优势。主要是通过叠前反演技术获得的纵横波阻抗、泊松比、拉梅常数和剪切模量等叠前弹性参数。

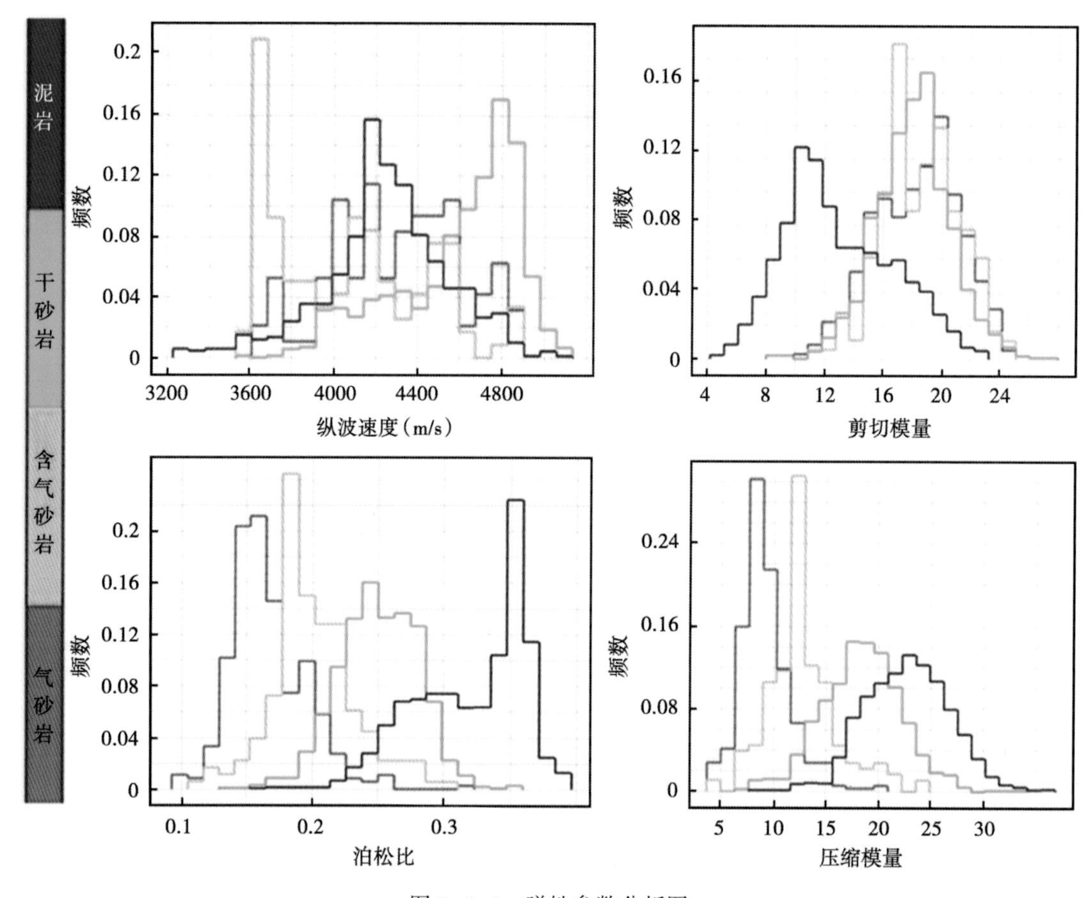

图 5-4-8　弹性参数分析图

图 5-4-9 为研究区泊松比属性平面图，玫红色为低泊松比区，也即油气相对富集区，图中红色点为Ⅰ类气井，绿色点为Ⅱ类气井，蓝色点为出水井，与实钻井分析后，吻合率达 86%以上。

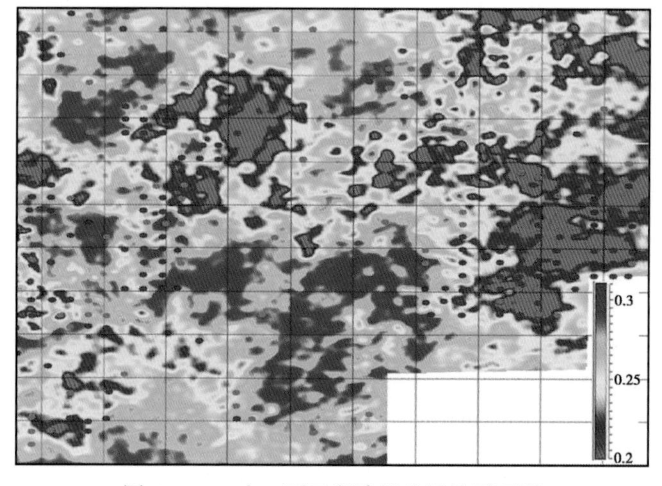

图 5-4-9　盒 8 下亚段泊松比属性平面图

二、效果分析

研究成果指导钻探，整体效果较好。2015 年钻井共计 9 个井组，完钻的 22 口直丛井中，21 口均为静态Ⅰ类井，平均气层厚度 18.5m。完钻的一口水平井 H 井（图 5-4-10），水平段 1204.4m，砂岩钻遇率 86.41%，气层钻遇率 70.27%。试气喜获高产工业气流，最高达 $18\times10^4m^3/d$，是该区块试气产量最高的一口水平井。

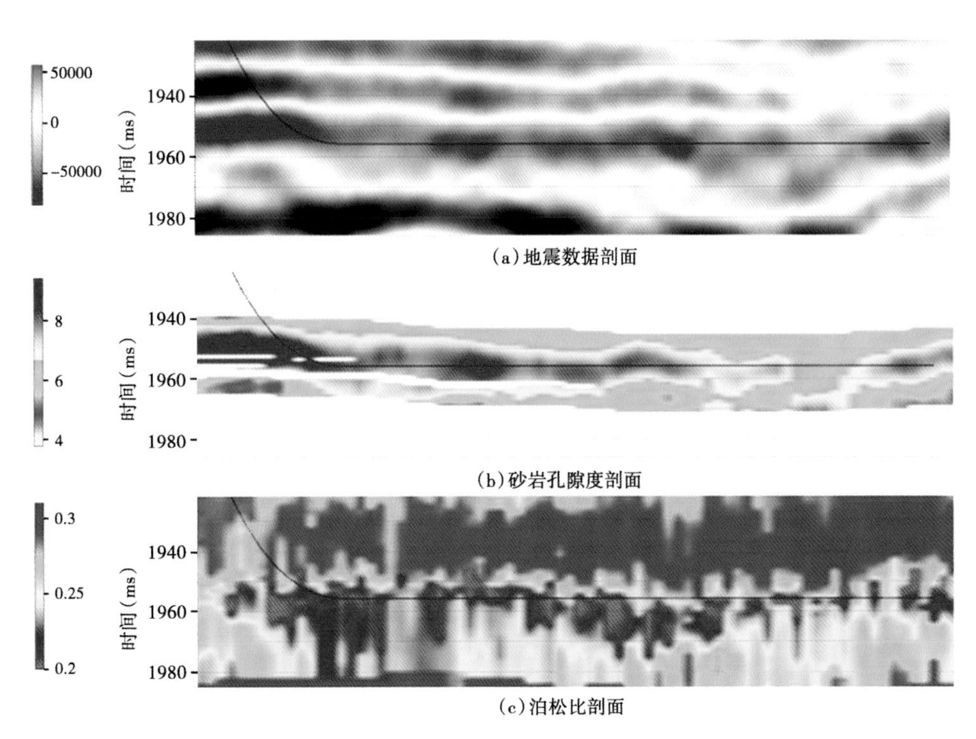

图 5-4-10　过水平井 H 井轨迹的剖面图

参考文献

[1] 杨剑萍，李亚，陈瑶，等．冀中坳陷蠡县斜坡沙一下亚段碳酸盐岩滩坝沉积特征．西安石油大学学报（自然科学版），2014，29（6）：21-28.

[2] 田超，王喜询，赵梦丹，等．华北油田蠡县斜坡沙河街组混积类型研究．内蒙古石油化工，2015（9）：118-124.

[3] 赵贤正，朱洁琼，张锐峰，等．冀中坳陷束鹿凹陷泥灰岩—砾岩致密油气成藏特征与勘探潜力．石油学报，2014，35（4）：613-622.

[4] 崔周旗，郭永军，李毅逵，等．束鹿凹陷沙河街组三段下亚段泥灰岩—砾岩岩石学特征．石油学报，2015，36（增刊1）：21-30.

[5] 旷红伟，刘俊奇，覃汉生，等．束鹿凹陷古近系沙河街组第三段下部储层物性及其影响因素．沉积与特提斯地质，2008，28（1）：88-95.

[6] 宋涛，李建忠，姜晓宇，等．渤海湾盆地冀中拗陷束鹿凹陷泥灰岩源储一体式致密油成藏特征．东北石油大学学报，2013，37（6）：47-54.

[7] 曹鉴华，王四成，赖生华，等．渤海湾盆地束鹿凹陷中南部沙三下亚段致密泥灰岩储层分布预测．石油与天然气地质，2014，35（4）：480-485.

[8] 邱隆伟，杜蕊，梁宏斌，等．東鹿凹陷碳酸盐角砾岩的成因研究．沉积学报，2006，24（2）：202-210.
[9] 梁宏斌，旷红伟，刘俊奇，等．冀中坳陷東鹿凹陷古近系沙河街组三段泥灰岩成因探讨．古地理学报，2007，9（2）：167-175.
[10] 邹才能，朱如凯，吴松涛，等．常规与非常规油气聚集类型、特征、机理及展望——以中国致密油和致密气为例．石油学报，2012，33（2）：173-187.
[11] 贾承造，邹才能，李建忠，等．中国致密油评价标准、主要类型、基本特征及资源前景．石油学报，2012，33（3）：333-350.
[12] 赵贤正，金凤鸣，王权，等．中国东部超深超高温碳酸盐岩潜山油气藏的发现及关键技术——以渤海湾盆地冀中坳陷牛东 1 潜山油气藏为例．海相油气地质，2011，16（4）：1-10.
[13] 高长海，张新征，查明，等．冀中坳陷潜山油气藏特征．岩性油气藏，2011，23（6）：6-12.
[14] 何登发，崔永谦，张煜颖，等．渤海湾盆地冀中坳陷古潜山的构造成因类型．岩石学报，2017，33（4）：1338-1356.
[15] 陆诗阔，李继岩，吴孔友，等．冀中坳陷潜山构造演化特征及其石油地质意义．石油天然气学报，2011，33（11）：35-40.
[16] 郭良川，刘传虎，尹朝洪，等．潜山油气藏勘探技术．勘探地球物理进展，2002，25（1）：19-25.
[17] 藏明峰，吴孔友，崔永谦，等．冀中坳陷古潜山类型及油气成藏．石油与天然气学报，2009，31（2）：166-169.
[18] 赵贤正，王权，金凤鸣，等．冀中坳陷隐蔽型潜山油气藏主控因素与勘探实践．石油学报，2012，33（增刊 1）：71-79.
[19] 魏新善，胡爱平，赵会涛，等．致密砂岩气地质认识新进展．岩性油气藏，2017，29（1）：11-20.
[20] 李建忠，郭彬程，郑民，等．中国致密砂岩气主要类型、地质特征与资源潜力，2012，23（4）：607-615.
[21] 彭威龙，庞雄奇，向才富，等．苏里格地区上古生界连续型致密砂岩气成藏条件及过程分析．地质科技情报，2016，35（3）：180-185.
[22] 朱筱敏，刘成林．苏里格地区上古生界有效储层的确定．天然气工业，2006，26（9）：1-3.